JN018047

What's the Use?
The Unreasonable Effectiveness of Mathematics by Ian Stewart

世界を支えている数学

CGから気候変動まで

イアン・スチュアート
水谷淳 訳

河出書房新社

世界を支えるすごい数学　目次

世界を支えるすごい数学——ＣＧから気候変動まで

第1章　不合理な有効性

物理法則を定式化する上で数学という言語が適切に使えることは奇跡であって、この素晴らしい賜物を我々は理解もできないし受けるにも値しない。そのことに感謝した上で、今後の研究でも変わらず有効で、戸惑いつつも喜ばしいことに、良かれ悪しかれ幅広い学問分野にそれが広がることを期待すべきである。

――ユージーン・ウィグナー「自然科学における数学の不合理な有効性」

数学は時代遅れか

数学は何のためにあるのか？
我々が日々暮らす上でどんな役に立っているのか？
少し前までは簡単に答えられる質問だった。平均的な人なら、たとえ買い物のときにレシートをチェックするだけだったとしても、基本的な算数はつねに使っていた。大工は基本的な幾何学を知っていなければならなかった。測量士や航海士にはそれに加えて三角法も必要だった。技術者なら微積分に通じていなければならなかった。

しかし今日では状況が違う。スーパーのレジが金額を合計して値引き額を計算し、消費税を足してくれる。バーコードをスキャンしたときのピッという音に耳を傾けていると、その音が商品とマッチしている限り、この電子機械は自分が何をやっているのかわきまえているのだと思ってしまう。多くの職業ではいまだに幅広い数学の知識が必要だが、それでも大部分の計算はアルゴリズムを搭載した電子デバイスに任せてしまっている。

私の専門である数学はこのように表舞台から姿を消している。あたりを見回しても目に入ってはこない。

数学は時代遅れで古臭いと決めつけてしまうのは簡単かもしれないが、そういう見方は間違っている。数学がなければ今日の世界は崩れ去ってしまうだろう。その証拠として本書では、政治、法律、腎臓移植、スーパーの配達スケジュール、インターネットセキュリティー、映画の特殊効果、ばねの製造に数学が応用されていることを紹介していこう。医療用スキャナー、デジタル写真、光ファイバー通信、衛星ナビゲーションに数学が欠かせない役割を果たしているのも見ていく。数学は気候変動の影響の予測にも役立っているし、テロリストやインターネットハッカーから身を守るのにも使われている。

そうした応用法の多くを支える数学は、意外にもまったく違う理由で生み出されたもので、直感に従って好奇心のままに導き出されたものも多い。本書執筆のために調べを進めている最中にも、自分の専門である数学が思ってもみないような使われ方をしていることにたびたび気づいて何度も驚かされた。空間充填（じゅうてん）曲線や四元数（しげんすう）やトポロジーなど、実用になんてならないだろうと思っていた分野も多く利用されていた。

数学はさまざまな概念と方法からなる、すさまじく創造的で果てしない学問体系である。21世紀をそれまでの時代から一変させた、ビデオゲームや国際航空、衛星通信やコンピュータ、インターネットや携帯電話といった革新的なテクノロジーのすぐ裏側に横たわっている。[1] iPhone の画面を指でなぞれば、数学がキラキラと光り出すはずだ。

言葉どおりには受け取らないでほしい。

コンピュータと数学

魔法のような能力を秘めたコンピュータによって、数学者はおろか数学そのものも時代遅れになったと決めつける人が多い。しかし顕微鏡が生物学者に取って代わらなかったのと同じように、コンピュータも数学者の代わりにはならない。コンピュータによって数学をおこなう方法は変わったが、あくまでも単調な作業から解放されただけだ。考える時間を与えてくれたり、パターンを探す手助けをしてくれたり、数学をもっと速く効率的に前進させるための強力な武器を与えてくれたりしているのだ。

それどころか、安価で強力なコンピュータがどこでも使えるようになったことで、数学は我々にとってますます欠かせないものになっている。コンピュータの進歩によって、数学を現実世界の問題に応用する機会が増えているのだ。あまりに膨大な計算が必要なためにこれまで実用的でなかった手法の数々が、いまでは日常的に使われている。紙と鉛筆を使っていた時代の偉大な数学者には、10億回もの計算を必要とする手法なんてお手上げだっただろう。しかし今日では、1秒もかからずにそんな計算をこなせるテクノロジーのおかげで、そのような手法も日常的に使われている。

数学者は昔からずっとコンピュータ革命の先頭を走ってきた。急いで付け加えておくが、ほかに数え切れない職業も一緒にだ。ジョージ・ブールが打ち立てた記号論理は、現代のコンピュータアーキテクチャの基礎となっている。アラン・チューリングが考案した万能チューリングマシンという数学的システムは、計算可能なあらゆる事柄を計算できる。ムハンマド・アル＝フワーリズミーは、紀元820年に著した代数学の教科書の中で体系的な計算手順の役割を強調し、そのような計算手順はいまでは彼の名前を取って〝アルゴリズム〟と呼ばれている。

コンピュータにすさまじい能力を与えるアルゴリズムの大半は、数学にしっかりと根ざしている。

現在盛んに使われているテクノロジーの多くは、もとからあった数学のアイデアをそのまま拝借したものである。たとえばウェブサイトの重要度を数値化するGoogleのPageRankアルゴリズムは、数十億ドル規模の産業を生み出した。人工知能に組み込まれた流行りの深層学習アルゴリズムにも、行列や重み付きグラフなど、長年の試練に耐えてきた数学的概念が使われている。文章の中から特定の文字列を探すといったありふれた作業に関しても、一般的に用いられる少なくとも一つの手法には、有限状態オートマトンと呼ばれる数学の道具が使われている。

このような刺激的な進歩の数々に数学が関係していても、そのことはつい忘れられがちだ。何か魔法のようなコンピュータの新たな能力をマスコミが囃(はや)し立てたときには、ぜひ思い出してほしい。その裏には大量の数学が、そして大量の工学や物理学、化学や心理学が関わっていて、そうした裏方の支えがなかったらデジタルのスーパースターも堂々とスポットライトを浴びることはできなかっただろう。

なぜ役立つのか

今日の世界では数学はほぼ完全に舞台裏に隠れているため、その重要性はどうしても低く見られがちだ。街を歩けば、銀行や八百屋、スーパーやアウトレット、自動車修理工場や法律事務所、ファストフード店やアンティークショップや慈善団体など、何千もの団体や店舗の看板に日々圧倒される。しかし数学者が顧問を務めていることを示す真鍮(しんちゅう)製の銘板なんてどこにも掲げられていない。スーパーでも数学者の缶詰なんて売っていない。

だが少しだけ掘り下げれば、数学の重要性はすぐに見えてくる。航空機の設計には流体力学の方程式が欠かせない。航海術は三角法に頼っている。現代でのその使い方はクリストファー・コロンブスの時代と違い、ペンとインクや航海表でなく電子デバイスに数学が組み込まれているが、基本的な原理はほぼ同じだ。新薬の開発においても、統計学に頼って薬の安全性や有効性を確保している。衛星通信も軌道力学の深い知識に基づいている。天気予報でも、大気の動きや湿度・温度、そしてそれらの相互作用を表す方程式を解く必要がある。このような例はほかにも何千とある。それらに数学が関わっていることに我々が気づかないのは、それを知らなくても恩恵に与(あずか)れるからだ。

これほど幅広い人間活動に数学がここまで役立っているのはなぜだろうか?

これは最近になって浮かび上がってきた疑問ではない。1959年に物理学者のユージーン・ウィグナーがニューヨーク大学で、「自然科学における数学の不合理な有効性」というタイトルの有名な講演をおこなった。[2] そのときウィグナーが取り上げた対象は科学だが、同じく数学の不合理な有効性は、農業や医療、政治やスポーツなどあらゆる分野に当てはまるだろう。ウィグナー本人も、この有効性は「幅広い学問分野」にまたがっているはずだと述べている。確かにそのとおりだ。

この講演のタイトルの中でも目につくのが、「不合理」という驚きの言葉である。重要な問題を解いたり役に立つからくりを発明したりするのにどの手法が使われたかが分かってしまえば、数学の応用法のほとんどは完全に合理的である。たとえば技術者が航空機を設計するために流体力学の方程式を使うのは、完全に合理的な方法である。そもそも流体力学はそのために編み出された。天気予報に使われている数学の大半も、それに使われることを念頭に生み出された。統計学も、人間の振る舞いに関するデータの中に大規模なパターンが見つかったことで誕生した。遠近両用眼鏡の設計には大量の数学が必要だが、そのほとんどは光学を念頭に導き出された。

重要な問題を解決する数学の能力がウィグナーの言う意味で不合理になってくるのは、その数学を構築した本来の動機と最終的な応用法とのあいだにそのような関係性が見られない場合である。ウィグナーが講演の冒頭で紹介した逸話があるので、少々尾ひれを付けた上で紹介しよう。

元同級生の2人が再会した。一人は人口動向について研究する統計学者で、もう一人に自分の書いた論文を見せた。その冒頭には、統計学で標準的に用いられる正規分布（〝鐘型曲線〟）の数式が記されていた。[3] 一人目はさまざまな記号を「これは人口で、これは標本平均で」などと示していって、この数式を使えば全員の人数を数えなくても人口を推測できると説明した。相手は友人が冗談を言っているのではないかと思ったが、確信がなかったので、ほかの記号についても訊いてみた。するとやがてπという形の記号にたどり着いた。

「これは何だい？　見たことあるぞ」

「ああ、パイだよ。円の円周と直径との比さ」

するとと友人は言い放った。「ははーん、からかってたのか。いったい円と人口にどんな関係があるっていうんだ」

この逸話の第1のポイントは、友人が疑ったのが至極真っ当だったことである。常識から考えれば、これほどかけ離れた概念のあいだに関係があるはずがない。一方は幾何学の概念、もう一方は人間に関する概念ではないか。第2のポイントは、常識に反してこれらのあいだにつながりが存在することである。鐘型曲線を表す数式には、なぜかπという数が含まれているのだ。単なる便宜的な近似ではなく、あの馴染み深いπと正確に等しい。しかし鐘型曲線にπが現れる理由は数学者にとっても直感からかけ離れていて、なぜπが現れるのかはおろか、どのようにして現れるのかも高度な微積分を使わないと理解できない。

πをめぐる逸話をもう一つ紹介させてほしい。何年か前、うちの1階の浴室をリフォームしてもらったときの話だ。タイルを貼りに来た腕利きの職人スペンサーに、一般向けの数学書を書いているんだと話した。すると彼はこう言ってきた。「ある数学の問題を解いてほしいんだ。円い床にタイルを貼るんだけど、何枚用意すればいいか分からないから床の面積を知りたいんだ。確か公式を習ったんだけど……」

「π掛けるrの2乗だね」と私は答えた。

「それだ！」 私はその公式の使い方を教えた。スペンサーはタイル問題の答えと、サイン入りの私の本を1冊持って嬉しそうに帰っていった。長年の信念が覆って、学校で習った数学が現在の職業にも役に立つことに気づいたのだ。

この2つの逸話ははっきりと違う。2つめの逸話でπが登場するのは、まさにこの手の問題を解くために導入されたからだ。数学の有効性を単純かつ直接的に物語る逸話である。1つめの逸話でもπが登場して問題を解くのに使われるが、その使い方には驚かされる。数学のある概念がその由来とまったくかけ離れた分野に応用されるという、不合理な有効性を物語る逸話なのだ。

神秘の数学

本書では数学の合理的な使い方についてはあまり触れない。そのような使い方も価値があっておもしろいし、数学全体のうちかなりの部分を占めているが、前のめりになって「すごい！」と言ってしまうほどではない。また為政者たちが勘違いして、数学を進歩させるには問題を設定してからその解決法を数学者に考えさせるしかないと思いかねない。その手の目標志向型の研究も悪くはないが、それだと片腕を背中に縛り付けられて戦うようなものだ。人間の驚くほど広い想像力というもう一方の腕に値打ちがあることは、歴史が何度も証明している。数学のパワーはこの2通りの思考方法が組み合わさることで生まれる。持ちつ持たれつの関係なのだ。

たとえば1736年に偉大な数学者のレオンハルト・オイラーが、橋を渡る人に関するちょっとした興味深い問題に関心を向けた。それをおもしろいと思ったのは、長さや角度という通常の概念を切り捨てた新たなたぐいの幾何学が必要であるように思えたからだ。しかしこの問題の答えをきっかけに生まれた分野が、21世紀になって、より多くの人が腎臓移植を受けられるようにする一助になるなんて、きっと想像だにしなかっただろう。そもそも当時は腎臓移植なんて夢のまた夢だったが、たとえそうでなかったとしても、この問題と関係があるなんてばかげていると思ったことだろう。

同じように、正方形内のすべての点を通る曲線、いわゆる空間充塡曲線の発見が、食事宅配サービスの配達ルートの設定に役立つなんて誰が想像しただろうか？　１８９０年代にこの曲線を研究した数学者ももちろん想像しておらず、彼らは〝連続性〟や〝次元〟といった難解な概念をいかに定義するかに興味を持って、それまで信じられてきた事柄が間違いであることを明らかにした。数学者の多くはその取り組み自体を見当違いで後ろ向きだと非難した。しかし最終的に誰もが、実際には間違っていることを完璧に正しいと信じていてはだめだと気づいたのだった。

そのように使われるようになったのは過去の数学だけではない。腎臓移植には、オイラーのひらめきを現代になって発展させた無数の手法が使われている。たとえば膨大な選択肢の中から最適なものを選び出す、組合せ最適化と呼ばれる強力なアルゴリズムがある。アニメーションに使われている無数の数学的手法も、その多くは10年足らず前に生まれた。その一例が、座標が違うだけの曲線を同じものとみなす無限次元空間、いわゆる〝形状空間（シェイプ）〟である。これを使うとアニメーションの動きがもっと滑らかで自然に見えるようになる。やはりごく最近編み出されたパーシステントホモロジーという概念は、幾何学図形に開いた多次元の穴の数に相当する複雑な位相不変量を計算したいという、純粋数学者の思いから生まれた。ところがこの手法は、建物や軍事基地をテロリストや犯罪者から守るために、敷地全体をセンサーで効率的にカバーする方法となることが明らかになった。代数幾何学における〝超特異同種グラフ〟という抽象的な概念は、インターネット通信のセキュリティーを量子コンピュータから守るのに使える。生まれたばかりでまだ初歩的な段階だが、能力を最大限に引き出せば今日の暗号システムに取って代わることだろう。

数学はこのような驚きをごく稀に生み出すだけではない。それを良い習慣として身につけているのだ。それどころか多くの数学者が見る限り、こうした驚きこそが数学のもっとも興味深い使われ方であって、数学を個々の問題に対する解法の寄せ集めでなく一つの学問分野とみなすべき大きな理由でもある。

ウィグナーは先ほどの発言に続いて、「自然科学における数学のすさまじい有用性はまさに神秘的と言えるほどで、それを合理的に説明することはできない」と述べている。数学がそもそも科学の問題から生まれたのは確かだが、ウィグナーも、ある数学を構築するきっかけとなった分野でその数学が有効であることは不可解だとは思わなかった。頭を抱えたのは、一見したところ無関係な分野で数学が有効であることだった。微積分はアイザック・ニュートンによる惑星の運動の研究から生まれたのだから、惑星の運動を理解する上で役に立つのはさほど驚くことではない。しかし驚きなのは、ウィグナーの紹介した逸話のように統計学に基づく人口予測に使えたり、第一次世界大戦中のアドリア海の漁獲量の推移を説明できたり[4]、金融分野においてオプションの価格を支配していたり、旅客機の設計に役立ったり、遠距離通信に欠かせなかったりすることだ。微積分はそのような目的で開発されたのではないのだから。

ウィグナーは正しかった。物理科学を始め人間活動のほとんどの分野で数学が思いがけずもたびたび顔を出すさまは、まさに謎だといえる。提案されている答えの一つが、この宇宙は数学で〝作られて〟いて、人間はその基本の材料を掘り起こしているにすぎないというものである。ここでは議論を差し控えるが、もしもこの説明が正しかったとしても、一つの謎がもっと深い謎に置き換わるだけだ。なぜこの宇宙は数学で作られているのだろうか？

数学の６つの特徴

もっと実践的なレベルで見ると、数学はウィグナーの言う不合理な有効性を生み出すようないくつもの特徴を備えていると言うことができる。その一つがもちろん自然科学と密接につながっていることで、それによって人間世界に革新的なテクノロジーをもたらしている。数学の大きな進歩の多くは、確かに科学的な疑問から生まれている。その一方で、人間的な問題から生まれたものもある。数は基本的な会計事務（「ヒツジを何匹手に入れた？」）から生まれた。"Geometry"（幾何学）という言葉はそもそも「大地の測定」という意味で、土地への課税や、古代エジプトではピラミッドの建設と深く関係していた。三角法も天文学や航海術や地図作成から生まれた。

しかしそれだけでは十分な説明にならない。このほかに数学には、科学的な疑問や特定の人間的な問題から生まれたのではない大きな進歩がいくつもある。素数、複素数、抽象代数学、トポロジーの発見または発明のおもなきっかけは、人間の好奇心とパターン感覚だった。これこそが、数学がこれほどまでに有効な第2の理由である。数学者はそれを使ってパターンを探ったり、裏に隠された構造を見つけ出したりする。姿形でなく論理の〝美しさ〟を探すのだ。惑星の運動を理解したいと思ったニュートンは、数学者のように考えて、ありのままの天文観測データの裏に隠された深遠なパターンを探すことで答えにたどり着いた。そして万有引力の法則を考え出した。(5) 数学の重要なアイデアの多くには、現実世界でのきっかけがいっさいなかった。17世紀に趣味で数学を研究していた弁護士のピエール・ド・フェルマーは、ありふれた自然数の振る舞いに深遠なパターンを見つけ、数論における重要な発見を成し遂げた。その分野におけるフェルマーの研究成果が実用的に応用されるまでには300年かかったが、いまやインターネットの原動力となっている商取引はそれがなければ不可能だっただろう。

数学のもう一つの特徴として19世紀後半から徐々に浮かび上がってきたのが、〝一般性〟である。互いに異なるのに共通の特徴を数多く持った数学的構造がいくつもある。初等代数学の法則は算術と同じである。各種の幾何学（ユークリッド幾何学、射影幾何学、非ユークリッド幾何学、さらにはトポロジー）はどれも互いに密接な関係にある。この隠れた一体性は、特定の規則に従う一般的な構造をゼロから構築することであらわになってくる。一般的な特徴が理解できれば、具体的な例はすべて自明になってしまう。そうすることで労力の大幅な節約になり、わずかに異なる言語で基本的に同じことを何度もおこなう必要がなくなる。しかしこの方法には一つ欠点がある。数学がますます抽象的になってしまうのだ。数のような馴染み深い概念について語る代わりに、〝ネーター環〟や〝テンソル圏〟や〝位相ベクトル空間〟など、数と同じ〝規則〟に従うあらゆる概念を対象としなければならない。このような抽象化が度を超すと、その一般性の活かし方はおろか、その一般性が何であるかすらも見失いかねない。それでもそのような一般化はかなり有用で、それがなければ人間の世界はもはや機能しない。Netflixを見たいって？　それなら誰かが数学をやらなければならない。Netflixも魔法ではなく、魔法のように感じられるだけなのだ。

この話と大いに関係してくる数学の4つめの特徴が、〝融通性〟である。これは一般性から生まれるものであって、だからこそ抽象化は欠かせない。数学の概念や手法は、そのきっかけとなった問題にかかわらずある程度の一般性を備えていて、まったく異なる問題に適用できる場合が多い。どんな問題でも、適切な枠組みで書きなおすことができれば簡単に攻略できるようになる。融通性のある数学を構築するためのもっとも単純かつ効果的な方法は、一般性を前面に出して最初から融通性があるように設計することである。

ここ2000年のあいだ数学は、おもに3つの源からひらめきを得てきた。自然界のしくみ、人間世界のしくみ、そしてパターンを探すという人間の本性である。この3本の柱が数学全体を支えている。このようにきっかけが多種多様でありながら、奇跡的にも数学は〝一つ〟である。由来や目的を問わず数学のすべての分野がほかのあらゆる分野と密接につながっていて、その結びつきはますます強固に、そして複雑に絡み合うようになっている。

数学が思いがけない形でこれほどまでに有効である5つめの理由は、この〝一体性〟である。さらに6つめの理由が〝多様性〟であって、これについては読み進めるにつれてたっぷりと証拠が出てくると思う。

現実性、美しさ、一般性、融通性、一体性、多様性。これらが組み合わさって有用性につながっている。

このくらい数学は単純なのだ。

第2章　政治家が有権者を選ぶ

アンク＝モルポークはいくつもの政体をあれこれ思い浮かべたあげく、〝一人一票〟と呼ばれる形の民主制に落ち着いた。その一人とは貴族（パトリカ）のことで、その一人が一票を持っている。

——テリー・プラチェット『死神の館』

政治と数学

古代ギリシア人はこの世界に、詩歌、戯曲、彫刻、哲学、論理などたくさんのものをもたらした。幾何学と民主制ももたらしたが、これらはギリシア人はもとより誰の予想にも反して互いに密接に結びついていた。確かに古代アテナイの政体はきわめて制限された形の民主制で、自由市民だけが投票でき、女性や奴隷は投票できなかった。とはいえ世襲制の支配者や独裁者や暴君が幅を利かせた時代にあって、アテナイの民主制は大きな前進であった。ギリシアの幾何学もそうである。アレクサンドリアのエウクレイデスによって、明確かつ正確な基本的前提を立て、そこから論理的かつ体系的な方法ですべての事柄を導き出すことが重視された。

そんな数学を政治なんかに応用できるだって？　政治には人間関係や合意や義務が関わっているが、数学は冷徹で抽象的な論理に基づいている。政治の世界では論理よりも弁舌がものをいい、非人間的な数学の計算なんて政治論争から遠くかけ離れているように思える。しかし民主政治は規則に則って進められ、最初にその規則が設定されたときには予想もできなかったような結果が起こることもある。有名な『原論』にまとめられたエウクレイデスの画期的な幾何学の研究成果は、規則から結論を導き出すための基準となった。それどころか、数学全体を定義するものと言ってもそう間違いではない。ともあれ数学はわずか2500年で、政治の世界にまで浸透しはじめている。

民主制の興味深い特徴の一つが、政治家は〝民衆〟に決定権があって自分たちはそれに奉仕していると言い張っていながらも、実際には道を外れてそれを妨げようとするのが常であることだ。この風潮は古代ギリシアの初の民主制にまでさかのぼり、当時は成人のおよそ3分の1に当たる成人男性のアテナイ人にしか投票権が与えられていなかった。指導者を選んで投票によって政策を選択するという発想が生まれると同時に、誰が投票して一票一票にどれほどの効力があるかを操ることで民主プロセス全体を覆すという、もっと魅力的な発想も生まれた。すべての有権者が一票ずつ持っている制度でもそれは容易だ。一票の有効性はその票が投じられた状況によって変わるのだから、その状況を操ってしまえばいい。ジャーナリズム学教授のウェイン・ドーキンスは遠回しに、有権者が政治家を選ぶのでなく政治家が有権者を選んでいるも同然だと言っている[6]。

そこに数学が関わってくる。白熱した政治討論においてではなく、討論のルールやその適用のしかたに関わってくるのだ。数学的分析は諸刃の剣である。投票結果を狡猾(こうかつ)に操る方法を新たに提供する一方で、そのような企みにスポットライトを当てて明確な証拠を見せつけることで、ときにそのようなことが起こるのを防いでくれるのだ。

数学はまた、どんな民主制も必ず妥協の産物であることを教えてくれる。望ましい性質を並べ立てると自己矛盾を起こしてしまうため、望みをすべて叶えることはできないのだ。

選挙を操作する

1812年3月26日、『ボストン・ガゼット』紙が〝ゲリマンダー（gerrymander）〟という新語をこしらえた。もともとは“Gerry-mander”という綴りで、ルイス・キャロルがのちに言った〝かばん語〟（混成語）の一種である。“mander”は伝説の動物サラマンダー（salamander）の語尾で、“Gerry”はマサチューセッツ州知事エルブリッジ・ゲリーのことである。誰が最初にこの2つの言葉をつなげたのかははっきりしていないが、歴史家のあいだでは状況証拠に基づいて、この新聞の編集者だったネイサン・ヘイル、ベンジャミン・ラッセル、またはジョン・ラッセルのうちの誰かだとされていることが多い。ちなみに人名の“Gerry”は「ゲリー」と発音するが、“gerrymander”は「ジェリマンダー」と発音する〔ただし日本語では一般的に「ゲリマンダー」と表記される〕。

中世の伝説で火の中に棲むとされていたトカゲのような生き物、その名前と組み合わせられたエルブリッジ・ゲリーは、いったい何をしたのだろうか？

選挙結果を操作したのだ。

もっと具体的に言うと、ゲリーはマサチューセッツ州議会上院議員選挙の選挙区を線引きしなおした。昔からほとんどの民主制では、境界を引いて全国をいくつかの選挙区に分ける。その表向きの理由は、実際に政治を実行できるようにするためである。すべての提案について国全体で投票をおこなっていたら意思決定がなかなか進まない（スイスはそれに近い制度を設けていて、市民に投票してもらう提案を連邦議会が年に最大4回選び、一連の国民投票を実施する。しかし1971年まで女性には投票権が与えられていなかったし、1991年まで1つの州は対象外とされていた）。この問題を解決するために昔から用いられてきた方法が、有権者が少数の代議士を選び、その代議士に意思決定をしてもらうというものである。その比較的公平な方法の一つが、各政党が得票数に比例した人数の代議士を出す、いわゆる比例代表方式。もっと一般的に用いられているのが、全住民をいくつかの選挙区に分けて、各選挙区の有権者数におおよそ比例した人数の代議士をその選挙区から選出するという方法である。

たとえばアメリカ大統領選挙では、各州が決まった人数の〝選挙人〟からなる選挙人団を選出する。選挙人は１人１票を持っていて、単純多数を獲得した候補者が次期大統領に選ばれる。この制度が生まれた当時、地方から権力の中心地にメッセージを送るにはウマか馬車で手紙を運ぶしかなかった。長距離鉄道や電信はまだ登場していなかった。しかも当時、膨大な数の投票用紙を集計するのはあまりにも時間がかかった[7]。しかしこの制度によって、選ばれし選挙人たちに権限が託されることになった。イギリス議会選挙では全国を（おもに地理的なまとまりに基づいて）いくつもの選挙区に分け、選挙区ごとに国会議員を１人ずつ選出する。そしてもっとも多くの議席を獲得した政党（または政党連合）が政権を取って、国会議員の１人を首相に選ぶ。首相はかなりの実権を持っていて、さまざまな点で大統領に近い存在である。

少数の管理者を介して民主的決定をおこなうというやり方には、裏の理由もある。投票結果を操作しやすいのだ。どんな投票制度にもそもそも欠点があって、ときに奇妙な結果が出てくることもあるし、それを利用して民意を無視することもできる。近年のアメリカ大統領選挙でも、敗れた候補者の得票数が当選者の得票数よりも多いことが何度もあった。確かに現行の大統領選挙は直接投票制ではないが、現代の通信技術を考えると、もっと公平な制度に改めない理由は、権力者の多くが現状の方法を好んでいることだけだろう。

根幹にあるのが〝死票〟の問題である。どの州でも投票総数の半数プラス１票（投票総数が奇数であればプラス０・５票）を獲得した候補者が選ばれるので、その閾値（いきち）を超えた票は選挙人団による選挙の段階にはいっさい影響を与えない。２０１６年のアメリカ大統領選挙ではドナルド・トランプが選挙人を３０４人、ヒラリー・クリントンが２２７人獲得したが、一般投票におけるクリントンの得

図1　ゲリマンダー。1812年にエルカーナ・ティスデールが描いたとされている。

票数はトランプを287万票も上回っていた。トランプは一般投票で敗れながらも選出された5人目のアメリカ大統領となった。

アメリカの各州の境界は事実上変更できないので、これは選挙区分けでどうこうなる問題ではない。しかし大統領選挙以外の選挙ではたいてい与党が選挙区分けを変更することができ、欠陥を突いた悪巧みがもっと利きやすい。与党が選挙区の境界を引きなおして、対立政党の獲得票が大量に死票となるようにできるのだ。エルブリッジ・ゲリーと州上院議員選挙の例を取り上げよう。マサチューセッツ州の有権者が選挙区の地図を見る限り、ほとんどの選挙区には何もおかしなところはなかった。しかし一つだけおかしい選挙区があった。州の西部から北部にかけた12の郡が、くねくねと細長くつながった1つの選挙区にまとめられていたのだ。『ボストン・ガゼット』紙に掲載された政治漫画を描いた人(おそらく画家でデザイナーで版画家のエルカーナ・ティスデール)は、その選挙区がサラマンダーにそっくりだと気づいた(図1)。

ゲリーの所属していた民主共和党は連邦党と対立していた。1812年に連邦党がこの州の下院議員選挙と知事選挙に勝利し、ゲリーは落選した。しかし上院議員選挙ではゲリーによるこの選挙区変更がうまくいき、民主共和党が多くの議席を獲得した。

2つの戦術

ゲリマンダーの根底にある数学を理解するには、まずそのやり方に注目するといい。その戦術としてはおもに、パッキングとクラッキングの2つがある。〝パッキング〟とは、できるだけ多くの選挙区で自党が僅差ながら確実に過半数になるよう票を均等に分配して、残った選挙区だけを対立党に与えるという戦術。〝クラッキング〟とは、対立党ができるだけ多くの選挙区で敗れるように票を分散させるという戦術。各党の総得票数に比例して(あるいはそれにできるだけ近いように)その党の代議士の人数を決める〝比例代表方式〟なら、この策略を防ぐことができてより公平である。しかし当然ながらアメリカ合衆国憲法では、1つの選挙区から代議士を1人だけ選出すると定められていて、比例代表方式は違憲とされている。2011年にイギリスではそれに代わる単記移譲投票制への改正案が出されたが、国民投票によって否決された。イギリスで比例代表方式への改正案が国民投票に掛けられたことは一度もない。

では次に、きわめて単純な地理的特徴と得票分布を持つ架空の例を使って、パッキングとクラッキングのからくりを説明していこう。

そのジェリマンディア州では、ライト党とダーク党という2つの政党が競い合っている。地域が50

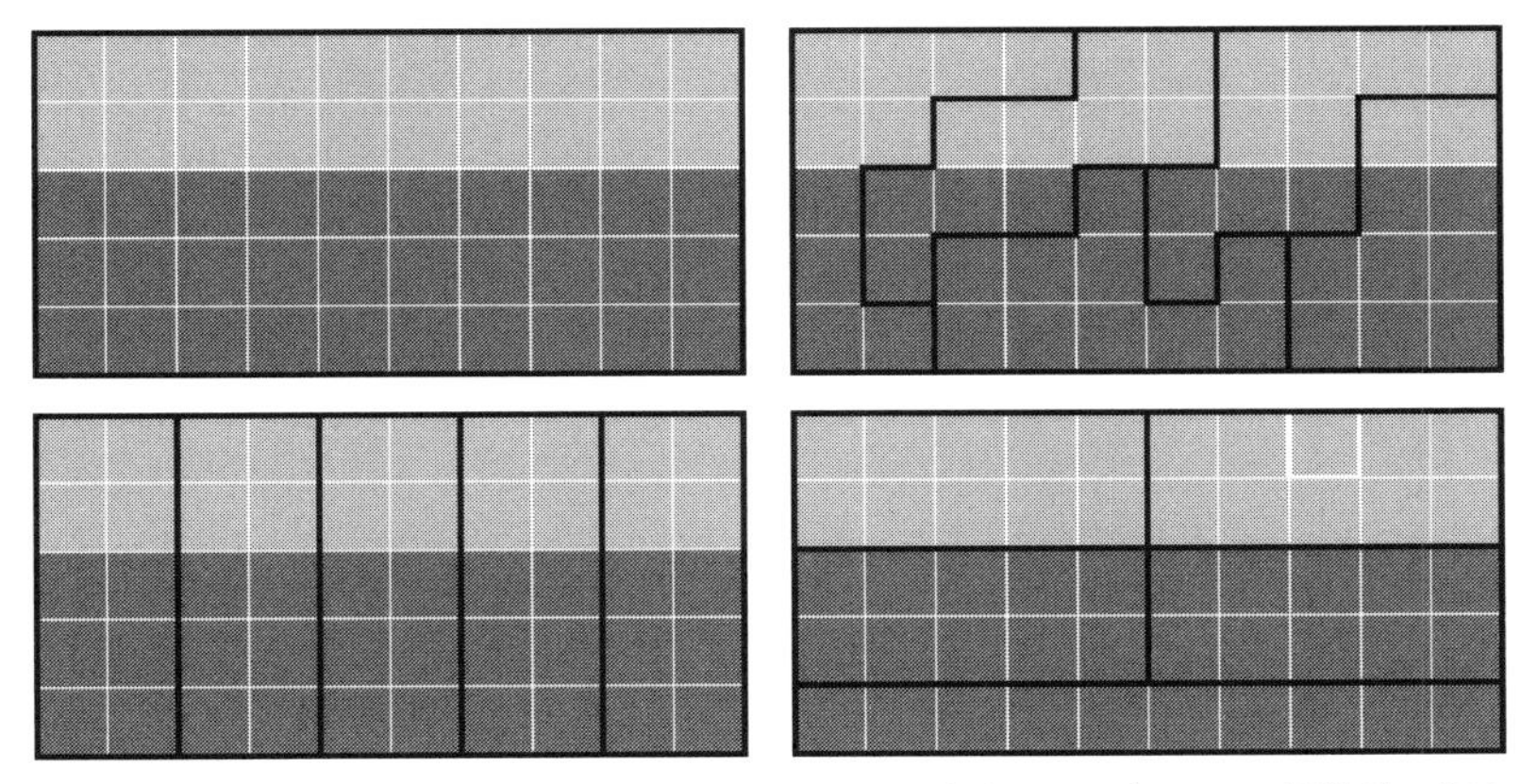

図2　ジェリマンディア州の選挙区分け。左上：50の地域を10ずつ5つの選挙区に分ける。各地域の有権者がライト党とダーク党のどちらを支持しているかを色の濃さで表している。右上：パッキングの戦術によってライト党は3つの選挙区で議席を確保し、ダーク党は2つの選挙区でしか勝てない。左下：クラッキングの戦術によってダーク党が5つの選挙区すべてで勝つ。右下：この選挙区分けでは比例代表方式に等しくなる。

あって、それが5つの選挙区に分けられる。最近の何回かの選挙では、ライト党が北部の20の地域で、ダーク党が南部の30の地域で過半数の票を獲得していた（図2左上）。しかし前回の選挙でかろうじて政権を獲得したライト党は、自党の獲得票が3つの選挙区に集中するように選挙区分けを変更していたことで（パッキング）、3つの選挙区で議席を確保し、ダーク党は2議席しか獲得できなかった（図2右上）。そこでダーク党は、この選挙区の形は明らかにゲリマンダーであるとして裁判に訴えて、次の選挙に向けた選挙区分けの主導権を握り、クラッキングの戦術を使って5つすべての選挙区で勝利できるようにした（図2左下）。

各選挙区が10の地域（小さな四角で表した）から構成されていなければならないとすると、ライト党はパッキングを駆使しても5つの選挙区のうち最大3つでしか勝てない。1つの選挙区で勝つには10の地域のうち6つを取らなければならず、また全体で20の地域を手中に収めているので、3選挙区×6地域で勝って2地域残る。一方、ダーク党はクラッキングを駆使することで5つの選挙区すべてを取ることができる。比例代表方式を採用したとすると、ライト党が2議席、ダーク党が3議席となって、図2の右下のようになる（実際には選挙区分けによって比例代表方式を実現させることはない）。

不正を暴き出す

独裁者または事実上の独裁者が支配する国では、自国がいかに民主的であるかを世界に示す目的で選挙がおこなわれるものだ。そのような選挙はたいてい不正に操作されていて、たとえ裁判に訴えることができても、裁判所も操作されているのでけっして勝てない。それ以外の国では特定の選挙区分けをめぐって裁判を起こせるだけでなく、裁判所の判断が与党からおおむね独立しているため勝てるチャンスもある。ただし、支持政党に基づいて裁判官が指名される場合はもちろん別である。

公正な裁判の場合、裁判官が直面する最大の問題は政治的な問題ではない。ゲリマンダーであるかどうかを判断するための客観的な方法を見つけるという問題である。地図に目をこらしてゲリマンダーだと言い切る〝専門家〟がいれば、その逆の結論を導き出す専門家も必ずいる。個人の意見や言葉による論争よりも客観的な判断方法が必要だ。

もちろんここに数学の活躍する機会がある。数式やアルゴリズムを用いることで、特定の選挙区分けが合理的で公平か、あるいは恣意的で偏っているかを、明確に定義された何らかの基準で定量化できるのだ。そのような数式やアルゴリズムを設計すること自体はもちろん客観的なプロセスではないが、（政治的プロセスを介して）ひとたび合意に至れば、関係者全員がその内容を承知して、導き出される結果を独自に検証できる。そうすれば裁判所も論理的な基準に従って判断を下すことができる。

自党に有利な選挙区分けに使える不正手段が理解できれば、それを暴き出すための数学的な量や法則も考え出すことができる。そのような法則もけっして完璧ではない。完璧になりえないことは証明できるので、それについては必要な予備知識が得られたところで説明したい。ともあれ現在用いられている方法には以下の5種類がある。

- 奇妙な形の選挙区を見つける。
- 議席数と得票数の比の偏りを見つける。
- ある選挙区で生じた死票を数えて、法的に許容可能な値と比較する。
- あらゆる選挙区分けのしかたを考えて、以前の投票結果に基づいて議席数を推計し、実際の選挙区分けが統計的に外れていないかどうかを確かめる。
- 最終結果が公平で、客観的にも公平に見え、両党が公平であると合意できるような規約を結んでおく。

5つめの方法は、実際にそれが可能なだけにもっとも驚きだ。その驚きは最後に取っておいて、1つめから順番に見ていこう。

選挙区はコンパクトか

1つめの方法は、奇妙な形の選挙区に注目するというものである。

早くも1787年にジェイムズ・マディソンが『ザ・フェデラリスト・ペーパーズ』〔合衆国憲法の批准を訴えた論文〕の中で、「もっとも遠くの市民でも公共的機能の求めに応じて中心点に集まることのできる距離が、民主制の自然な限界となる」と記している。これをそのまま受け取れば、選挙区はおおよそ円形であって、辺縁部から中心地までの移動時間が不合理に長くならないような大きさでなければならないことになる。

たとえばある政党の支持者がおもに沿岸部に集中しているとしよう。その支持者全員を1つの選挙区に収めたら、海岸線に沿って細長く曲がりくねった形になり、コンパクトで合理的な選挙区と比べて完全に不自然に見えるだろう。何か不正がおこなわれていて、その党の獲得票が大量に死票になるように境界線が引かれていると結論づけるしかない。ゲリマンダーがおこなわれた選挙区は、その名前のもととなった選挙区と同じく、奇妙な形をしていることから党派的色彩が明るみに出ることが多い。

しかし法律専門家なら、その奇妙な形にした理由をいくらでもこねくり出すことができる。そこで1991年に弁護士のダニエル・ポルスビーとロバート・ポパーが、選挙区の形がどれだけ奇妙であるかを定量化する方法を提案し、いまではそれはポルスビー＝ポパー・スコアと呼ばれている(8)。これは次のように計算する。

$$4\pi \times \text{選挙区の面積} \div \text{選挙区の周長}^2$$

数学的感覚を持っている人ならば、まずは4πという係数に目が行くはずだ。ウィグナーの逸話に出てきた友人が人口と円のあいだにどんな関係があるのか不思議に思ったのと同じように、円と選挙区分けのあいだにいったいどんな関係があるのかという疑問が浮かんでくる。その答えは気持ちいいほどに単純で直接的である。円は考えられる中でもっともコンパクトな図形だからだ。

この事実ははるか昔から知られていた。古代のギリシアやローマの文書、とくにウェルギリウスの叙事詩『アエネーイス』やグナエウス・ポンペイウス・トログスの著作『ピリッポス史』によると、都市国家カルタゴを建設したのは女王ディドーだという。トログスによる歴史的説明は紀元3世紀にユニアヌス・ユスティヌスによってまとめられ、そこには注目すべき伝説が語られている。ディドーと兄のピグマリオンは、テュロスの町を統治する氏名不詳の王の跡取りだった。その王が世を去ると市民は、若いながらもピグマリオンによる統治を望んだ。ところがディドーの夫で叔父のアケルバースはひそかに蓄財していると噂されていて、その財産目当てにピグマリオンはアケルバースを殺害する。そこでディドーは蓄えていた金を海に投げ捨てるかに見せかけて、実際には砂の入った袋を沈めた。そしてピグマリオンの復讐を恐れてまずはキプロス島へ、さらにアフリカの北海岸へ逃亡した。しばらく腰を落ち着けられる小さな土地をベルベル人の王イアルバースに所望すると、王は1頭の牛の皮で囲めるだけの土地を分け与えようと言う。そこでディドーは牛の皮を非常に細い帯状に切り、近くの丘を円形に取り囲んだ。その丘はいまでもビュルサと呼ばれていて、これは「獣の皮」という意味である。この居住地がカルタゴの町となって豊かになると、イアルバースはディドーに、自分の嫁にならなければ町を破壊すると迫った。するとディドーは、イアルバースとの結婚を受け入れるために最初の夫に敬意を表すと見せかけて、燃えさかる巨大な薪の山に何人もの生贄（いけにえ）を投げ込んだ。そして自分も薪の山に登り、イアルバースの要求に屈するくらいなら最初の夫のもとへ行くと言って、剣で自ら命を絶った。

ディドーが実在したかどうかは分かっていないが、ピグマリオンは確かに実在の人物で、彼とともにディドーのことが記されている文書も何点かある。そのため、この伝説が歴史的に正確かどうかを問題視するのは的外れだ。たとえ作り話だったとしても、この伝説には数学的な話が隠されている。ディドーは牛の皮を使って丘を円形に取り囲んだのだ。なぜ円だったのか？　数学者が言うように、与えられた長さの外周によってもっとも大きい面積を取り囲める〔言い換えれば、同じ面積で外周をもっともコンパクトにできる〕のが円であることを知っていたからだ。[9]〝等周不等式〟という仰々しい名前で呼ばれるこの事実は古代ギリシア時代から経験的には知られていたが、厳密に証明されたのは1879年、複素解析学者カール・ヴァイエルシュトラスが幾何学者ヤコブ・シュタイナーの発表した5通りの証明の不備を埋めたときのことである。シュタイナーは、もしも最適な図形が存在すればそれは円に違いないことを証明したが、最適な図形が存在すること自体は証明できていなかったのだ。[10]

等周不等式とは次のようなものである。

周長^2≧4π×面積

この不等式は、周長と面積を持つような通常のどんな平面図形でも成り立つ。さらに4πという定数は最大値であってけっしてそれ以上大きくはできず、また図形が円のときに限って不等号が等号になる。[11] この等周不等式に基づいてポルスビー゠ポパーは、図形の丸さを効果的に表現する方法として、いまではポルスビー゠ポパー(PP)・スコアと呼ばれている量を提唱した。例としていくつかの図形のPPスコアを示そう。

円：PPスコア＝1
正方形：PPスコア＝0・78
正三角形：PPスコア＝0・6

ゲリーが定めたあの選挙区のPPスコアは約0・25である。

しかしこのPPスコアにも深刻な欠点がある。川や湖や森、あるいは海岸線の形などその土地の地理的特徴によって、どうしても奇妙な形にせざるをえないことがあるからだ。さらに、コンパクトな選挙区でも明らかにゲリマンダーによるものもある。2011年に定められたペンシルヴェニア州議会の選挙区分けはきわめて恣意的で歪められていたため、2018年に同議会の民主党議員がそれに代わる案を作成した。その草案に定められていた選挙区はきわめてコンパクトで、州最高裁の規定した5つの基準を満たしていたが、その地域の有権者分布を数学的に解析したところ、線引きが特定の政党に強く偏っていて投票結果が歪められてしまうことが明らかとなったのだ。

地図の縮尺も問題を生む可能性がある。ここで重要となるのがフラクタル幾何学である。フラクタルとはどんなスケールでも細かい構造を持っている幾何学図形のことだ。自然界に存在する多くの形はフラクタルのように見え、少なくともユークリッド幾何学の三角形や円よりもフラクタルにはるかに近い。海岸線や雲はフラクタルによってきわめて効果的にモデル化できて、その複雑な形を表現できる。1975年にブノワ・マンデルブロがフラクタルという呼び名を考え出し、フラクタル幾何学の分野を切り拓いて発展させた。海岸線や河川は激しく曲がりくねったフラクタル曲線で、その長さは測定に使うスケールの細かさによって変わってしまう。それどころか専門的に言うとフラクタル曲線の長さは無限大で、平たく言うなら、「細かく見れば見るほど、測定される長さが際限なく長くなっていく」。そのため弁護士ならば、特定の選挙区がゲリマンダーであるかどうかはもちろんのこと、その周長の測定値についても延々と屁理屈をこねることができる。

単純にはいかない

このように形の奇妙さなどというのはけっして当てにならない概念なので、もっとシンプルな方法を考えてみよう。選挙結果が有権者の統計的な投票パターンに合致しているかどうかを調べるのだ。

議席数が10で得票数が60：40に分かれれば、一方の政党が6議席、もう一方の政党が4議席獲得するのが自然だろう。一方の政党がもっとたくさんの議席を獲得したらゲリマンダーが疑われるかもしれない。しかしそう単純な話ではない。〝単純多数得票方式〟の場合、そのような結果はよく起こりうるのだ。2019年のイギリス下院議員選挙では、保守党は得票率が44％でありながら、650議席中365議席、56％の議席を獲得した。労働党は得票率32％、獲得議席数31％。スコットランド国民党は得票率4%、獲得議席数7%(支持基盤が完全にスコットランドの中だけだったため特殊なケースである)。自由民主党は得票率12%、獲得議席数2%だった。これらの食い違いの大部分は、選挙区の境界線が奇妙な形だったからではなく、投票パターンに地域的な偏りがあったためである。そもそも2つの政党からたった1人(大統領など)を選ぶ選挙ならば単純過半数で決まるのだから、投票総数の50%(プラス1票)を獲得すれば100%の議席を獲得できる〔直接選挙の場合〕。

アメリカの例を紹介しよう。マサチューセッツ州では2000年以降の連邦議会選挙と大統領選挙で、民主党が投票総数の3分の1以上を獲得している。しかし民主党がこの州の下院議席を最後に占めたのは1994年のことである。ゲリマンダーなのだろうか? おそらくそうではないだろう。有権者のうち民主党に投票した3分の1の人が州全体に一様に散らばっていたら、どんな境界線を引こうが、どの選挙区でも民主党に投票した人の割合はおおよそ3分の1のままだ。共和党が大勝するだろう。そして実際にそのとおりになっている(家一軒一軒をくねくねとうねるとてつもない形の選挙区を設定したら話は別だが)。

実際におこなわれたある選挙において、(少なくとも群区を分割しない限り)どのような境界線を引こうがこのような結果は避けられなかったことが、数学者によって証明されている。マサチューセッツ州が9つの連邦議会選挙区に分割された2006年、ケネス・チェイス〔共和党候補、落選〕が連邦上院の議席をめぐってエドワード・ケネディ〔民主党候補、当選〕を訴えた。チェイスは投票総数の30%を獲得したのに、9つの選挙区すべてで敗れたのだ。そこでさまざまなケースをコンピュータで解析したところ、州全体から不規則に群区を集めて選挙区を作ってもなお、チェイスが勝てるケースは一つもないことが分かった。チェイスの支持者はほとんどの群区にかなり一様に散らばっていて、どんなゲリマンダー的な境界線を引こうがチェイスを当選させることはできなかったのだ。

ジェリマンディア州の例に戻ろう(図2左下)。ダーク党が5つすべての選挙区で勝利を収めたと

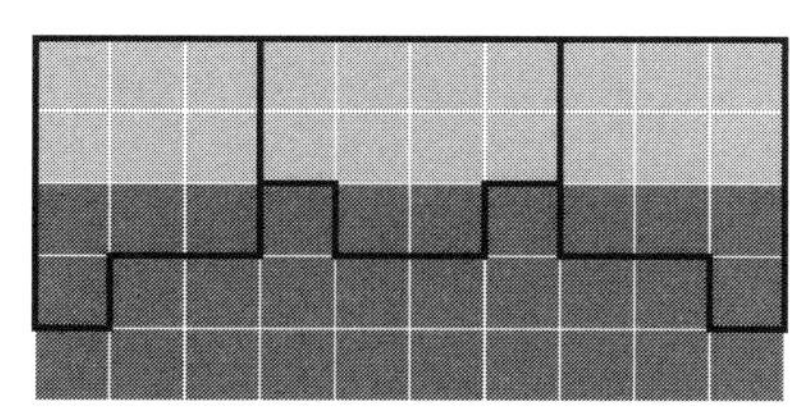
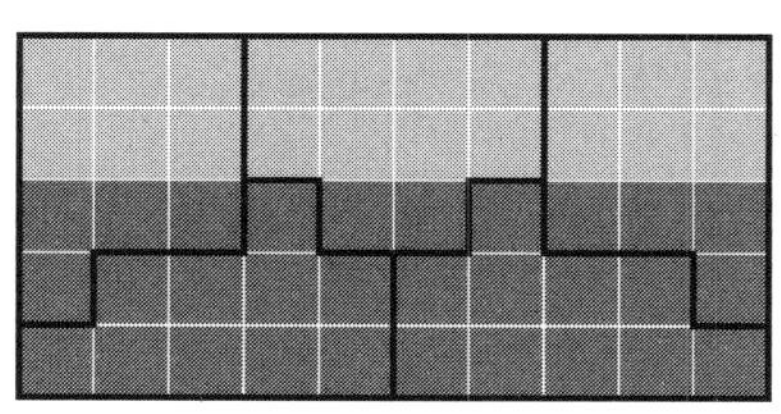

図3　左：ライト党の案。2つの選挙区はダーク党に決めさせる。右：できる限りコンパクトな決め方。

ころ、ライト党がこの選挙区分けに異議を唱えた。選挙区が長方形で細長すぎるため、ダーク党がクラッキングをおこなったのは明らかだというのだ。そこで裁判所が、選挙区をもっとコンパクトにせよとの裁定を下した。それを受けてライト党は3つのコンパクトな選挙区を提案し、度量の広いことに、残った地域をダーク党が2つの選挙区に分けることを認めた（図3左）。するとダーク党は、自党のほうが得票数が多いのにライト党が3つの選挙区で勝ち、ダーク党は2つの選挙区でしか勝てないとして抗議した。

この分割のしかたを見ると分かるとおり、コンパクトさを基準にしてゲリマンダーかどうかを判断するという方法にはさらに2つの欠点がある。この選挙区分けは確かにコンパクトだが、それでも投票総数の5分の2しか獲得していないライト党が5つの選挙区のうち3つで勝ってしまう。しかも、残った地域を2つのコンパクトな選挙区に分割する方法はない（図3右）。ジェリマンディア州ではその地理的分布のせいで、コンパクトさと公平さを同時に実現するのは難しいのだ。決め方によっては絶対に実現できないだろう。

得票数から探る

コンパクトさに基づく判断基準に欠点があるとしたら、特定の党派に偏った選挙区分けを突き止める方法はほかにあるのだろうか？　投票データを調べると実際の選挙結果が分かるだけでなく、もしも各政党への

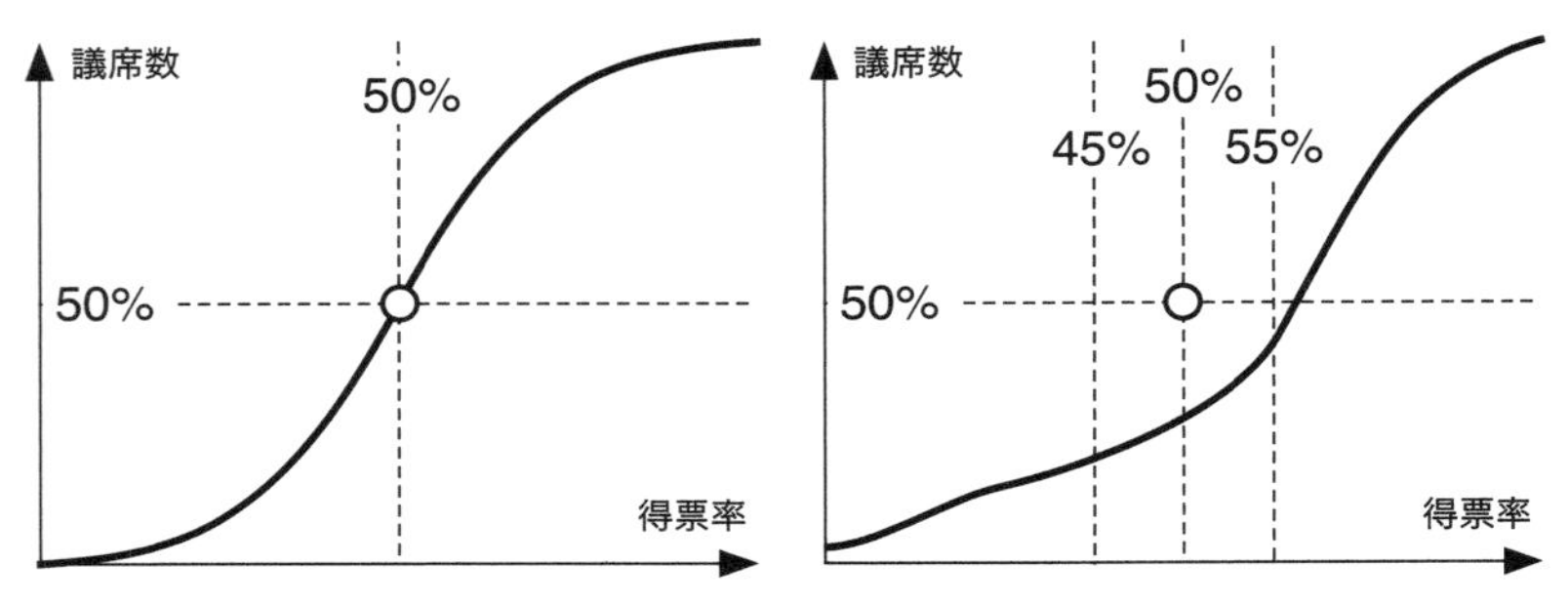

図4　獲得議席数と得票率との関係を表したグラフ。横軸はある政党の得票率を表していて、範囲は30%から70%。縦軸は、それぞれの得票率だったときに全議席の何%を獲得できたはずかを表している。

票がある決まった数だけ別の政党に移ったらどのような結果になっていたかも分かる。たとえばある選挙区でダーク党が6000票、ライト党が4000票獲得すれば、ダーク党が勝つ。ダーク党に投票した人のうち500人がライト党に乗り換えてもダーク党は勝っていたが、1001人がダーク党からライト党に乗り換えたらダーク党は敗れていただろう。ダーク党が5500票、ライト党が4500票だったら、501人が乗り換えただけで結果が変わっていたはずだ。要するに得票数を見れば、誰が当選したかだけでなく、どれだけ僅差だったかも分かる。

この計算を選挙区ごとにおこなってその結果を組み合わせれば、票の移動に伴って獲得議席数がどのように変化するかを表した〝議席数＝得票率曲線〟を描き出すことができる(実際には折れ線になるが、便宜上滑らかな曲線として考える)。図4左は、ゲリマンダーがおこなわれていない選挙でどのような曲線になるはずかをおおざっぱに表している。とくに得票数50%のところで獲得議席数50%の線を横切っていて、この点の左右どちらか一方を180度回転させるともう一方と重ならなければならない。

図4右はペンシルヴェニア州議会選挙における選挙区分けの場合の議席数＝得票率曲線で、民主党の得票率を横軸にし

ている。民主党が50％の議席を獲得するには約57％の得票率を上げなければならない。この選挙区分けはのちに州議会によって廃止された。

この手の計算に基づいてゲリマンダーであるとした訴えをアメリカ連邦最高裁判所は何度も斥けているし、選挙区がコンパクトでないという理由に基づく訴えも斥けられている。２００６年にＬＵＬＡＣ（ラテン系アメリカ市民連盟）がリック・ペリー〔当時のテキサス州知事〕を相手取って起こした裁判では、テキサス州のいくつかの選挙区を区分けしなおすよう命じる判決が下されたが、その理由は１つの選挙区が投票権法（人種差別を禁じている）に反する形で定められているというものだった。連邦最高裁判所は特定の党派に偏ったゲリマンダーを違憲と断定しているものの、具体的な選挙区分けを無効にしたことはこれまで一度もない。

裁判所がこのように否定的な決定を下す最大の理由は、議席数＝得票率曲線のような方法の前提となっているのが、実際とは異なる状況で有権者はどのような投票をしたはずかという架空の話だという点である。弁護士にとってはもっともな理由かもしれないが、数学的には筋が通らない。この曲線は実際の投票データから厳密に定義された手順で導き出されるからだ。この曲線の場合、票がどのように移動するかは、実際に一人一人の有権者がどのように行動したはずかに基づいて計算するのではない。この方法はちょうど、バスケットボールの試合の得点が１０１対97なら僅差で、１２０対45なら僅差ではなかったと判断するようなものだ。一人一人の選手が出来不出来に応じてどのようなプレーをしたはずかを予測しているのではない。法曹界が基本的な数学を理解できないどころか尊重すらできないことを示す例はいくらでもあって、この事例もそこに付け加えられるだろう。完全に事実に基づいたこのアルゴリズムを架空呼ばわりすることで、テキサス州の選挙区分け全体を破棄しないための恰好の口実を作ったのだ。

死票を数える

不当な法的決定を防ぐための最善の方法は裁判官を啓蒙することではないので、ゲリマンダーかどうかを判定する数学的方法を探る人たちは、間違った理由から難癖をつけることのできない別の基準を探した。ゲリマンダーがおこなわれると、一つの政党の支持者による票の多くが死票になる。ある候補者が過半数を取ればそれ以上の票は結果に何の影響もおよぼさないのだから、選挙区分けが公平かどうかを判定する一つの基準は、両党の死票がおおよそ同数であるかどうかである。２０１５年にニコラス・ステファノプロスとエリック・マギーが、死票の量を判定する方法として〝効率性ギャップ〟というものを定義した[12]。２０１６年にビヴァリー・ギル〔ウィスコンシン州選挙管理委員会委員長〕がウィリアム・ウィットフォード〔ウィスコンシン大学教授〕を相手取って起こした裁判では、裁判所が同州の選挙区分けは違法であるとの判断を下し、その際に効率性ギャップが欠かせない役割を果たした。

効率性ギャップの計算方法を理解するために、候補者が２人だけの単純な選挙で考えてみよう。

死票が生まれる方法はおもに2通りある。敗れた候補者に投じられた票が死票になるのは、投じられなかったも同然だからだ。勝った候補者に投じられた50％を超えるぶんの票も、同じ理由で死票となる。これらの基準は実際の選挙結果によって左右されるため、選挙後でないと当てはめられない。結果が分かるまで、自分の投じた票が死票になったかどうかは分からないからだ。２０２０年におこなわれたイギリス下院議員選挙において、私の住む選挙区では労働党の候補者が1万９５４４票を、保守党の候補者が1万９１４３票を獲得した。両党に投じられた合計３万８６８７票のうち、労働党は４０１票差で勝利したことになる。もしも誰か一人の有権者が棄権しても、票差はまだ４００もある。しかし労働党に投票した人の1％強が違う行動を取ったら、保守党が勝利していたはずだ。

死票の定義によれば、保守党に投じられた1万９１４３票すべてと、労働党に投じられた票のうち２００票が死票となった。効率性ギャップは、一方の党の死票がもう一方の党の死票に比べてどれだけ多かったかによって表される。この場合には次のようになる。

(保守党への死票の数－労働党への死票の数)÷投票総数

計算すると、(19143－200)÷38687で+49%となる。

これは1つの選挙区だけでの値である。そこですべての選挙区における効率性ギャップを計算し、その目標値を立法府が定める。効率性ギャップの値は必ず－50%から+50%の範囲に入り、両党の死票が同数であるギャップ0の状態が公平ということになる。そこでステファノプロスとマギーは、効率性ギャップが±8%の範囲を超えたらゲリマンダーの可能性があると提唱した。

しかしこの方法にもいくつか欠点がある。結果が僅差だとどうしても効率性ギャップが大きくなり、数票違っただけで－50%近くから+50%近くへと大きく振れてしまうのだ。私の住む選挙区はゲリマンダーではないが、それでも効率性ギャップが+49%もあった。しかも労働党に投票した人のうちたった201人が保守党に乗り換えるだけで、その値は－50%になってしまう。一方の党がたまたますべての選挙区で勝ってもゲリマンダーのおかげだったように見えてしまうし、地理的要因によって効率性ギャップの値が歪められることもある。ギル対ウィットフォードの裁判では被告側が当然この欠点を指摘したが、原告側はこのケースにはその欠点は当てはまらないと主張し、それが採用された。しかし被告側の主張も、一般的な指摘としては完全に筋が通っている。

2017年にミラ・バーンシュタインとムーン・デューチンがこのほかにも効率性ギャップの欠点をいくつか見つけ[13]、2018年にはジェフリー・バートンがそれを解消した改良法を提案した[14]。たとえば選挙区が8つあって、そのどの選挙区でもライト党が90票、ダーク党が残り10票を獲得したとしよう。ライト党の死票は40×8＝320票、ダーク党の死票は10×8＝80票なので、効率性ギャップは(320－80)÷800＝0.3＝+30%となる。8%基準に従えば、この効率性ギャップの大きさから見てラ

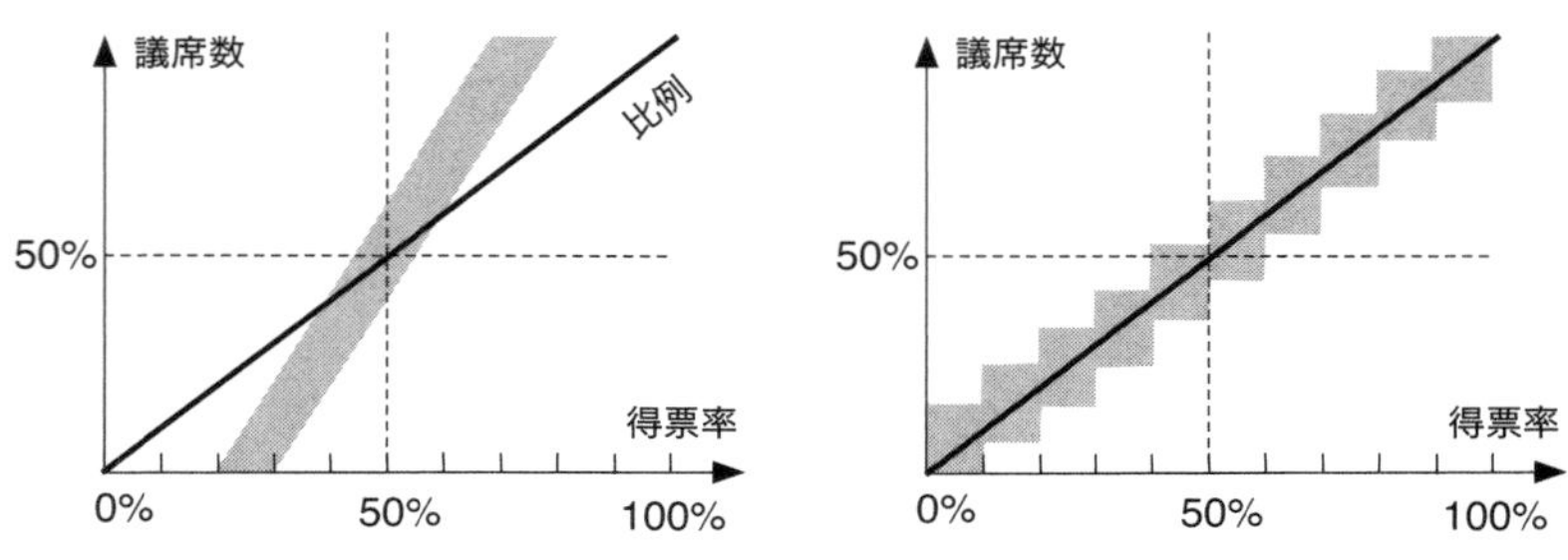

図5　左：議席数＝得票率グラフ。比例代表方式における直線（太線）と、効率性ギャップから見て公平とされる範囲（網掛け部分）を示してある。右：修正された効率性ギャップを表したグラフ。網掛けの範囲が対角線を取り囲んでいる。

イト党に不利な偏りがあったと判定される。しかしライト党は8つすべての選挙区で勝っているではないか。

2つめのシナリオを考えるとまた別の問題があらわになってくる。今度はライト党が3つの選挙区で51票対49票で勝ち、ダーク党が2つの選挙区で51票対49票で勝ったとしよう。ライト党の死票は1＋1＋1＋49＋49＝101票、ダーク党の死票は49＋49＋49＋1＋1＝149票となる。効率性ギャップは（101－149）÷500＝－0.096＝－9.6%となり、ダーク党に不利な偏りがあったと判定される。しかしダーク党は少数党であって3議席以上獲得するのはおかしいし、実際に2議席に留まった。ダーク党にもう1議席与えたら、少数党が過半数の議席を占めてしまうことになる。

バートンは、このどちらの問題も死票の数をそのまま用いたことが原因だと考えた。選挙区分けに関係なくどんな選挙でも、当選者に投じられた余分な票は死票となる。そこでバートンは〝死票の数〟の代わりに〝余計な死票の数〟を用いた。これを計算するには、両党において、従来の定義による死票の数から、選挙区分けにかかわりなくどうしても死票になってしまう票数を差し引く。議席数＝得票率グラフにおいて、従来の定義に基づく±8%幅の領域は、図5左のように下端の得票率25%の点から上端の得票率75%の点へと走る直線を中心とした幅の狭い帯となる。比較のために、比例代表方式における理想的な直線を表す対角線も引いておいた。この2つが一致するのは得票数が50：50に分かれる点のごく近くだけである。一方、余計な死票の数に基づいたグラフが図5右である。対角線を完全に取り囲んでいてはるかに理にかなっている。

原爆と酔っ払い

ゲリマンダーかどうかを判定するもう一つの方法が、実際とは異なる選挙区分けを何通りか考え、地域全体での推定投票パターンに関するデータを用いて結果を比較するというものである。ダーク党が提案した選挙区分けではダーク党が70％の議席を獲得するが、それ以外のほとんどの選挙区分けでは45％しか獲得できないとしたら、何か不審な点があるはずだ。

この発想の大きな問題点は、選挙区や地域の数を現実的な値にしてもなお、考えられるすべての選挙区分けを列挙できないことである。組合せ論的爆発が起こって急激に増えていってしまう。しかも考慮するすべての選挙区分けが法律に従っていなければならず、この制約条件は数学では扱いきれない可能性がある。しかし幸いにもかなり昔に、この組合せ論的爆発を回避する方法が編み出されている。マルコフ連鎖モンテカルロ法（ＭＣＭＣ）という方法である。ここでは、考えられるすべての選挙区分けを網羅する代わりに、正確な推計をおこなうのに十分な数の選挙区分けのサンプルをランダムに生成する。世論調査において、比較的少数のランダムなサンプルに質問することで世論を推定するのに似ている。

モンテカルロ法は戦時中に原子爆弾を開発したマンハッタン計画にさかのぼる。療養中のスタニスワフ・ウラムという数学者が、暇つぶしにペイシェンス（ソリティア）という1人トランプゲームをやっていた。そして成功する確率はどのくらいなのだろうかと思って、クリアできるトランプの並び方を計算しようとしたところ、その方法はとうてい無理だとすぐに気づいた。そこで代わりに何度もプレーして、そのうち何回成功したかを数えた。するとそこで、マンハッタン計画で解かなければならない物理方程式にもそれと似たような方法が使えるではないかと気づいた。

ロシア人数学者のアンドレイ・マルコフにちなんで名付けられたマルコフ連鎖は、ランダムウォーク（酔歩（すいほ））を一般化した概念である。ひどく酔っ払った人がふらふらしながら歩道をランダムに行ったり来たりしている。ある回数足を踏み出したとき、その人は平均でどれだけの距離進んでいるだろうか？（答え：平均でおおよそ歩数の平方根）。マルコフはその歩道をネットワークに置き換えて同様のプロセスを思い浮かべ、ネットワークの各エッジにそこを通る確率を割り振った。その上で次のような問題を考えた。きわめて長い時間さまよったのちに、ある場所にたどり着いている確率は？このマルコフ連鎖を用いると、各時点での状況に応じた確率で一連の出来事が起こるような、現実世界の多くの問題をモデル化できる。

ＭＣＭＣはこの２つの方法を組み合わせたもので、マルコフ連鎖における確率リストの中からモンテカルロ法を使ってサンプルを取る。統計学者のパーシ・ダイアコニスが２００９年におこなった推計によると、科学や工学やビジネスにおける統計解析のうちおよそ15％にＭＣＭＣが用いられているそうで、このように強力で実績があって有用な方法をゲリマンダーに当てはめてみるのは当然だろう。マルコフ流のランダムウォークによって選挙区分けのしかたをいくつも生成し、モンテカルロ法を使ってその中からサンプルを取る。するとお見事！　提案されている選挙区分けがどのくらい典型的であるかを統計学的に評価できるのだ。エルゴード理論というもっと高度な数学でもこの方法の有効性が裏付けられていて、ランダムウォークを十分に長くおこなえば統計学的に精確なサンプルを得られることが保証されている。

近年になって数学者が法廷でＭＣＭＣを証拠として挙げることが増えている。ノースカロライナ州ではジョナサン・マッティングリーが、獲得議席数などの量を比較的理にかなった範囲に設定した上でＭＣＭＣによる推定をおこない、採用された選挙区分けの案は統計学的に著しく外れていて特定の党派に偏っていることがうかがわれると証言した。ペンシルヴェニア州ではウェズリー・ペグデンが統計学的手法に基づく計算によって、政治的に中立な選挙区分けによる結果がランダムウォークに基づく選挙区分けよりも悪くなる可能性は低いことを示し、偶然だけでそのような結果が起こる確率を推計した。どちらの裁判でも裁判官は、数学者の示した証拠は信頼できると判断した。

ケーキを分ける

ゲリマンダーに関する数学的知識は諸刃の剣である。どんなときにゲリマンダーが起こっているかを有権者や裁判官が突き止めるのに役に立つ一方で、もっと効率的にゲリマンダーをおこなうためのヒントにもなる。人々に法律を守らせるのに役立つのとは裏腹に、法律を破ったり、困ったことにねじ曲げたりするのにも使える。何らかの悪事を防ぐために法律的な規制を設けると、人は決まってその規制の抜け穴を見つけ出して悪用するものだ。数学的方法の大きな長所は、規則自体を明確なものにできることである。さらにまったく新たな可能性も開いてくれる。対立しあう各政党を説得して、どんな制度が公平かをめぐって意見を一致させようとしても、不首尾に終わってしまう。それどころか、彼らに抜け穴を悪用するチャンスを与え、裁判で制度を守らせるしかなくなる。そこでその代わりに、彼らに「とことん戦わせる」ほうがもっと合理的かもしれない。権力や金がものをいう野放しの乱闘ではなく、結果が公平で、有権者から見ても公平に見えるだけでなく、関係する各政党がそれは公平であると受け入れざるをえない、そんな形に作られた枠組みの中での戦いである。

高望みに思えるかもしれないが、近年になってこのアイデアに取り組む数学分野が花開いている。公平分割論と呼ばれるものである。一見不可能に思える、交渉のための入念に組まれた枠組みが実は実現可能なのだ。

そのおおもととなった典型的な例が、ケーキをめぐって言い争いをする2人の子供である。公平であることを証明できるプロトコル（事前に定めておく規則）に基づいて、2人でケーキを分けるにはどうすればいいか？　昔から知られている方法が、「僕が切るから君が選べ」というものだ。アリスは2つ同じ大きさになるようにケーキを切る。そしてボブがどちらか一方を選ぶ。ボブは自分が選ぶのだからいっさい文句を言ってはならない。もう一方を選んでも良かったからだ。アリスも文句を言ってはならない。ボブが大きいほうを選んだと思っても、そもそもきちんと等分にしなかったのは自分だからだ。どちらが切ってどちらが選ぶか決まらなければコイン投げでもすればいいが、実際にはそんな必要はない。

しかし人間とはかくもこういうものだから、この2人の子供があとから納得するとは言い切れない。私がある記事でこの方法を取り上げると、一人の読者が自分の子供で実験してくれた。分け終えるとアリス（実名ではない）がすかさず、「ボブ（やはり実名ではない）が大きいほうを取った」と文句を言い出した。等分にしなかったお前が悪いと諭すと、アリスは「被害者を悪者扱いしている」と訴えるような目をしてきたので、2人のケーキを交換した。するとアリスは「ボブのほうがまだ大きいじゃない！」と泣き叫びだしたというのだ。しかし政治家ならこのようなプロトコルで満足すべきか、少なくとも文句を言うべきではないし、裁判でももちろん認められるべきだ。裁判官はプロトコルにきちんと従っていたかどうかを確かめさえすればいい。

このようなプロトコルの最大の特長は、アリスとボブの相互敵意をなくそうと努力しなくても、この取り決めを使えば公平な結果にたどり着けることである。2人にずるをするなと言ったり、仲良くしろと諭したり、〝公平〟という言葉の意味をわざわざ法的に定義したりする必要などない。対抗させて競わせればいいのだ。もちろん守るべきルールを前もって示し合わせておかなければならないが、そもそも何かしら合意しなければ話にならないし、このルールは見るからに公平なので、納得しなかったら白い目で見られるだけだ。

この「僕が切るから君が選べ」という方法の重要な特徴は、どちらの切れ端のほうが価値が高いかを第三者が何らかの方法で評価しないことである。プレーヤー自身の主観的な価値判断に基づいている。自分なりの基準で公平であると納得しさえすればいい。しかも、何に価値を置くかが2人で一致していなくてもかまわない。逆に一致していないほうが、公平に分けるのは簡単だ。一人はチェリーがほしくてほかは気にしない。もう一人は砂糖衣がほしくてほかはどうでもいい。ならばすぐに決着だ。

数学者や社会科学者がこの手の問題を真剣に取り上げはじめると、実は驚くほど深遠な問題であることが明らかになってきた。その第一歩は、3人でケーキを分ける方法について考えることで踏み出された。できるだけ単純な方法を見つけるのがきわめて難しいだけでなく、新たにひとひねり加えなければならない。アリスとボブとチャーリーがそれぞれ、自分なりの評価で3分の1以上はもらえたという意味で、公平に分けられたと納得しているとしよう。しかしアリスは、自分のよりもボブのほうが大きいと思って、ボブをうらやましがっている。アリスが見たところ、そのぶんチャーリーの分け前が自分のよりも小さいはずだ。しかしボブとチャーリーは自分の分け前の大きさについて違うふうに考えているかもしれないので、何も矛盾してはいない。そこで、公平なだけでなく誰も他人をうらやましく思わないような、つまり恨みっこなしのプロトコルを探すべきだろう。実はそんなプロトコルは実現可能なのだ[15]。

公平かつ恨みっこなしの分け方に関する知見は、スティーヴン・ブラムズとアラン・テイラーが4人で分けるための恨みっこなしのプロトコルを発見したのを皮切りに、1990年代に大きく前進した[16]。この場合のケーキはもちろん、価値があって分割できる何らかのものの比喩にすぎない。公平分割論では、いくらでも細かく分割できるもの（ケーキ）も扱うし、いくつかの塊からできているもの

（本や宝石など）も扱う。そのため現実世界で公平にものを分けるという問題に適用できるし、ブラムズとテイラーも、離婚調停における対立解消にこの方法が利用できると説明している。２人が編み出した〝アジャステッドウィナー・プロトコル（勝者調整法）〟には、公平・恨みっこなし・効率的（パレート最適）と３つの大きな長所がある。つまり、どの人も自分の分け前は平均以上の大きさだと感じるし、誰かと分け前を交換したいとは思わない。また、ほかのどんな分け方を考えても、誰もこの方法と同じくらい良いと思うことはないし、誰か一人がこの方法よりも良いと思うこともない。

たとえば離婚調停ならば以下のようにすればいい。長年にわたってすれ違いに耐えてきたアリスとボブが、さすがにうんざりして離婚を決めた。そこでそれぞれに１００ポイントを与え、住宅やテレビや猫などそれぞれの家財にポイントを割り振ってもらう。そしてまずはそれぞれの家財を、より大きなポイントを付けたほうに与える。確かに効率的ではあるが、ほとんどの場合は公平でもないし、相手をうらやむ気持ちもあるので、プロトコルは次の段階に進む。２人それぞれのもらった家財のポイントを合計してそのスコアが互いに同じであれば、２人とも満足できて解決だ。スコアが違っていたらどうするか？　たとえばアリスのスコアに基づく彼女の分け前の量が、ボブのスコアに基づく彼の分け前の量よりも多かったとしよう。そこで２人のスコアが等しくなるように、アリス（〝勝者〟）からボブ（〝敗者〟）に家財をいくつか移す。ポイントは１点刻みだし家財もある程度の塊でできているので、いずれかの家財をさらに細かく分けなければならないかもしれないが、このプロトコルでは分割する家財は最大でも１つと決められている。ほとんどの場合は住宅で、売却して得たお金を分けることになるが、ボブが市場公開前にアップルの株を買っていたら話は別だろう。

このアジャステッドウィナー・プロトコルは、公平分割にとって必要な３つの条件を満たしている。まずは公平さが保証されている。つまり、公平で恨みっこなしで効率的であることを証明できる。また多角的な評価に基づいていて、各人の好みが考慮されているし、各人の分け前の価値は自分の評価に基づいて計算する。最後に手続き上も公平で、最終的にどんな形で決着しようが、両者とも公平さが保証されていることを理解して確かめることができるし、必要であれば裁判で公正かどうかを判断してもらうこともできる。

選挙区分けへの応用

2009年にゼフ・ランダウ、オニール・リード、イローナ・イェルショフの3人が、これと似た方法でゲリマンダーの問題を解消できると提唱した。[17] いずれかの当事者が自分に有利なように選挙区分けを決めてしまうのを防げるようなプロトコルがあれば、ゲリマンダーを食い止められるはずだ。この方法では各選挙区の形はいっさい考慮しないし、不偏不党と称する第三者が権限で選挙区分けを押しつけることもない。相反する利害のバランスが取れるように選挙区分けを定めるのだ。

さらなる長所として、この方法を改良すれば、地理的な結びつきやコンパクトさといった要素も加えて考慮することができる。選挙管理委員会などの第三者機関が最終決定を下すのであれば、判断材料の一つとして分割ゲームの結果を取り入れればいい。現実世界に存在するあらゆる不公平を完全に排除できるとは誰も言っていないが、従来の方法よりもはるかに優れているし、露骨に不公平な策略を企てようという意図はおおむね削いでくれる。

このプロトコルはあまりにも複雑で詳しくは説明できないが、初めに独立機関が選挙区分けを一通り提案する。続いてどちらか一方の政党が、どれか1つの選挙区をさらに分割するかどうかを選択するが、分割する場合にはもう一方の政党が別のどれか1つの選挙区を分割することを認めなければならない。次に両政党の役割を入れ替えて、同様の選択をおこなう。要するに「僕が切るから君が選べ」の方法をもっと複雑にしたものに相当する。ランダウらは、どちらの政党の立場から見てもこのプロトコルが公平であることを証明した。2つの政党が互いにゲームで戦うことになるわけだが、ただしそのゲームは引き分けで終わるようにできていて、どちらの政党もできる限りの得点を挙げたと納得できる。納得できないのであれば、もっと良い戦いができなかった自分が悪い。

2017年にアリエル・プロカッチアとウェズリー・ペグデンがこのプロトコルを改良し、独立機関を排除して2つの政党だけですべてを決定できるようにした。大まかに言うと、一方の政党が州全体を法律で定められた数の選挙区に分割するが、その際には各選挙区の有権者数が（できるだけ）等しくなるようにする。続いてもう一方の政党が、どれか1つの選挙区を〝凍結〟してそれ以上変更できないようにした上で、好むと好まざるとにかかわらず残った地域の選挙区分けを変更する。次に第1の政党がその新たな選挙区分けの中から凍結する2つめの選挙区を選び、残りを変更する。こうして両政党が凍結と区分けの変更を交互に繰り返していき、最終的にすべての選挙区を凍結させる。そうして最終的な選挙区分けが決定する。たとえば選挙区が20あれば、19回のサイクルを要する。ペグデンとプロカッチア、そしてコンピュータ科学専攻の学生ディンリ・ユーが数学的に証明したとおり、このプロトコルに従えば第1の政党が有利になることはけっしてないし、どちらの政党も、もう一方の政党が望まない限り1つの選挙区に特定の有権者を集中させることは不可能である。

民主制は完璧か

選挙に関する数学はいまではかなり本格的な分野になっていて、ゲリマンダーはその中の一つのテーマにすぎない。投票制度に関しても、単純多数得票方式や単記移譲投票方式、比例代表方式などさまざまな種類が盛んに研究されている。その研究から浮かび上がってきた包括的な事実の一つとして、合理的な民主制に求められる条件をいくつか書き出すと、場合によってはそれらの条件が互いに相容れなくなってしまうのだ。

これらの結果のおおもととなっているのが、1950年に経済学者のケネス・アローが発表してその1年後に著作『社会的選択と個人的評価』で説明した、〝アローの不可能性定理〟と呼ばれるものである。アローが検討したのは優先順位付け投票方式と呼ばれるもので、これは各有権者が、もっとも支持する選択肢に1点、次に支持する選択肢に2点というように、各選択肢にスコアを付けていく方式である。その上でアローは、このような投票方式が公平であるための条件を3つ挙げた。

- すべての有権者がある選択肢を別のどれかの選択肢よりも支持していれば、集団全体でもその選択肢のほうが支持される。
- どれか2つの選択肢に対する支持を入れ替える有権者が一人もいなければ、たとえそれ以外の選択肢に対する支持が変化しても、集団全体におけるその2つの選択肢に対する支持は変わらない。
- 集団全体での支持をつねに決定できる独裁者がいない。

いずれも強く求められる条件だが、アローが証明したとおり、これらの条件は互いに論理的に矛盾している。だからといってこのような投票方式が必ず不公平になるわけではなく、状況によっては直感に反する結果が出てくるというだけだ。

ゲリマンダーに関してもアローの定理からいくつかの結論が導き出されている。その一つでボリス・アレクセイエフとダスティン・ミクソンが2018年に発表したのが[18]、公平な選挙区分けのための3つの原理である。

- 〝一人一票〟：各選挙区の有権者数がおおむね等しい。
- 〝ポルスビー＝ポパーのコンパクトさ〟：すべての選挙区のポルスビー＝ポパー・スコアが法律で定められた値よりも大きい。

・〝**有界効率性ギャップ**〟：もっと専門的である。おおざっぱに言うと、どの2つの選挙区に注目しても、それぞれの有権者数とその2つの選挙区の合計有権者数との比がある一定の値以下であれば、効率性ギャップは50%未満である。

その上でアレクセイエフらは、この3つの条件をつねに満たすような選挙区分けの方法は存在しないことを証明した。

民主制はけっして完璧になりようがない。そもそも民主制の目的は、全員に関係のある重要な事柄をめぐって、それぞれ独自の意見を持つ何百万もの人に合意してもらえるよう説得することである。だとしたら、そもそも民主制が機能していること自体が驚きだ。独裁制のほうがはるかに単純である。1人の独裁者が1票を持っているだけなのだから。

第3章　ハトにバスを運転させよう

このバスの運転手は、ハトがバスを安全に運転できるはずがないと心配していたかもしれない。しかしもっと心配していたのは、ハトが街じゅうのさまざまな停留所で乗客全員を効率的に拾うルートをたどれるはずがないということだった。

——ブレット・ギブソン、マシュー・ウィルキンソン、デビー・ケリー『アニマル・コグニション』誌、2012年

都市を巡るセールスマン

モー・ウィレムズは3歳から漫画を書いていた。しばらくすると、大人はお世辞で褒めているのではないかと思って、笑わせるような話を書きはじめた。作り笑いは簡単にばれると思ったからだ。そして1993年、10年で6回エミー賞を獲得しているあの『セサミストリート』の脚本・アニメーションチームに加わった。ウィレムズが手掛けたテレビアニメシリーズ『大都市のヒツジ』では、スペシフィック将軍率いる秘密軍事組織がヒツジパワーの光線銃を開発しようとしたことで、ヒツジがのどかな田舎暮らしを奪われる。それに続いて動物をテーマにした自身初の児童書が『ハトにうんてんさせないで。』〔中山ひろたか訳、ソニー・マガジンズ、2005年〕で、これはアニメ化された上にカーネギー・メダル〔イギリスの児童文学賞〕を受賞し、コールデコット・メダル〔アメリカの子供向け絵本に与えられる賞〕の最終候補にも選ばれた。いつもバスを運転している人間の運転手が突然その場を離れる

と、主人公（もちろんハトだ）は自分に運転させるべきだと、あらゆる手を使って読者に訴えかける。

ウィレムズのこの本は２０１２年に思いがけずも科学界に影響を与え、立派な研究者のブレット・ギブソン、マシュー・ウィルキンソン、デビー・ケリーによる立派な論文が立派な学術誌『アニマル・コグニション（動物の認知）』に掲載された。ギブソンらは、数学者が関心を寄せている有名な問題、巡回セールスマン問題の簡略版をハトが最適に近い形で解けることを実験で明らかにしたのだ。論文のタイトルは「ハトにバスを運転させよう——ハトは部屋の中で将来のルートを計画できる」[19]。

科学者にはユーモアのセンスがないなんて言わないように。せっかくこんなに気の利いたタイトルを付けても世間に知られることがないのだから。

巡回セールスマン問題は単に物珍しい問題ではない。実用上とても大きな意味のある、組合せ最適化と呼ばれる一連の問題の中でもきわめて重要な例である。数学者というのは、深遠で重要な問題を一見したところ取るに足らない言い回しで表現するものだ。アメリカ連邦議会議員たちは結び目理論なんて公金の無駄遣いだと非難しているが、この理論を中心とした低次元トポロジーと呼ばれる分野がＤＮＡや量子力学に応用されていることはついぞ知らないようだ。トポロジーの基本的な手法の中には〝毛玉定理〟や〝ハムサンドイッチ定理〟なんていうものもあるので、これは我々数学者のせいもあると思うが、数学者だけが悪いのではない。誰にでも知らないことがあるのはしかたがないが、それなら訊いてくれればいいのに[20]。

ともかくこの章のつかみにした大事な小話の由来をたどっていくと、ご想像のとおり巡回セールスマン、つまり訪問販売人のために書かれた一冊の本へと行き着く。訪問販売なんてあなたは記憶にないかもしれないが、私は覚えている。たいてい掃除機を売りつけていた。賢い経営者なら誰でもそうだが、問題のドイツ人巡回セールスマンも１８３２年（当時は訪問販売と言ったら男ばかりだった）、時間を有効に使って経費を削減するのが何よりも大事だと考えた。幸いにもそれに役立つ手引き書が

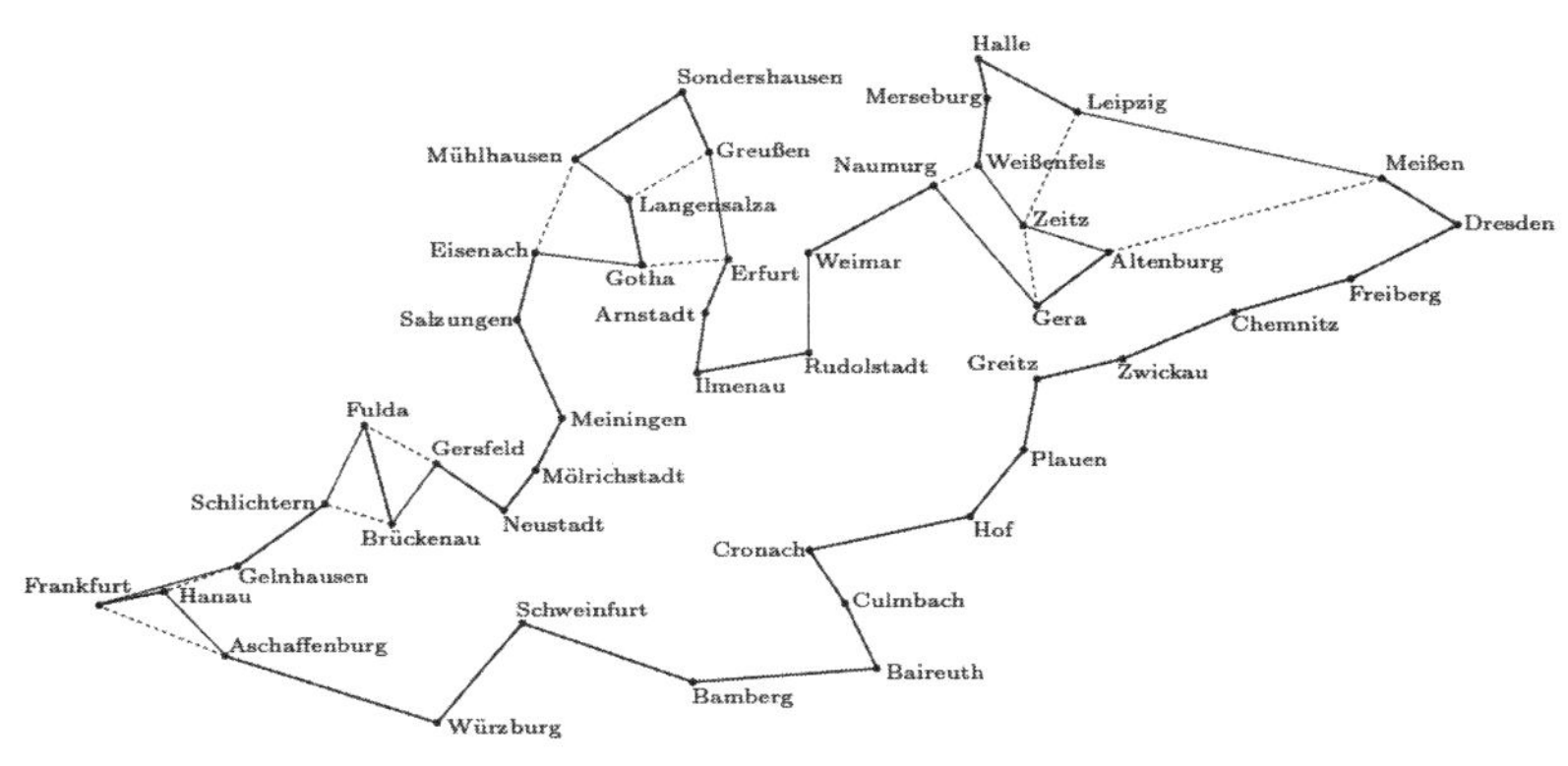

図6 1832年の手引き書に示されている、ドイツの45都市を巡るルート（全長1285 km、実線（太線と細線）で表されている）。現代の手法で見つかった最短ルート（全長1248 km）は太線と破線で表されている。

手元にあった。『巡回セールスマン――注文を取って確実に事業を成功させるには何をどのようにすべきか――ある年老いた巡回セールスマンより』という本である。この年配の訪問販売者は次のように指摘している。

> 巡回セールスマンは商売のたびにいまはここ、次はあそこと飛び回るので、あらゆる場合にふさわしい巡回ルートを正確に示すことはできない。しかし場合によっては巡り方を適切に選んで組み立てることでかなりの時間を節約できるので、そこに何らかの法則を当てはめないわけにはいかないだろう。……つねに重要なのは、同じ場所を2度通過せずにできるだけ多くの場所を訪れることである。

手引き書にはこの問題を解くための数学はいっさい示されていないが、ドイツ全土を巡る、最適とされる5つのルート（うち1つはスイスを通過する）の例が収められている。そのほとんどには同じ場所を2度訪れる部分的なルートが含まれているが、宿に泊まって日中にその近郊を訪れるのであれば実際問題としてしかたがない。しかし1つのルートには繰り返し訪問する場所がいっさいない。現代になってこの同じ問題を解いたところ、図6に示したとおり手引き書の答えはかなりいい線行っていたことが分かった。

この問題は巡回セールスマン問題と呼ばれるようになり(その後、性差別を避けるために〝巡回セールスパーソン問題〟と呼び名が変わった)、これをきっかけに組合せ最適化と呼ばれる数学分野が生まれた。組合せ最適化とは、「いっぺんに調べるにはあまりにも多すぎる選択肢の中から最適なものを探す」という意味である。おもしろいことに1984年まで、この問題を取り上げたどの出版物でも巡回セールスマン問題という名称がはっきりと用いられることはなかったようだが、数学者のあいだでのざっくばらんな議論ではずっと前から広く使われていた。

このように現実的な由来を持つ巡回セールスマン問題だが、数学者はどんどん深みにはまっていき、いまだ誰一人解けたと名乗り出ていない〝P≠NP?〟というミレニアム賞問題(懸賞金100万ドルが懸けられた7つの未解決数学問題の一つ)などが生まれた。〝P≠NP?〟とは、ある問題に対して提案された答え(当てずっぽうでもかまわない)が正しいかどうかを(専門的に正確な意味で)効率的に確かめることができれば、その問題の答えを必ず効率的に見つけることができるだろうかというものである。ほとんどの数学者やコンピュータ科学者は「そんなことはできない」と考えている。正解を見つけるのよりも、当てずっぽうの答えが正しいかどうかを確かめるほうがもちろんはるかに早く片付けられる。誰かに完成した500ピースのジグソーパズルを見せられたら、一目見ただけで確かに合っているかどうか判断できるが、最初から組み上げていくのはそれとはまったく別問題ではないか。しかし残念ながら、ジグソーパズルを考えただけでは〝P≠NP?〟の答えは出ない。たとえとしては役に立つが、専門的に見ると力不足である。そのため現時点ではPとNPが違うという予想を誰一人証明も反証もできておらず、だからこそそれが解けたら100万ドルという大金が転がり込んでくるのだ。[21]〝P≠NP?〟についてはのちほど取り上げるので、まずは巡回セールスマン問題に関する初期の進展をざっと見ていくことにしよう。

スーパーの配送から天体観測まで

巡回セールスマンの時代はとうの昔に過ぎ去っているし、男女平等の巡回セールスパーソンの時代もそれを追いかけるようにすぐに終わった。インターネットが普及している現代、スーツケースにサンプルを詰め込んで町から町へ渡り歩いて商品を売る会社なんてほとんどない。すべてウェブ上に掲載している。しかし例のごとく、このように文化が変わっても巡回セールスマン問題が廃れることはなかった（不合理な有効性だ）。オンラインショッピングが急速に普及するとともに、スーパーへの商品の配送からピザの配達に至るまで、効率的なルートやスケジュールを決定する方法がますます求められるようになっている。巡回セールスマン問題（TSP）という名前も、テスコショッピング問題（TSP）と改めるべきだろう〔テスコはイギリスのスーパーマーケットチェーン〕。つまり配達トラックの最適なルートを見つけるという問題だ。

ここには数学の融通性も関係してくる。巡回セールスマン問題の応用は、町や街区を巡ることに留まらない。うちのリビングの壁に掛かっている正方形の大きな黒い布には、かの有名なフィボナッチ数列に基づく美しい渦巻き模様が青色の刺繍（ししゅう）であしらわれていて、さらにスパンコールがちりばめられている。ベッドカバー大までどんなものにでも刺繍できるコンピュータ制御マシンで作ったものだ。縫い針が横棒の上を移動するとともに、その横棒が縦に移動するようになっている。この2つの動きを組み合わせることで、縫い針をどこにでも移動させることができる。しかし針をあちこちに行き来させるのは現実的な理由から避けたいので（時間がかかるし、機械に負担がかかるし、大きな音が出る）、移動距離の合計をなるべく短くしなければならない。まさに巡回セールスマン問題そっくりだ。

このようなマシンの祖先と言えるのがコンピュータグラフィックスの草創期に使われていたXYプロッターで、これも刺繡マシンと同じような方法でペンを移動させるしくみだった。

これと似たような問題は科学にも数多くある。かつて一流天文学者は自分専用の望遠鏡を持っていたか、または数人の仲間で共有していたものだ。新たな天体に望遠鏡を簡単に向けることができて、思いつくままに観測できた。しかし天文学者の使う望遠鏡が巨大でべらぼうに高価になり、オンラインでアクセスするようになると、そんなわけにはいかなくなった。新たな天体に望遠鏡を向けるのには時間がかかるし、動かしている最中は観測できない。下手な順番でターゲットに向けようとすると、望遠鏡を延々と動かしてはまたもとの地点の近くに戻すことになって、膨大な時間を無駄にしてしまう。DNA解析でも、断片的な塩基配列を正しくつなぎ合わせる必要があり、コンピュータの使用時間を無駄にしないためには最適な順序でそれをおこなわなければならない。

ほかにも航空機の効率的なルート設定から、コンピュータチップや回路基板の設計と製造に至るまで幅広い応用法がある。すでに巡回セールスマン問題の近似解が、食事宅配サービスの効率的なルートを見つけたり、各病院に輸血用血液をできるだけ効率的に輸送したりするのに使われている。巡回セールスマン問題に似た問題は〝スター・ウォーズ〟にまで登場した。もっとちゃんと言うとロナルド・レーガン大統領が思い描いた戦略防衛構想（SDI）のことで、飛来する核ミサイルを、地球の周りを回る強力レーザー衛星で順番に撃ち落とすという計画だった。

フラクタルと線形計画法

いまではフラクタルの先駆けとみなされている研究成果をいくつか遺したカール・メンガー〔父親は同名の著名な経済学者〕は、1930年に数学者の立場から巡回セールスマン問題についておそらく初めて論じた人物でもある。メンガーはこの問題にまったく違う方向からたどり着いた。純粋数学の観点から曲線の長さを研究していたのだ。当時、曲線の長さは、その曲線を近似する折れ線の全長の最大値と定義されていて、その折れ線は、曲線上の有限個の点を曲線上における順番と同じ順番でたどったものとして扱われていた。しかしメンガーは、折れ線の代わりに曲線上の有限個の点を使い、順不同でそれらの点を頂点とする任意の折れ線の全長の最小値を求めても、同じ答えが得られることを証明した。ここに巡回セールスマン問題が関わってくる。そのもっとも短い折れ線は、各頂点を町に見立てて巡回セールスマン問題を解いた答えにほかならないのだ。メンガーはこれを〝郵便配達人問題〟と呼び、セールスマンと同じく郵便配達人にも当てはまると論じた。

この問題は有限回の試行によって解くことができる。試行の回数を、与えられた各点の置換の数よりも少なく抑えられるような解法は知られていない。出発点からまずもっとも近い点に行き、次にそこからもっとも近い点に行くという解法では、一般的に最短ルートは導き出せない。

この引用文から分かるとおりメンガーは、この問題が持つ2つの重要な特徴を理解していた。第1に、答えを見つけるためのアルゴリズムは確かに存在する。あらゆるルートを順番に試して全長を計算し、どれがもっとも短いかを調べればいい。取りうるルートの総数は各点の置換の数と正確に等しくて、有限である。当時これよりも優れたアルゴリズムは知られていなかったが、町の数が10個程度を超すとルートがあまりにも多くなってしまって、取りうるすべてのルートを試すのはとうてい無理だ。第2にメンガーは、もっとも近い点をたどっていくという〝分かりきった〟方法ではたいていうまくいかないことも理解していた。専門家はこの方法を〝最近接ヒューリスティック〟と呼んでいる。それがうまくいかない一つの理由を図7に示した。

メンガーが1930年から31年までの6か月にわたって客員講師を務めていたハーヴァード大学に、

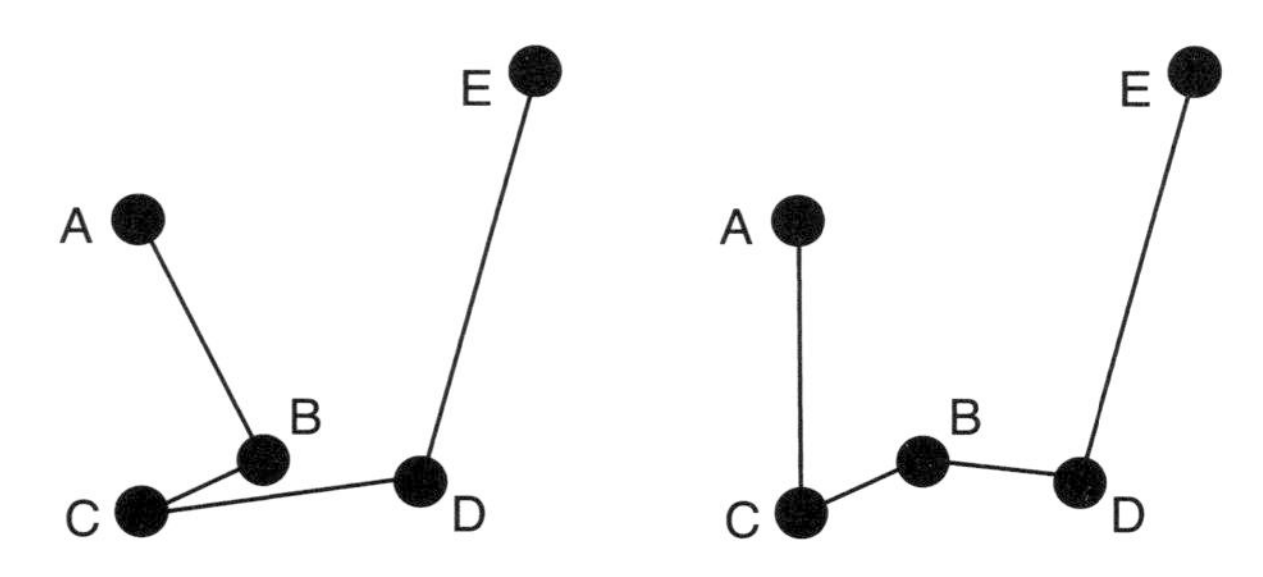

図７　最近接ヒューリスティックがうまくいかない例の一つ。Ａからスタートし、まだ訪れていない町の中でもっとも近い町に移動していくと、左図のようにＡＢＣＤＥの順で訪れることになる。しかし右図のようにＡＣＢＤＥというルートのほうが短い。

偉大なトポロジー学者のハスラー・ホイットニーが在籍していて、この問題についてちょっとしたアドバイスを与えた。その1年後にホイットニーは講演の中で、アメリカの（当時）全48州を巡る最短ルートを見つけたと述べた。それからしばらくのあいだは〝48州問題〟という呼び名が広まっていて、もっと粋な〝巡回セールスマン問題〟という名称を誰が付けたのかはよく分かっていなかったらしい。巡回セールスマン問題という名称が印刷物に登場するのは、知られている限り１９４９年のジュリア・ロビンソンによる論文が初めてである。

　メンガーは巡回セールスマン問題とそれに関連したテーマの研究を続けた。１９４０年にはフェイエシュ・トート・ラースローも、単位正方形内のn個の点を巡る最短経路を見つけるという、基本的にこれと同じ問題について考察した。１９５１年にはサミュエル・ヴァーブランスキーが、その最短経路の長さが$2+\sqrt{2.8n}$未満であることを証明した。その後もさまざまな数学者が、一定領域内のn個の点を巡る最短経路の長さはnの平方根のある定数倍以下であるという定理を、その定数を少しずつ小さくしながら証明していった。

　１９４０年代末、オペレーションズ・リサーチ〔もっとも効率的な計画立案のための数学的手法全般〕の代表的な研究機関の一つだったのが、カリフォルニア州サンタモニカのＲＡＮＤ研究所である。それまでＲＡＮＤの研究者はオペレーションズ・リサーチに関連した輸送問題の研究を盛んにおこなっていたが、ジョージ・ダンツィーグとチャリング・クープマンスが、線形計画法と現在呼ばれている分野に関する自分たちの研究が巡回セールスマン問題に関係があるかもしれないと提唱した。線形計画法はさまざまな組合せ最適化問題に取り組むための強力で実用的な体系で、複数の変数からなる何らかの線形結合が正または負でなければならないという不等式の条件のもと、別の線形結合の値を最大化するための方法である。ダンツィーグはそのための初の実用的なアルゴリズムであるシンプレックス法を考案し、それはいまでも広く使われている。シンプレックス法では、条件不等式で定義される多次元の凸多面体の稜（りょう）に沿って、最大化したい量が増えるように進める限り進んでいく。

巡回セールスマン問題に関する研究が初めて大きく前進したのは、１９５４年、ＲＡＮＤ研究所のダンツィーグ、デルバート・フルカーソン、セルマー・ジョンソンがこの線形計画法を応用したことによる。彼らは巡回セールスマン問題に合わせて線形計画法を改良した上で、〝切除平面〟を始め新たにいくつもの体系的な手法を導入した。その結果、最適な経路長の下限値が導き出された。その下限値よりもわずかに長いだけの経路を見つけられれば正解にかなり近づけるし、それならば動物的直感で見つけられる場合もある。ダンツィーグら３人はこのような考え方に基づいて、ある程度の数の都市を巡る巡回セールスマン問題の解を初めて導き出した。アメリカ48州にワシントンＤＣを加えた、計49都市を巡る最短ルートである。１９３０年代にホイットニーが言及した問題もおそらくこれと同じものだし、１９４９年にロビンソンが取り上げた問題はまさにこのとおりである。

〝難しい〟問題とは

１９５６年にオペレーションズ・リサーチの先駆者メリル・フラッドが、巡回セールスマン問題は難しい問題であるらしいと主張した。ここで重要な疑問が湧いてくる。どれだけ難しいのか？　これに答えるには、100万ドルが懸かった計算複雑性の指標、PとNPについて再び考える必要がある。フラッドの主張は、きわめて強い意味で正しい可能性が高いと思われる。

数学者はある問題の解法が実用的かどうかをつねに気に掛けているが、いざというときには、どんな解法であってもないよりはましだと考える。純粋に理論的な目的にとっては、ある問題の解法が存在することを証明できただけでも大きな前進である。なぜか？　存在するかどうかが分からないと、それを探して時間を無駄にしてしまうかもしれないからだ。

その例として私が気に入っているのが、〝母バエのテント〟と自ら名付けた問題である。赤ん坊バエが床から1メートルの高さ（1フィートや1マイルなど、0より大きければどんな高さでもいい）でホバリングしている。母バエは、その赤ん坊バエを囲えるようなテントを床から立てたいが、材料はできるだけ使いたくない。どのようなテントを立てればその表面積がもっとも小さくなるか？　赤ん坊バエを1個の点とするなら、答えは「そのようなテントは存在しない」となる。表面積が0よりも大きい円筒形の細長いテントを立てることはできるが、表面積を0にしたらテントでなく一本の直線になってしまう。どんなテントを考えたとしても、その半分だけの材料で条件にかなうテントを立てられるのだから、最小の表面積は存在しないのだ。

それに対して有限個の町を巡る巡回セールスマン問題の場合は、取りうるルートが有限通りなのだから、町がどのように並んでいようとも解は間違いなく存在する。そのため最短ルートを見つけようとして時間を無駄にすることはけっしてないが、これだけではどれが最短ルートなのかは分からない。埋まっているお宝を探しているときに、確実にどこかに埋まっていると聞かされてもたいして役に立たない。地球全体を掘り返すなんて現実的ではない。

コンピュータ科学者のドナルド・クヌースはかなり以前に、コンピューティングの分野では答えが存在することが証明できただけでは不十分だと述べた。その答えを計算するのにどれだけのコストがかかるかを明らかにすることも必要なのだ。コストと言ってもお金ではなく、計算量のことである。この問題に取り組む数学分野を、計算複雑性理論という。少数の単純なアイデアから始まったこの分野は、わずかな歳月で数々の高度な定理や手法へと発展した。ほかの分野と根本的に違うのは、実用的な解法とそうでない解法の違いをきわめて単純な形で表現できるようになったことである。

計算複雑性理論でもっとも重要なのが、ある問題を表現するのに必要なデータが大きくなるにつれて、その問題の答えを何らかの方法で計算するのにかかる実行時間（計算ステップの数で表す）がどのくらいの速さで増えていくかである。具体的に言うと、ある問題を指定するのに n ビット必要だとして、計算時間は n に対してどのように変化するかということだ。実用的なアルゴリズムの場合、計算時間は n の累乗、たとえば n^2 や n^3 のような形でおおむね長くなっていく。このようなアルゴリズムは「多項式時間で実行できる」と表現され、クラスPという記号で表される。実用的でないアルゴリズムは計算時間の伸び方がもっとずっと速く、多くの場合 2^n や 10^n のように指数時間で長くなっていく。巡回セールスマン問題を解くための「あらゆるルートを試す」というアルゴリズムもそうで、その計算時間は階乗時間 $n!$ で長くなっていく。この2つのタイプのあいだには、計算時間が多項式関数よりは長いが指数関数よりは短いグレーゾーンがある。そのようなアルゴリズムは実用になる場合もそうでない場合もある。しかしここでの話ではかなり厳しい立場を取って、そのようなアルゴリズムもすべて〝not-P〟というラベルを貼ったごみ箱に放り込んでしまってかまわない。

NPはnot-Pとは違う。

何ともまぎらわしいが、このNPという言葉は〝非決定性多項式時間〟の略で、理解するのがもっとずっと難しい。これは、提案されたある特定の答えが正しいかどうかを決定するためのアルゴリズムの計算時間を指している。1と自分自身以外の約数を持たない数のことを〝素数〟と呼ぶのだった。2、3、5、7、11、13などは素数である。それ以外の数を合成数という（1を除く）。たとえば26

は2×13に等しいので合成数、2と13は26の素因数である。ここであなたがある200桁の数の素因数を見つけたいと思っていたとしよう。1年間も探したが見つからないので、やけになって聖なる神託所にお伺いを立てた。するとあるとても大きい数が答えとして授けられた。どうやって導き出されたのかは見当もつかないが（そもそも神託は奇跡のパワーを持っている）、神託で授けられたこの数が確かに問題の数を割り切るかどうかは腰を据えて計算できる。そのような計算は、素因数そのものを見つけるのよりもはるかに簡単だ。

神託によってどんな答えが授けられたとしても、それが正しいかどうかを多項式時間（P）のアルゴリズムでチェックできるとしよう。その場合、この問題自体はクラスNP（非決定性多項式時間）に含まれる。神託所はあなたよりもはるかに難しい課題に取り組むことになるが、あなたは神託が正しい答えかどうかを必ず判断できる。

提案された答えが正しいかどうかをチェックするほうが、その答えを見つけるのよりもはるかに簡単なのは当然だ。地図の×印の地点にお宝が埋まっているかどうかを確かめるのは、そもそもどこに×印を付ければいいかを突き止めるのよりもはるかにたやすい。数学の例を挙げると、ある数の素因数を見つけるのは、与えられた素数が約数であるかどうかを確かめるのよりもはるかに難しいはずだと、ほぼ誰もが信じている。その最大の証拠が、提案された素因数をチェックするための高速なアルゴリズムは知られているが、素因数を見つけるための高速なアルゴリズムは知られていないことである。もしもP＝NPであれば、高速で答えをチェックできるどんな問題でも、その答えをやはり高速で見つけることができるはずだ。虫が良すぎて本当だとは思えないし、数々の問題を解いてきた数学者の経験も真っ向からそれに反している。だからほぼ誰もが、P≠NPだと信じている。

しかしそれを証明または反証しようと何度も試みられたが、ことごとく行き詰まってしまった。ある問題がNPであることは、具体的なアルゴリズムを書いてその実行時間を計算すれば証明できる。

しかしその問題がPでないことを証明するには、それを解くためのあらゆるアルゴリズムを考えて、その中にクラスPのものが一つもないことを示さなければならない。どうすればそんなことができるのか？　手掛かりすらもつかめない。

このような取り組みから浮かび上がってきた興味深い事実の一つが、Pでないと思われる問題の中に、互いに同じ立場にある問題がとてつもなく数多く存在することである。それらの問題はすべてNPである。しかもその中のどれか一つでもPでないことを証明できれば、そのすべての問題がPでないことになる。いわば運命共同体なのだ。このような問題のことをNP完全という。それに近いがもっと大きなカテゴリーに、NP困難というものがある。これは、すべてのNP問題の解法を多項式時間でシミュレートできるようなアルゴリズムを持っている問題のことである。そのアルゴリズムの実行時間が多項式時間であることが分かれば、すべてのNP問題についてもそうであることが自動的に証明される。1979年にマイケル・ゲイリーとデイヴィッド・ジョンソンが、巡回セールスマン問題はNP困難であることを証明した[22]。したがってP≠NPであると仮定すると、巡回セールスマン問題を解くためのどんなアルゴリズムも、その実行時間は多項式時間よりも長いことになる。

フラッドの言うとおりだったのだ。

現実的な問題

しかしこれで一切合切あきらめてしまうのは良くない。前に進めそうな道が少なくとも2つはあるのだから。

このあとすぐに説明する1つめの道は、現実的な問題の経験に基づいている。ある問題がnot-Pであれば、最悪の場合それを解くのはとうてい不可能である。しかし最悪のケースは得てしてきわめて不自然で、現実世界でふつうに出くわすような例とは違う。そこでオペレーションズ・リサーチの研究者は、現実世界の問題で何都市まで扱えるのかを見極めることにした。すると、ダンツィーグら3人の提唱した線形計画法の一種が多くの場合とても有効であることが分かった。

1980年時点での記録は318都市、1987年には2392都市だった。それが1994年には7397都市に達し、この答えは超高速コンピュータのネットワークで3年分のCPU時間を費やすことではじき出された。2001年には110個のプロセッサーのネットワークを駆使して、ドイツの1万5112都市における厳密解が導き出された。通常のデスクトップパソコンなら20年以上かかる。2004年にはスウェーデンの全2万4978都市を巡る巡回セールスマン問題が解かれた。2005年にはコンコードTSPソルバーというプログラムを使って、プリント回路基板上の計3万3810か所をつなぐ経路に関する巡回セールスマン問題が解かれた。記録更新だけがこのような研究の目的ではなく、そこに用いられた手法はもっと小規模な問題を超高速で解くのに使える。一般的なデスクトップパソコンでも100都市までならものの数分で、1000都市までなら数時間で解ける。

もう一つの選択肢は、あまり高望みせずに、最善の答えからさほどかけ離れていないが簡単に見つけられる答えで満足するという手である。ある数学分野で1890年になされた驚きの発見を利用すれば、そのような答えを導き出せる場合がある。その分野はあまりに画期的で当時の代表的な数学者の多くがその価値に気づかず、自分たちより先見の明のある数学者によって徐々に導き出されていった答えもなかなか信じられなかった。しかも彼らが取り組んだ問題は、現実世界とはっきりした関連性がいっさいない「数学自体のための問題」のように思われた。彼らが導き出した結果はきわめて人為的だとみなされ、彼らが編み出した新たな幾何学図形は〝病的〟呼ばわりされた。たとえ結果が正しかろうが、数学をわずかでも前進させるものではないと多くの人は感じた。論理のあら探しに夢中になるあまり、愚かにも数学の進歩を妨げているだけだというのだ。

奇妙な数学

巡回セールスマン問題において、最適ではないものの優れた答えを見つける一つの方法が、そんな愚かなあら探しの中から生まれた。１９００年を挟んだ数十年間、数学は過渡期を迎えていた。厄介な細部を無視して大胆に前進するというそれまでの冒険的精神が徐々に薄れるとともに、「我々は本当のところ何について議論しているのか」や「はたしてこれはみんなが考えているように自明なのか」といった基本的な問題をなおざりにしてきたことが混乱や戸惑いを生み出し、洞察によってはっきりさせる必要が出てきたのだ。それまで軽率にも無限のプロセスを縦横無尽に駆使してきた微積分などの先進的な分野では、奥に隠されていたさまざまな懸念が徐々に表に現れてきた。複素対数などの複雑な関数の積分について考えていた人々が、そもそも関数とは何かという疑問を抱くようになった。連続曲線を「フリーハンドで描けるもの」とだけ定義するのではなく、もっと厳密な定義を探し求めたが、どうしても厳密さを確保できなかった。数のような基本的で明白な概念ですら、その正体はとらえどころがないことが明らかとなった。複素数といった新たな数体系だけでなく、昔ながらの１、２、３といった自然数もそうだ。それでも主流の数学は、この手の問題にはいずれ片がついてすべて丸く収まるだろうとそれとなく決めつけて前進しつづけた。基礎的で論理的な問題は当然のように屁理屈屋や衒学(げんがく)者に任せてしまった。しかし心の中では、このような無頓着なやり方をしていたらあまり先までは進めないのではないかという思いが強まっていった。

本当にまずい事態へと向かいはじめたのは、それまでの向こう見ずな方法から互いに矛盾する答えが導き出されてきたときのことだった。たとえば、それまで長いあいだ真であると信じられてきたいくつもの定理が、かなり奇妙で例外的な条件では偽になることが明らかとなった。同じ積分でも２通りの方法で計算すると、２つの異なる答えが出てきた。変数がどんな値であっても収束すると信じられていた級数が、場合によっては発散した。2＋2がときに5になるといったようなことはなかったが、中には、＋や＝はもちろん2や5とは本当のところ何なのかと疑問を抱く人も出てきた。

そこで細かいことにこだわる一部の人は、大多数の冷たい視線にもひるまずに、あるいは少なくとも心変わりせずに、数学の壮大な体系の頂点から下へと掘り進んでいって堅固な土台を探し、その体系を下から上へと建てなおしはじめる。

建物のリフォームでもそうだが、最終的にできあがった体系は、微細だが厄介なところでもとの体系と違っていた。古代ギリシア時代から用いられてきた平面上の曲線という概念にすら、深遠な性質が隠されていた。エウクレイデスやエラトステネスが扱った円や楕円や放物線、古代ギリシア人が角の3等分や円の正方形化に用いた円積曲線、新プラトン主義の哲学者プロクロスが描いた8の字形のレムニスケート曲線、ジョヴァンニ・ドメニコ・カッシーニが論じた卵形曲線、サイクロイドやそれをもっと複雑にした、オーレ・レーマーの内サイクロイドや外サイクロイドといった昔ながらの曲線は、それぞれに魅力があって数学を大きく前進させていた。しかしペットを見ただけだと熱帯雨林や砂漠の野生生物の暮らしぶりを誤解してしまうのと同じように、これらの曲線もあまりにも素直で、数学のジャングルを闊歩する野生の生き物を代表しているとは言えない。複雑になりうる連続曲線の例としては単純すぎるし行儀が良すぎるのだ。

曲線のもっとも基本的な性質の一つとして、当たり前すぎて誰一人疑問を抱こうとしなかったのが、〝細い〟ことである。エウクレイデスは『原論』の中で、「線は太さを持たないものである」と記している。線の面積（線に取り囲まれた領域でなく線自体の面積）は当然0だ。ところが1890年にイタリア人数学者のジュゼッペ・ペアノが、正方形の内部を完全に埋め尽くす連続曲線の作図法を示した。[23] あちこちにペンを走らせて正方形内のすべての点に近いところを通るというだけでなく、すべての点を正確に通過する。このペアノの曲線は、先端が幾何学的な点となっている鉛筆で描けるという意味で確かに「太さはない」のに、きわめて入り組んだ形でくねくねと曲がっていて、同じ領域を何度も通過する。これを入念に制御した形で無限にくねくねさせると正方形全体を覆うことに、ペアノは気づいた。とりわけこの曲線の面積は正方形と等しく、0ではないのだ。

素朴な直感に反する衝撃的な発見だった。当時この手の曲線は〝病的〟と呼ばれ、多くの数学者は我々が病気に対して抱くのと同じように、恐怖と嫌悪の反応を示した。しかしやがてそんな曲線にも慣れ、そこからトポロジーに関する深遠な知見を獲得していった。今日ではペアノの曲線はフラクタル幾何学の初期の例ととらえられていて、フラクタルはけっして異常でも病的でもないと理解されている。数学の中でありふれているだけでなく、現実の世界でも雲や山や海岸線など、自然界のきわめて複雑な構造の優れたモデルとなっている。

この新時代の数学を切り拓いた人たちは、古代から知られていた連続性や次元などの直感的な概念について念入りに考察し、数々の難しい疑問について考えはじめた。昔から使われていたもっと単純な数学分野の手法で何とかなると決めつけるのではなく、はたしてそのような手法が十分に一般的に通用するのか、通用するとしたらその理由は何なのか、必ずしも通用しないのであればどこが間違っているのかと問いかけたのだ。この懐疑論的なアプローチに主流の数学者の多くは眉をひそめ、自己満足な後ろ向きの態度ととらえた。シャルル・エルミートは1893年に友人のトマス・ヨアネス・スティルチェスに手紙で、「導関数を持たない連続関数というこの恐ろしい災難の恐怖と驚きから私は目を背けている」と伝えている。

論理の花園に咲き誇る花々はすべて美しいと決めつける伝統主義者は、数学の境界を押し広げることにもっとずっと強い関心を持っていたが、この新たな懐疑論と、直感に反する奇妙な事柄が次々に明るみに出たことで、素朴な考え方にはどうしても反発が向けられるようになってきた。1930年代にはこのもっと厳密な方法論の価値が明らかになりはじめ、1960年代には数学をほぼ完全に席巻した。この時代における数学の発展については一冊丸々本を書けるし、実際に何冊か書かれている。しかしここではテーマを1つに絞ることにしよう。連続曲線と次元の概念である。

次元とは

曲線の概念のおおもとをたどっていくと、初期人類が砂か泥の上に木の棒の先端を滑らせると跡が残るのに気づいたことにさかのぼれるだろう。それが現在のような形になりはじめたのは、古代ギリシアで論理的な幾何学の方法論が生まれ、エウクレイデスが点は位置しか持たず、線は太さを持たないと言い切ったときのことである。曲線とは必ずしもまっすぐではない線のことで、そのもっとも単純な例が円や円弧である。ギリシア人は先述の楕円や円積曲線やサイクロイドなど、さまざまな種類の曲線を考え出してその性質を調べた。具体的な例だけを論じて、一般的な性質は「自明である」としていた。

微積分が誕生すると、曲線の2つの性質が問題になってきた。一つは連続性、切れ目がないことを指す。もう一つは、滑らかさというもっと微妙な性質。尖った角(かど)のない曲線は滑らかであると表現する。積分は連続曲線で、微分は滑らかな曲線でもっとも威力を発揮する（話の腰を折らないようかなりいい加減な表現を使っているが、フェイクニュースよりは真実に近いはずだ）。もちろんそんなに単純な話ではなく、〝切れ目〟や〝角〟を正確に定義しなければならない。さらに難しいことに、どんなふうに定義するにしても数学の研究にふさわしいものでなければならないし、数学の用語で表現しなければならない。使いようがないとどうしようもないのだ。数学科の学部生でも初めてその詳細に触れると戸惑ってしまうくらいなので、ここでは説明しないことにしよう。

2つめの重要な概念が次元である。空間は3次元、面は2次元、線は1次元であると誰もが教わる。そのときには、まず〝次元〟という言葉を定義してから、空間や面には次元がいくつあるかを数えるという方法は取らない。少し違った方法を取る。空間が3次元なのは、任意の点の位置をちょうど3つの数で特定できるからであると考える。どこか特定の点を原点として選び、南北・東西・上下の3つの方向を指定する。そしてそのそれぞれの方向に沿って、原点から問題の点までの距離を測る。そうすると3つの数（〝座標〟、方向の選び方によって変わる）が得られ、空間内の各点はそのような3つの数の組ただ一つに対応する。面が2次元なのは、この3つの数のうち1つ、たとえば上下の距離を表す数が必要ないからだ。線が1次元なのも同じである。

　とても簡単そうだが、考えはじめるとそうとも言えなくなってくる。いまのパラグラフでは、問題の面は水平であると仮定していた。上下を無視できたのはそのためだ。しかし傾いた面の場合はどうなるのか？　上下が関係してくるではないか。しかし上下を表す数は必ずほかの2つの数によって決まってしまう（傾きの大きさが分かっていればの話だが）。したがって問題となるのはいくつの方向に沿って座標を測るかではなく、独立な方向、つまりほかの方向の組み合わせになっていない方向がいくつあるかだ。

　こうなると話はもう少し複雑になってきて、単に座標がいくつあるかを数えるだけでは済まず、もっとも少ない個数の座標で点を表現しなければならない。するとかなり深遠なもう一つの疑問が出てくる。面の場合に最低限必要な座標の個数が実際に2であることはどうしたら分かるのか？　きっと正しいだろうし、正しくなければもっと良い定義を考えなければならないが、完全に自明であるとは言えない。同様の疑問は次から次へと出てくる。空間の場合に最低限必要な座標の個数が3であることはどうしたら分かるのか？　互いに独立な方向をどのように選んでも必ず3つになることはどうしたら分かるのか？　もっと言うと、3つで十分であるとどうして言い切れるのか？

　この3つめの疑問は実は実験物理学の守備範囲で、そこからアインシュタインの一般相対論を介して、物理的空間は平坦な3次元ユークリッド空間でなく湾曲しているという説が示された。あるいはもしも弦理論が正しければ、時空は10個または11個の次元を持っていて、そのうちの4つ以外はどれも小さすぎて我々は気づかないし入り込むこともできない。1つめと2つめの疑問は満足のいく形で解決できるが、そう簡単ではない。3次元ユークリッド空間を3つの数の座標体系で定義してから、任意の個数の座標を持ちうるベクトル空間に関する大学の講義を5週間ないし6週間受けた上で、ベクトル空間の次元の数がただ一通りに決まることを証明しなければならない。

ベクトル空間に基づくアプローチは、座標系が直線でできていて空間は平坦であるという考え方が前提となっている。それはもう一つの呼び名が〝線形代数〟であることからも分かる。ではアインシュタインと同じように座標系を曲げてみたらどうなるのか？　滑らかに曲げるのであれば何も問題はない（一般的に〝曲線座標系〟と呼ばれる）。しかし1890年にジュゼッペ・ペアノが、座標系をとんでもなく曲げて、もはや滑らかではないが連続的ではあるようにすると、2次元の面をたった1つの数からなる座標系で表せることを発見した。3次元空間でも同じことができる。このもっと一般的で柔軟な座標系を用いると、一通りに定まっていたはずの次元の数が突如として一定でなくなってしまうのだ。

この奇妙な発見を無視してしまうという手もある。滑らかな座標系を使わなければならないのは当然だという態度である。しかしこの不思議な発見を受け入れて何が起こるかを見ていくほうが、はるかに創造的で役に立つし楽しいことが明らかとなった。その一方、批判する伝統主義者たちはかなり厳格で、若い世代にいっさい楽しむんじゃないと迫ったのだった。

カントルのリフルシャッフル

ここから話は核心に迫っていく。ペアノは正方形内のすべての点を通る連続曲線を発見、あるいは作図したのだった。外周を通るだけなら簡単だが、内部全体も通る。しかもすべての点に接近するだけでなく、正確にその上を通らなければならない。

そのような曲線が存在すると仮定しよう。その曲線はくねくねと曲がりくねっていて、独自の内部座標系、つまり曲線上をどれだけ進んだかによって表される座標系を持っている。それは1つの数で表せるので、この曲線は1次元である。しかしこの曲がりくねった曲線が2次元の正方形内のすべての点を通るとしたら、連続的に変化するたった1つの数でその正方形内のすべての点を特定できることになる。ということは、この正方形は実は1次元なのだ！

私は感嘆符をなるべく使わないことにしているが、この発見は使うにふさわしい。とんでもない発見だし、しかも真なのだ。

ペアノが発見したこの曲線は、〝空間充填曲線〟と現在呼ばれているものの中でも最初の例である。この曲線が成り立つ上で欠かせないのは、滑らかな曲線と連続的な曲線との微妙だが重要な違いである。連続的な曲線はいくらでもくねくねさせられるが、滑らかな曲線はそうはいかない。あまり激しくくねくねさせることはできないのだ。

ペアノはこのような曲線を考え出すのにまさにふさわしい思考の持ち主だった。まず、論理的な詳細にこだわるのが好きだった。自然数の体系の的確な公理、つまりその体系を正確に特定する単純な性質のリストを初めて書き下した人物でもある。空間充填曲線を考案したのも単なるお遊びではなく、自分と同じように自然数や〝数を数える〟という行為の正体に深い興味を抱いていたある先人の研究に最後の仕上げをしようとしていたからだ。その先人、ゲオルク・カントルが本当に関心を持っていたのは、無限の概念である。カントルの考え方は革新的で才気あふれていたが、当時の代表的なほとんどの数学者に否定され、彼は絶望させられた。たびたび言われているのと違ってそれが晩年の精神疾患の原因ではなかったのだろうが、もちろん良い方向に働くことはなかった。そんな中、カントルの目指していたことを評価した数少ない一流数学者の一人が、数学の高みにまで登りつめたダーヴィト・ヒルベルトである。当時おそらく最高の数学者だったヒルベルトは、のちにカントルと同じく数理論理学や数学基礎論の開拓者の一人となる。仲間意識を抱いたからかもしれない。

ともかく話はカントルと、彼の考えた超限基数、つまり無限集合の要素の個数を数えるための概念から始まる。よく知られているとおりカントルは、無限にも大小があることを証明した。もっと具体的に言うと、整数と実数のあいだに1対1の関係はないということだ。実数よりも大きい超限基数を探す中でカントルは、面の基数は線の基数よりも大きいはずだと確信するようになる。１８７４年にはリヒャルト・デデキントに宛てて次のように記している。

面（たとえば外周を含む正方形）を線（たとえば端点を含む線分）でただ一通りに表現することはできるだろうか？　つまり面上の各点について、線上にそれに対応する点が存在し、逆に線上の各点について、面上にそれに対応する点が存在するだろうか？　この疑問に答えるのは容易ではないと思うが、その答えが「ノー」であるのはあまりにも明らかなので、証明はほぼ必要ないだろう。

この3年後にカントルはやはり手紙の中で、自分は間違っていたと伝えた。とんでもなく間違っていた。nが有限のどんな値であっても、単位区間（0から1までのすべての実数）とn次元空間とのあいだに1対1の関係が成り立つことを明らかにしたのだ。つまり一方の集合に含まれるすべての要素を、もう一方の集合に含まれるちょうど1つだけの要素と対応づける方法が存在する。「理解はできたが信じられない！」とカントルは記している。

その中心的な考え方は単純だ。単位区間（0から1）に含まれる2つの点が与えられたら、それらを次のように小数で書き下すことができる。

$x = 0.x_1x_2x_3x_4 \dots$

$y = 0.y_1y_2y_3y_4 \dots$

そこでこれに、次のような小数で表される単位区間内の点を対応させる。

$0.x_1y_1x_2y_2x_3y_3x_4y_4 \dots$

つまりトランプの束を2つに分けてリフルシャッフル〔1枚ずつ指ではじきながら交互に重ねていく〕をするように、各桁の数字を交互に並べるということだ[24]。トランプとの違いは、数字が無限に続いていることである。無限枚のトランプからなる2つの束をリフルシャッフルすると、無限枚のトランプからなる束が1つできる。カントルもそれと同じようにして2つの座標を1つにまとめた。3次元を扱うのならトランプの束を3つ使えばいい。

カントルはこの結果の一部を1878年に発表し、その中で、自然数と1対1に対応づけられる可算集合や、互いに1対1に対応づけられる集合について考察した。また、自らが見出した単位区間と単位正方形との対応関係では次元が1から2に変わって保存されないことに気づくとともに、本書にとって重要な話として、その対応関係は連続的でないと指摘した。つまり単位区間において互いに近接していた点が、単位正方形の上で互いに近接する点と対応しているとは限らないということだ。

カントルのこの考え方は異論を招いた。あまりにも独創的で、想像力と広い心がなければ理解できなかったためか、著名な数学者の中にはナンセンスだとみなす者もいた。その一方でヒルベルトなどは、カントルが拓いた新たな分野は「楽園」であると言い切った。カントルの研究の重要性が完全に認識されたのは、彼の死後のことであった。

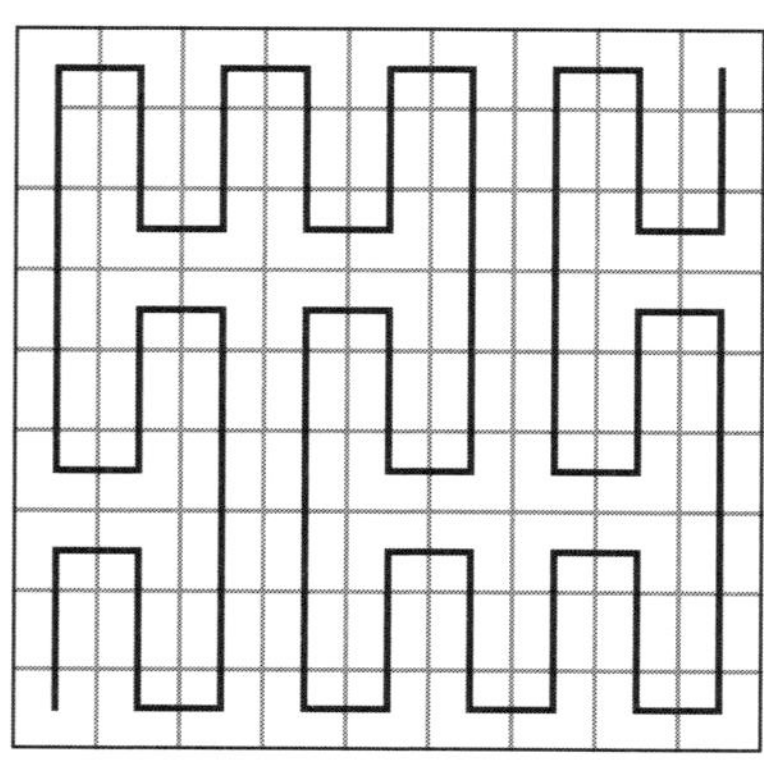
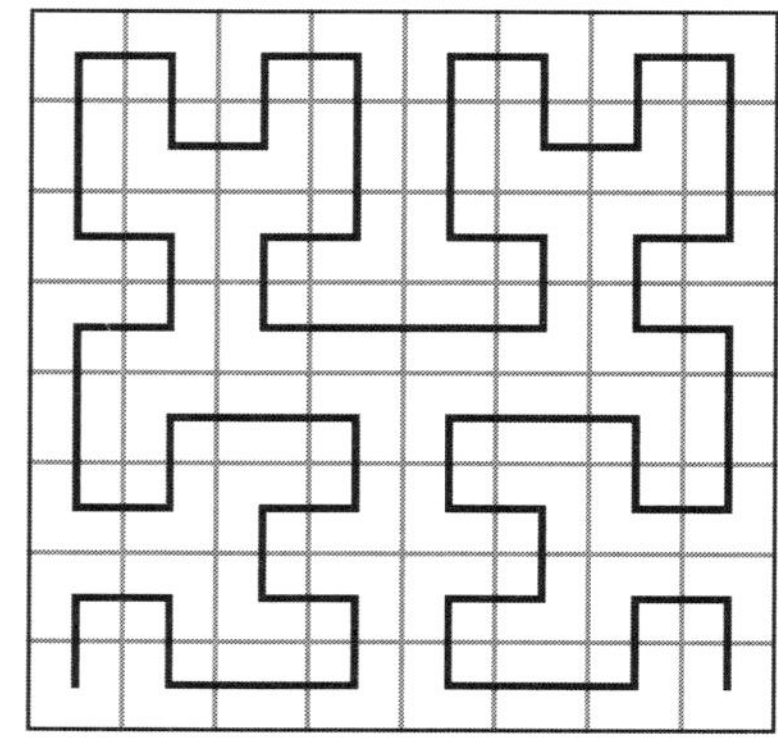

図8　左：ペアノの空間充塡曲線の作図法における最初のほうの段階を幾何学的に表したもの。右：ヒルベルトの空間充塡曲線の作図法における最初のほうの段階。

空間を埋め尽くす曲線

１８７９年にオイゲン・ネット[25]が、単位区間と単位正方形のあいだに連続的な１対１対応は存在しないという至極当然な事実を証明したが、その証明は思われていたよりも難しかった。最大のブレークスルーが訪れたのは１８９０年、ペアノが空間充塡曲線を考案して大騒動を引き起こし、連続曲線に対する我々のそもそものイメージが大きく外れていることを示したときだった。

ペアノの論文には図が１枚も掲載されていない。単位区間内の各点を三進数で表すことによって肝心の曲線が定義されており、その作図法を幾何学的に表現すると図８左のようになる。[26] １８９１年にはヒルベルトが図８右のようなもう一つの空間充塡曲線の例を発表した。どちらの作図法もかなり複雑で、単純な折れ線をもっと込み入った折れ線に繰り返し置き換えていくという帰納的プロセスからなっており、これらの図はその最初のほうの段階を表している。これ以降、ほかにも数多くの空間充塡曲線が見つかっている。

空間充塡曲線はコンピューティングにも応用されていて、たとえば多次元データの保存と検索にも使われている。[27] 多次元配列の中をおおよそ空間充塡曲線に従って動き回ることで、1次元の問題に単純化するというのがその基本的な考え方である。もう一つの応用法が、巡回セールスマン問題の手っ取り早いが厳密ではない解法である。全都市を含む領域を埋める空間充塡曲線を有限近似して、その曲線に沿った順番に都市を並べ、各ステップでの最短経路に従って訪れていくという発想である。こうして導き出されるルートが最適解よりも25％以上長くなることはほとんどない(28)。

曲線で埋め尽くすことのできる図形にはほかにどんなものがあるのか？　ヒルベルトの作図法を3次元に拡張すると単位立方体を埋め尽くす曲線が得られるし、任意次元の超立方体も曲線で埋め尽くすことができる。決定打となったのが、ハンス・ハーンとステファン・マズルキエヴィッチが証明した、曲線で埋め尽くすことのできる位相空間を完全な形で特徴づける定理である(29)。突飛な空間を排除するいくつかの専門的条件を満たすコンパクトな（広がりが有限の）空間はほぼすべて、曲線で埋め尽くせるのだ。

コンピュータによる証明

巡回セールスマン問題はいまだに決着がついていない。1992年にサンジーヴ・アローラら(30)がクラスNP（答えを容易に確かめられる問題）に興味深いある性質を発見したことで、良い近似解を与えるようなクラスPの（容易に計算できる）アルゴリズムを見つけられるという期待に暗雲が立ちこめた。もしもP≠NPであれば、ある閾値を上回るサイズの問題に対する良い近似解を計算するのは、その解自体を見つけるのと少なくとも同じくらい難しいことを証明したのだ。この結論を回避するにはP＝NPでなければならず、そうすれば100万ドルが手に入ることになるが、それはいまだに夢物語である。

アローラらの研究は、〝透明性のある証明〟というかなり注目すべきアイデアと関係している。証明はまさに数学の肝だ。ほとんどの科学分野では、理論が現実に当てはまるかどうかを観測や実験によって検証する。数学ではそれはかなわないが、それでも結果を検証する術はある。第1に、論理的証明によって裏付けなければならない。第2に、その証明に間違いや落とし穴がないことを確認しなければならない。この理想を達成するのは難しく、数学者も実際にはなかなかそこまでやらないが、目指してはいる。これらのテストにパスできなかった結果は、もっと優れていて正しい証明に向けた一歩としては役に立つかもしれないが、ただちに〝間違い〟とのレッテルを貼られる。そのためエウクレイデスの時代から今日に至るまで数学者は、膨大な時間をかけて自分やほかの数学者の証明を一行一行慎重にたどっていって、辻褄の合う箇所や完全には筋が通らない箇所を探してきた。

近年になって、証明が正しいかどうかを確かめるためのまったく異なる方法が登場した。コンピュータを使う方法である。そのためには、コンピュータがアルゴリズム的に処理できるような言語で証明を書き換えなければならない。確かにうまくいく方法で、学術誌上できわめて難しい証明のいくつかについて大成功を収めてはいるが、いまのところ従来の方法に取って代わるまでではない。この発想の思わぬ作用として、コンピュータにふさわしい形で証明を表現する方法に新たな光が当てられている。その方法は人間の好みに合うものとはかけ離れていることも多い。コンピュータは、同じ計算を数百万回せよとか、2つの1000桁の二進数を比較して同じであることを確かめよとか命令されても文句は言わない。黙々とやっていくだけだ。

それに対して人間の数学者がもっとも好む証明は、起承転結がはっきりしていて、仮定から結論までが説得力のある筋書きでつながった、物語を感じられるようなものである。論理のあら探しよりも物語のほうが重視される。目的が簡潔明瞭で、何よりも説得力がなければならない。肝に銘じておいてほしい。数学者を納得させるのは恐ろしく難しいのだ。

マシンで検証できるような証明について研究していたコンピュータ科学者は、〝対話型証明〟というまったく異なる方法論を思いついた。一人の数学者が物語として書いて、それを別の数学者が読むという形の証明ではなく、証明を討論の形に変える。パットという数学者が、自分の証明が正しいことをヴァンナに納得させたい。それに対してヴァンナは、その証明が間違っていることをパットに納得させたい。2人は互いに問答を繰り返し、一方が引き下がるまでそれを続ける（パット・セイジャックとヴァンナ・ホワイトはアメリカのゲーム番組『ホイール・オブ・フォーチュン』の人気司会者）。これはチェスに似ている。パットは「4手でチェックメイトにできる」と言い張るが、ヴァンナは納得しないので、パットが1手指す。ヴァンナは「では私がこう指したらどうする」と言いながら応じ手を打つので、パットは再び指し返す。この応酬を繰り返し、最終的にヴァンナが負ける。するとヴァンナは待ったをかけ、「代わりにこう指したらどうする」と突っかかる。そこでパットは別の手を指し、またしてもチェックメイト。このようにパットの指した手に対して、ヴァンナが考えられるどんな応じ手を指してもお手上げであれば、パットが勝つ。あるいはパットが、実際には4手ではチェックメイトにできないと認めるしかなくなる。私の経験上、実際の数学者も何人かで問題を解こうとしているときにはまさにそうするものだし、かなり白熱することもある。物語という体裁で示された証明は、あくまでもセミナーで最終結果を発表するためのものだ。

　ババイ・ラースローらはこのような討論に基づく証明の手法をもとに、有限体（有限個の数からなり、四則演算が定義される集合）上での多項式やエラー訂正コードなどの数学の道具を使って、透明性のある証明という概念を導き出した[31]。この手法が確立すると、明瞭さや簡潔さとは対極的な冗長性という特徴をコンピュータなら利用できることが明らかとなった。論理的証明を書き換えて大幅に長くすると、もしも間違いが含まれていた場合、その間違いが至るところに首をもたげてくる。論理の各ステップが、証明全体を構成する互いに関連したいくつもの複製部分に影響をおよぼすからだ。映像を変換してデータの一部から再構成できるようにしたホログラムに少し似ている。こうすれば、少数のランダムなサンプルを取ってくるだけで証明をチェックできる。何か間違いがあればそのサンプルにほぼ間違いなく現れてくる。チェックが済めば、透明性のある証明ができあがる。クラスPの近似解が存在しないという定理もこの方法で証明されたのだ。

ハトも問題を解決できる

ギブソン、ウィルキンソン、ケリーが『アニマル・コグニション』誌で発表したハトの論文に話を戻そう。その冒頭では、人間や動物の認知、とくに行動を取る前の計画立案能力が近年、巡回セールスマン問題を用いて調べられていることが紹介されている。しかしこの能力を持つのが霊長類だけかどうかは定かでなかった。霊長類以外の動物も前もって計画を立てるのか、それとも進化によって編み出された融通の利かないルールに従うだけなのか？　そこでギブソンらは、目的地（餌箱）が2つまたは3つだけの単純な巡回セールスマン問題の舞台を実験室に設定して、ハトに解かせることにした。ハトはある場所から飛び立って、それぞれの餌箱を順番にめぐり、最終地点にたどり着く。実験の結果、ギブソンらは次のように結論づけた。「ハトは次の目的地までの近さを重視するが、非効率な行動による移動コストが大きくなりそうな場合には何ステップか先まで計画を立てるように思われる。この結果から、霊長類以外の動物も高度な移動経路を計画できることを示す明白で強力な証拠が得られた」

インタビューの中で彼らは、あのバスを運転するハトとどのような関係があるかを説明している。ハトにバスを運転させることに人間の運転手が反対なのは、次の2つの理由によるのかもしれない。もちろん安全性に加え、街なかを巡りながら乗客を効率的に拾えるルートをたどれないかもしれないという懸念である。論文のタイトルにあるように、ギブソンらは以上の実験から、この2つめの懸念は的外れであると結論づけたのだ。

ハトにバスを運転させてみようじゃないか。

自動運転車は安全か

世界中の政府と自動車メーカーがその気になったら、運転手もハトもバスを運転しないような日がすぐにでもやって来るだろう。バスがバスを運転するのだ。世界は自動運転車のまったく新たな時代へと突入しようとしている。

あるいはそれは無理かもしれない。

自動運転をめぐる課題の中でももっとも難しいのは、周囲の状況を確実に正しく解釈することである。いまでは高解像度の小型カメラが何億台も製造されているので、自動運転車に独自の〝目〟を搭載するのはたやすい。しかし視覚には目だけでなく脳も必要なので、自動車やトラックやバスにはコンピュータ視覚ソフトウエアも搭載しなければならない。そうすれば、何が見えているかを判断し、それに応じて適切に反応できるはずだ。

自動車メーカーに言わせると、自動運転車の長所の一つは安全性だという。人間の運転手は間違いをしでかして事故を起こす。それに対してコンピュータは不注意を犯さないし、十分な研究開発を進めればどんな人間よりも安全に運転できるようになるはずだ。もう一つの利点が、自動運転するバスには賃金を払わずに済むことである。一方、運転手の失業以外に大きな問題の一つが、自動運転技術はいまだ未熟な段階で、現状で利用可能なシステムがこの技術をめぐる派手な宣伝文句に見合っていないことである。これまでに通行人やテストドライバーが何人か事故で命を落としているが、それでもいくつもの国では街なかで完全自動運転車のテスト走行がおこなわれている。そもそも実世界でテストするしかないし、最終的にはもっとたくさんの命を救うことになるというのがその理由だ。規制当局がこのような口車にいそいそと乗ってしまったことは見逃せない。もっとたくさんの命が救われ

図9　互いに数ピクセルしか違わないこの2つの画像をインセプションV3ネットワークシステムに入力したところ、左の画像はネコと分類したが、右の画像はワカモレと分類した。

るからという理由で、ランダムに選んだ人に通知も合意もなしに新薬を試させようという提案が出てきたら、きっと猛烈な抗議の声が上がるだろう。ほぼあらゆる国で法に反しているし、明らかに倫理にもとる。

　コンピュータ視覚を支える技術の中でも自動運転にとってもっとも重要なのが、機械学習というさらに流行りの分野である。膨大な数の画像を使って深層学習ネットワークを訓練することで、画像を正しく特定できるよう結合強度を調整し、許容できるレベルの正確さを実現する。この手法は幅広い応用分野で大成功を収めている。しかし2013年、その成功ばかりが注目されすぎて欠点に目が向けられていなかったことが明らかになってきた。深刻な問題の一つが、人間は正しく認識できるのにコンピュータはとてつもなく間違えるよう意図的に手が加えられた画像、いわゆる〝敵対的サンプル〟である。

　図9はネコの2枚の画像である。見たとおりだ。違っているのは数ピクセルだけで、我々にはまったく同じに見える。ネコとネコ以外の膨大な画像で訓練した標準的なニューラルネットワークは、左の画像はネコと正しく特定する。ところが右の画像は、アボカドから作るメキシコの緑色のソース、ワカモレであると言い張る。それ

どころか、左の画像がネコである自信度を88%とするのに対し、右の画像がワカモレである自信度は99%とする。よく言うように、コンピュータは何百万もの間違いを超高速で犯していく装置なのだ。

この手の画像が〝敵対的サンプル〟と呼ばれるのは、システムを意図的に欺くために使えるからである。実際にはコンピュータは、これに似た画像の大部分をネコと認識するだろう。しかしクリスチャン・セゲディらが２０１３年にこのような敵対的な画像の存在に気づいた。[32] そして２０１８年にアディ・シャミアらが、[33] 深層学習システムでこのような敵対的サンプルが生じうる理由、それが避けられない理由、そしてわずか数ピクセルを変えるだけでニューラルネットワークを惑わせられる理由を解明した。

このような重大な間違いに陥りかねない根本原因が、次元性である。２つのビット列が互いにどのくらい異なるかを数値化するには、何ビットを置換すると一方からもう一方のビット列になるかを表す、ハミング距離と呼ばれるものが一般的に使われる。たとえば 10001101001 と 1010100111 とでは、1010100111 の太字で表した4つのビットが異なるので、ハミング距離は4である。コンピュータ内部では画像はきわめて長いビット列として表現される。サイズ1MB（メガバイト）の画像ではその長さは2^{23}、およそ８００万ビットとなる。したがってこの画像空間は、0と1からなる有限体上での８００万次元空間であって、$2^{8388608}$ 個の点を含んでいることになる。

訓練されるニューラルネットワークに組み込まれている画像認識アルゴリズムは、この画像空間に含まれるすべての画像を、もっとはるかに少ない数のカテゴリーに分類しなければならない。もっとも単純なケースで説明するなら、画像空間を超平面〔1つ次元の低い空間〕でいくつもの領域に切り分けることになる（2次元空間の場合を図10に示した）。そうすると画像空間が多数のセルに分割され、その一つ一つが各カテゴリーに対応する。ある画像をハミング距離でたとえば40離れた画像に変えると、わずか40ビットだけが置換される。人間の目は８００万ビットすべてを受け取るため、これは全

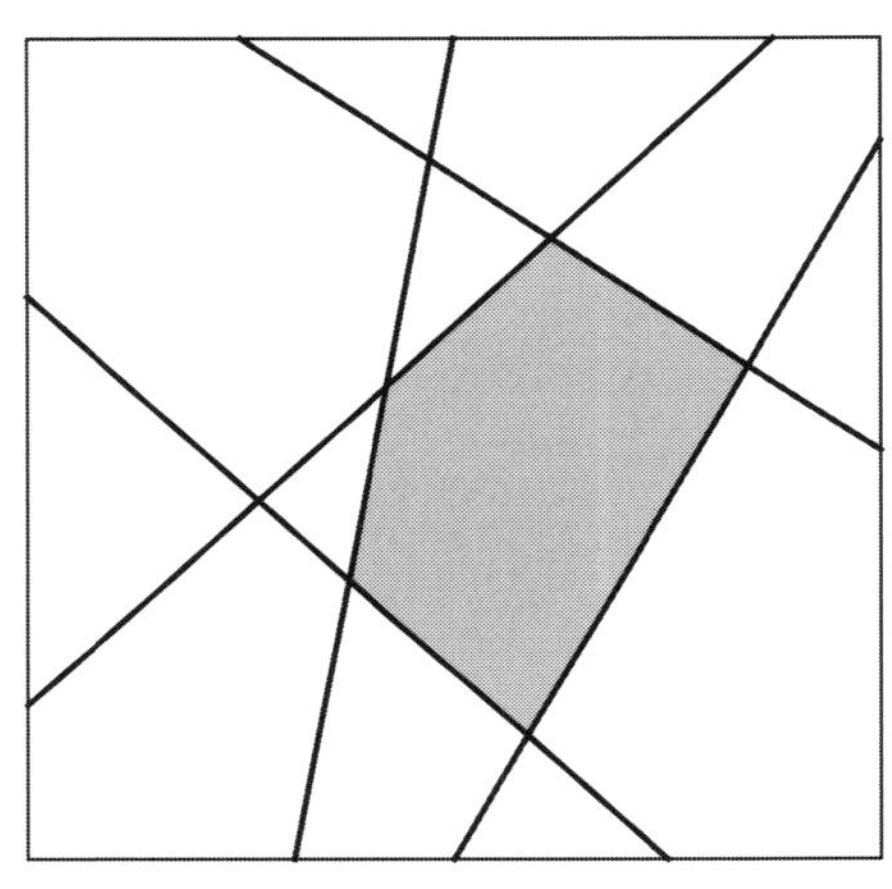

図10　画像空間を超平面で分割する。この例では次元数は２で、５枚の超平面（この場合は直線）で13個のセルに分割されている。１つのセルに網掛けをしてある。

ビットの０・０００５％にすぎず、人間が何らかの違いに気づく閾値をはるかに下回っている。しかしハミング距離でこれだけ離れている画像の数は2^{50}、およそ１０００兆枚もあり、コンピュータ視覚システムで識別できるカテゴリーの数をはるかに上回る。したがって、このくらいの小さな違いでコンピュータが誤解してしまうのはけっして驚くことではないのだ。

数学的に解析する際には、ビット列を有限体上でなく実数として表現すると都合がいい。たとえば８ビット（１バイト）からなる10001101というビット列は、小数で0.10001101と表される実数とみなすことができる。こうすると、サイズ１ＭＢのすべての画像からなる空間は、１００万次元の実ベクトル空間〔１００万個の実数で表される空間〕となる。シャミアらはこの修正を施した上で、はるかに強力な定理を証明した。超平面で分割した２つのセルを考え、一方のセルに含まれる画像を何ビット変えればもう一方のセルに移動するか？　シャミアらの解析によれば、たとえば画像空間が20枚の超平面によって１００万個のセルに分割されているとすると、画像空間の次元数が250より大きければ、たった2つの座標を変えるだけでどんなセルにでも移動できるのだ。一般的に、与えられた数のカテゴリーを区別するよう訓練されたニューラルネットワークの場合、ある画像を任意のカテゴリーに移動させるために変えなければならない座標の数は、そのカテゴリーの数とおおよそ等しい。

シャミアらは市販の数字認識システムを使ってこの定理を検証してみた。カテゴリーは0から9までの数字に対応する10個である。彼らは数字の7の画像をわずか11ビット変えるだけで、このシステムに10個の数字のどれとも誤解させられるような敵対的サンプルを作ることができた。7以外のどの数字でも同じである。

憂慮すべき事態だろうか？　自動運転車が通常目にするような〝自然な〟画像は、意図的にシステムをだますようには作られてはいない。しかし1日50万枚ほどの画像を目にするし、たった1枚間違って解釈しただけで事故につながる。最大の懸念は、破壊者やテロリストが道路標識に黒か白のテープの小さい切れ端を貼るだけで、コンピュータが止まれの標識を最高時速100キロと誤って認識するよう仕向けられてしまうことだ。このようなことを踏まえると、危険な自動運転車が業界からの圧力で拙速に導入されようとしているという心配がますます深まってくる。納得いかない人にはいま一度言っておきたい。新薬や新たな治療法がこんなに杜撰な方法で導入されることはけっしてないはずだ。危険かもしれないと疑うれっきとした理由があるならばなおさらだ。

バスにバスを運転させてはいけない。

第4章　ケーニヒスベルクの腎臓

大きさを対象とする幾何学の一分野に加え、ライプニッツが初めて言及した、配置の幾何学と呼ばれるもう一つの分野がある。……先頃私は、幾何学的に見えるが距離の測定を必要としないある問題について言及した際に、この問題は配置の幾何学に関係していることをいっさい疑わなかった。そこで、このたぐいの問題を解くために私が発見した方法をここで説明することにした。

——レオンハルト・オイラー「配置の幾何学に関する問題の解」、1736年

命を救う臓器移植

歴史の大部分を通じて、一人の人が生まれたときに持っている臓器と死んだときに持っている臓器は同じだったし、臓器が原因で死ぬことも多かった。心臓か肝臓、肺か腸、胃か腎臓がだめになったら、その人は死んでしまっていた。手足などいくつかの部位は手術で切除できたし、手術を乗り切れば曲がりなりにも生きることはできた。麻酔が開発されて手術室の無菌環境が整ったことで、少なくとも意識のない手術中は痛みが軽減したし、生き延びる確率も大幅に上がった。抗生物質が登場すると、それまで死につながっていたような感染症も治療できることが多くなった。

このような現代医学の奇跡を我々は当たり前のように受け止めているが、それによって医師は史上初めて病気を〝治療〟できるようになった。ところが我々はその利点のほとんどを台無しにしている。

たとえば家畜に、病気の治療という本来の用途でなく、速く大きく成長させる目的で大量の抗生物質を投与している。さらに何百万もの人が、医者から渡された抗生物質を最後まで飲まずに、回復したと思ったらすぐに飲むのをやめてしまっている。どちらも完全に無用なおこないだし、逆に抗生物質に耐性のある細菌の出現を促してしまう。科学者は現在、次世代の抗生物質を血眼（ちまなこ）になって探し回っている。もしも見つかったら、今度こそその努力を台無しにしないような意識を持ちたいものだ。

かつての外科医が抱いていた夢でもう一つ実現しているものがある。臓器移植である。これについてはいまのところ何とかうまくいっているようだ。状況さえ整えば、新たな心臓や肺や腎臓、さらには新たな顔まで手に入れられる。いずれはブタが移植用の臓器を作ってくれる日が来るかもしれない。ブタにはその気はないかもしれないが。

１９０７年にアメリカ人医学研究者のサイモン・フレクスナーが未来の医学に思いを馳（は）せ、病気になった臓器を別の人の健康な臓器と手術で取り替えることがいずれは可能になるだろうと唱えた。とくに指摘したのが、動脈や心臓、胃や腎臓である。初の腎臓移植がおこなわれたのは１９３３年、ウクライナの外科医ユリー・ヴォロニーが、６時間前に死んだドナー（提供者）の腎臓を摘出して患者の大腿部（だいたいぶ）に移植したことによる。しかしドナーの血液型が違っていたために拒絶反応が起こり、２日後に患者は死んだ。臓器移植を成功させる上で最大の障害は、免疫系が新たな臓器を自分の身体の一部でないと認識して攻撃を加えることである。腎臓移植を初めて成功させたのはリチャード・ローラー、１９５０年のことである。移植した腎臓は10か月後に拒絶反応を起こしたが、それまでに患者自身の腎臓が回復し、患者はそれから5年間生き延びた。

ふつうの人は腎臓を２つ持っていて、どちらか一方だけあれば十分に機能する。そのため生きたドナーから移植をおこなえば、プロセス全体を単純化できる。腎臓はもっとも移植しやすい臓器である。ドナーとレシピエント（移植を受ける人）の組織型をマッチさせて拒絶反応を防ぐのは比較的容易だし、何か問題が起こっても透析装置で腎臓の機能を肩代わりできる。１９６４年に拒絶反応抑制剤が登場するまで、死んだドナーからの腎臓移植は（少なくともアメリカとイギリスでは）一件もなかったが、生きたドナーからの腎臓提供は数多くおこなわれていた。

ほとんどの場合、ドナーはレシピエントの近親者だった。組織型が適合する確率を上げるためもあったが、最大の理由は赤の他人に腎臓を捧げたいと思うような人がほとんどいなかったことである。そもそもスペアがあれば、一方の機能が止まっても通常の暮らしを続けられる。しかし他人に一方の腎臓をあげたら、そのスペアがなくなってしまう。レシピエントが自分の母親やきょうだいであればリスクよりも得るところが大きいし、断ればその人が死んでしまうのが分かっていたらなおさらだ。他人についてはそこまで親身には思えないし、リスクを取りたくもない。

一部の国では腎臓を提供したいと思わせるためのものが準備されていた。お金である。誰か他人が親族に腎臓を提供してくれたら、その人にお金を払う。この手の臓器売買を認めてしまったらどんな危険な事態になるかは明らかだ。たとえば金持ちが貧乏人を買収して腎臓を提供させるかもしれない。そのためイギリスでは近親者以外に腎臓を提供することは違法とされていた。２００４年と２００６年の法律によってこの制限は撤廃されたが、代わりに悪用を防ぐための予防措置が追加され、その一つが金銭の授受の禁止である〔２０２２年９月時点、日本では生体臓器移植は基本的に親族からの提供に限るとされている〕。

この法改正のおかげで、ドナーとレシピエントをマッチングさせてもっと大勢の患者を治療するための新たな戦略の道が開かれた。また、ある重要な数学の問題も生まれた。それらの戦略を効率的に使うにはどうすればいいかという問題である。実はその問題を解くための強力な道具がすでに存在していた。驚くことにその道具は、３００年近く前のある滑稽なパズルに端を発している。

オイラーと7本の橋

有名な話だが、それでも説明することにしよう。理由が2つある。数学の話をする舞台設定のためと、その歴史が往々にして誤解されているためである。かく言う私も誤解していた。

現在ロシアに属しているカリーニングラードの町は、かつてケーニヒスベルクと呼ばれていて、18世紀にはプロイセンに属していた。街なかを流れるプレーゲル川には、クナイプホフ島とロムゼー島という2つの島が浮かんでいた。そこには橋が7本架かっていた。それぞれの岸からクナイプホフ島に2本ずつ、ロムゼー島に1本ずつ、そして2つの島のあいだに1本である。現在の配置はかなり異なっている。第二次世界大戦中に街が爆撃を受け、図11中のbとdの橋は破壊されてしまった。さらにaとcの橋は道路建設のために取り壊されて架け替えられている。残った3本の橋のうち1本は1935年に改築され、現在でももとの位置に架かっているのは計5本である。

言い伝えによると、ケーニヒスベルクの善良な市民は長いあいだ、それぞれの橋をちょうど1回ずつ歩いて渡って街じゅうを巡ることが可能かどうか知りたいと思っていたという。ちょっとした単純なパズルで、いまなら新聞かニュースサイトのパズル欄で見かけそうなたぐいのものだ。いろいろなルートを試してみてもけっして答えにはたどり着けない。やってみてほしい。しかしこれと似たような問題には答えがあって、その答えを見つけるのが難しいこともある。もっと言うと、道を進みながら左へ右へとさまよったり、行きつ戻りつしたりする方法が無数にあるので、取りうるルートの数は無限大になってしまう。そのため、あらゆるルートを考慮していたら答えも見つけられないし、答えが存在しないことも証明できない。

ちょっとずるをすればこのパズルは簡単に解ける。たとえば橋の上を歩いていって、渡りきる直前で踵（きびす）を返して戻り、「渡ったじゃないか」と言い張ることもできるだろう。それを認めないためには、〝渡る〟という条件を明確に定義しなければならない。しかも「歩いて渡る」と指示されているので、

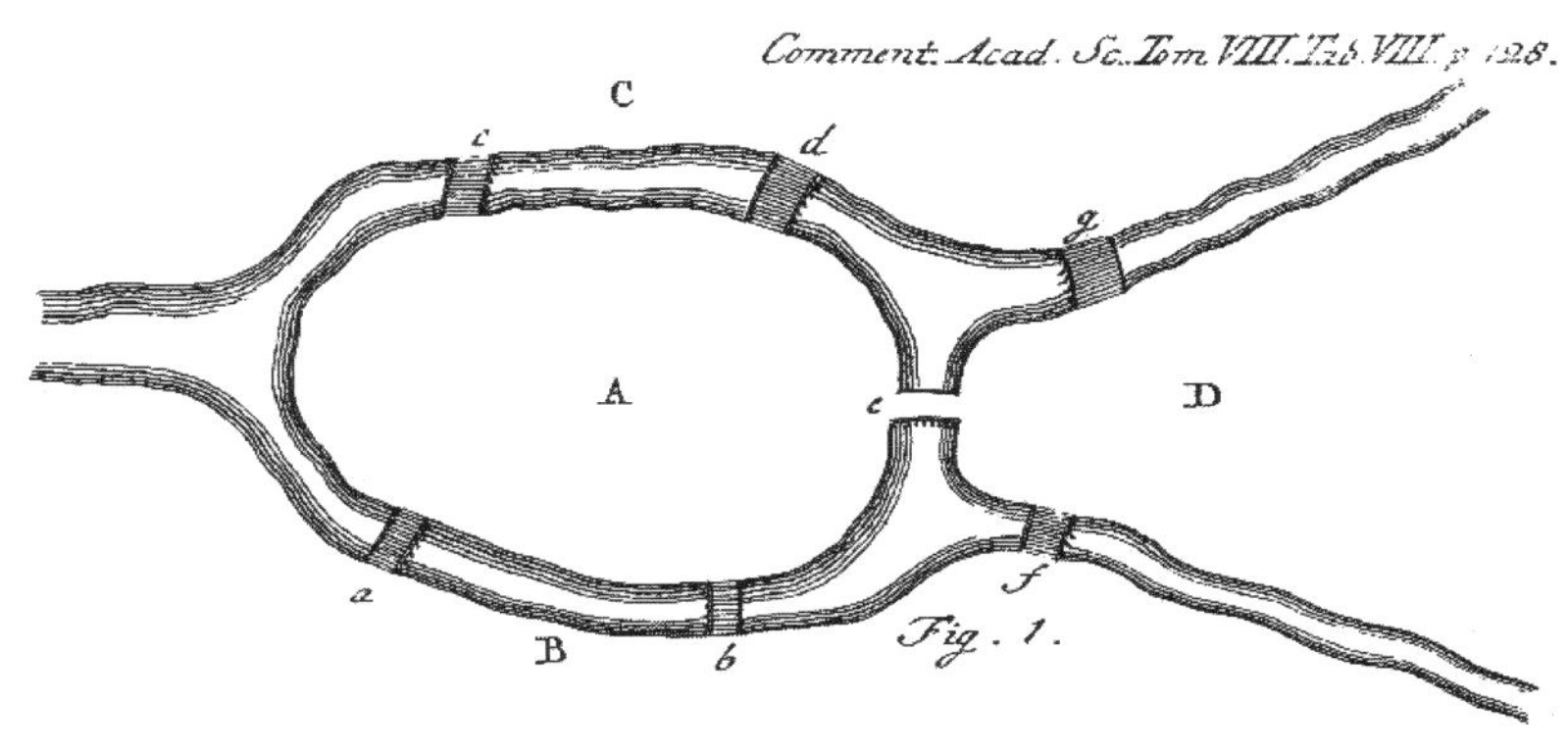

図11　オイラーがケーニヒスベルクの７本の橋を模式的に描いた図。

途中で泳いだりボートに乗ったり、気球で飛んだり、子供番組『ドクター・フー』に登場する時空移動装置ターディスに運んでもらったりしてはならない。上流に進んで、地図に描かれていない橋を見つけるのも禁止だ。パズル愛好家なら、このようにパズルの裏をかくのは楽しいし、それにはかなりの創意工夫も求められることを認めた上で、それでもずるはずるであるとわきまえている。ここではこの手のずるを防ぐために必要な条件をいちいち挙げることはしない。もっとずっと関心があるのは、このパズルを数学として適切な形に書き換えた上で、ずるをしない限り解くのは不可能であることを証明するにはどうすればいいかである。ずるをしてしまったら、きっちり定められている問題を解いたり、解くのが不可能であることを証明したりするのでなく、問題自体を書き換えることになってしまう。

　ではここで、当時を代表する数学者だったオイラーにご登場願おう。オイラーは当時存在していたほぼあらゆる数学分野の研究をおこなっただけでなく、それまで存在しなかった新しい分野もいくつか切り拓き、数学を現実世界の多種多様な問題に応用した。彼の活動は、純粋数学や数理物理学の各主要分野に関する本格的な大著の執筆から、たまたま思いついた珍奇な問題に至るまで幅広い。そんなオイラーが18世紀前半、ケーニヒスベルクの橋のパズルに関心を向けた。そしてそれを厳密な数学の問題として定式化した上で、先ほど述べたとおりそのようなルートは存在しないことの証明を思いついた。一周して出発点に戻ってくるルートはもちろんのこと、出発点と終着点が異なるルートも存在しない。

オイラーは1727年、女帝エカチェリーナ1世が統治するロシアのサンクトペテルブルクに移り、宮廷付き数学者となった。エカチェリーナの夫ピョートル1世が1724年から25年にかけてサンクトペテルブルク・アカデミーを創設したが、本格的な活動を始める前に世を去っていた。オイラーはそのアカデミーで1735年にこのパズルの研究成果を発表し、その1年後にその内容が出版された。おそらく史上もっとも多作の数学者であるオイラーは、このパズルからできる限りの事柄を導き出した。ケーニヒスベルクの橋だけでなく同様のあらゆる問題において、解が存在するための必要十分条件を見出したのだ。とてつもなく複雑な形に並んだ4万個の島が5万本の橋で結ばれている場合でも、オイラーの定理を使えば解が存在するかどうかを判断できる。しかもその証明をじっくりと見れば、少々手間はかかるものの解の見つけ方まで分かる。オイラーの論述は少々おおざっぱで、細部に至るまですべて完成するのに150年近く要したが、恐ろしく難しいというほどではない。

ここでグラフ理論に関する多くの本をひもとくと、オイラーはこのパズルに解が存在しないことを証明するために、〝グラフ〟に関する一見もっと単純な問題へ単純化したとある。ここでいうグラフとは、いくつかの点（ノードや頂点と呼ばれる）が線（エッジ）で結ばれて一種のネットワークを形作っているものを指す[34]。ケーニヒスベルクの橋の問題をグラフを使って書き換えると、ある特定のグラフ全体を、各エッジをちょうど1回ずつ通って巡るという問題に変換される。今日の我々なら当然そのようにして取り組むが、オイラーは必ずしもこのような方法を取ったのではない。歴史とは得てしてそういうものだ。しかし数学史家は、世間に広まっている話でなく実際の出来事について語りたがる。実のところオイラーは一切合切を記号を使って解いたのだ。[35]

初めにそれぞれの陸地（島および川岸）と橋に文字を割り振った。陸地にはA、B、C、Dと大文字を、橋にはa、b、c、d、e、f、gと小文字を使った。それぞれの橋は2つの異なる陸地を結んでいる。たとえば橋eはAとDを結んでいる。歩くルートは、訪れた陸地と渡った橋を順番に並べたリストによって特定される。そのリストはいずれかの陸地からスタートして、最後に訪れた陸地で完結する。オイラーは論文中ではほとんど言葉だけで論を展開しているし、陸地だけのリストでほぼ話を進めている。AからBへ渡るのにどの橋を使うかは問題ではなく、ABという項目の個数がAとBを結ぶ橋の本数と等しければそれでいい。さもなければ、出発点を指定した上で、渡った橋のリストだけを使い、各陸地を何度訪れたかを数えてもいい。そのほうが単純かもしれない。ただしオイラーも論文の終わりのほうでは両方の記号を使って、さらに複雑な配置に対応した例を

E a F b B c F d A e F f C g A h C i D k A m E n A p B o E l D

というように表している。[36]

このように設定しておけば、それぞれの陸地の中や橋の上でたどる正確な経路は関係なくなる。記録する必要があるのは、訪れた陸地と渡った橋の順番だけである。橋を渡るという行為は、「前後の2つの大文字が互いに異なる」と解釈される。このように定めれば、橋の上でUターンして同じ袂（たもと）から出てくることを防げる。パズルの答えは、AからDまでの大文字とaからgまでの小文字を交互に並べた文字列となる。ただし各小文字は1回しか使えないし、小文字の前後の大文字はその小文字で表される橋で結ばれた陸地に対応していなければならない。

それぞれの小文字について、その橋で結ばれた陸地を列挙すると次のようになる。

a　AとBを結んでいる
b　AとBを結んでいる
c　AとCを結んでいる
d　AとCを結んでいる
e　AとDを結んでいる
f　BとDを結んでいる
g　CとDを結んでいる

たとえば陸地Bからスタートするとしよう。Bからどこかの陸地につながっている橋はa、b、fの3本ある。この中からfを選べば、文字列の最初はBfとなる。fの反対側の陸地はDなので、文字列はBfDとなる。Dから別の陸地につながる2本の橋eとgは、どちらもまだ渡っていない（fをもう一度渡ることはできない）。gを渡ることにすると、ルートはBfDgとなる。gの反対側の陸地はCなので、さらにBfDgCとなる。先に進めるのはcとdだけだ（gを戻ることはできない）。cを渡ると、BfDgCc、さらにBfDgCcAとなる。陸地Aから渡れる橋はa、b、d、eの4本（cはいま渡ってしまった）。

dは渡れるだろうか？　いいや、渡れない。なぜなら、dを渡るとBfDgCcAd、さらにBfDgCcAdCとなるが、Cからつながる3本の橋c、d、gはいずれもすでに渡ってしまっているからだ。しかしまだa、b、eを渡っていないので、これでは解けたことにならない。橋dはバツ。同じ理由で橋eを渡ることもできない。eを渡るとDに入ってしまってお手上げ。しかもやはりa、b、dを渡れなくなってしまう。aはどうだろうか？　aを渡るとBfDgCcAaBとなり、そこから出られる橋でまだ渡っていないのはbだけなので、BfDgCcAaBbAとなる。そこから渡れるのはdとe。dを渡るとBfDgCcAaBbAdCとなってそこから出られないが、まだeを渡っていない。eを渡るとBfDgCcAaBbAeDとなってそこから出られないが、まだdを渡っていない。

この順番に選んでいくとパズルは解けないが、最初のほうの選び方はほかに何通りもある。そこで考えられるすべての文字列を体系的に確かめていくと、いずれもうまくいかない。途中でどこかの陸地から出られなくなるが、まだ渡っていない橋が少なくとも1本残っていて行き詰まってしまう。考えられる文字列は有限通りで、すべて書き下せるくらいの数しかない。良かったらやってみてほしい。

それができれば、この特定のパズルに解が存在しないことは証明できたことになる。ケーニヒスベルク市民にとってはそれで十分だったかもしれないが、オイラーは満足できなかった。第1に、どうしても行き詰まってしまう理由がはっきりしない。第2に、同じたぐいの別のパズルが解けるかどうか分からない。そこでオイラーは、数学者ならパズルを解いた人に必ず問いかけるもっとも重要な質問を投げかけた。「なるほど。でもどうしてそうなるんだい？」さらにそれに続いて、2番目に重要な質問をぶつけた。「もっとうまい解き方はないのかい？」

オイラーはさらに考えて、次の3つの単純な事柄に気づいた。

- 解が存在するためには、すべての陸地がほかのすべての陸地と何らかの橋の列によって結ばれていなければならない。たとえば島がさらに2つあって（EとFとする）、それらどうしが1本または複数の新たな橋h、i、j、……で結ばれているが、これらの島とそれ以外の陸地とを結ぶ橋が一本もなかったとしよう。するとこれらの橋を渡るにはEとFのあいだを行き来するしかなく、それではほかの橋を渡ることができない。

- 右記の〝連結性〟の条件が満たされているとした上で、出発点と終着点の2つの陸地を除いてどの陸地に入っても、それとは異なる橋を渡ってそこから出られるようになっていなければならない。
- そのようにして出ていくと、その陸地につながっていた橋のうちの2本はそれ以降渡れなくなる。

したがって、ルートをたどるにつれて橋は2本ずつ渡れなくなっていく。これが重要である。ある陸地に偶数本の橋がつながっていたら、その陸地で行き詰まりにならずにそのすべての橋を渡ることができる。奇数本の橋がつながっていたら、1本だけ渡らずに残ってしまう。しかしその橋もどこかの段階で渡らなければならず、渡った時点で行き詰まる。

ルートの途中で行き詰まったら万事休すだ。しかしルートの最後であれば問題ない。またそのルートを逆にたどれば分かるとおり、ルートの最初であっても問題ない。このような推論から、もしもルートが存在すれば、奇数本の橋がつながっている陸地は1つもないか、または2つでなければならないことが分かる。ケーニヒスベルクの問題の場合、

Aには橋が5本つながっている。
Bには橋が3本つながっている。
Cには橋が3本つながっている。
Dには橋が3本つながっている。

したがって奇数本の橋がつながっている陸地の数は4で、2よりも多いので、ルートは存在しない。
さらにオイラーは、この偶数／奇数の条件が、ルートが存在することの十分条件でもあると述べて

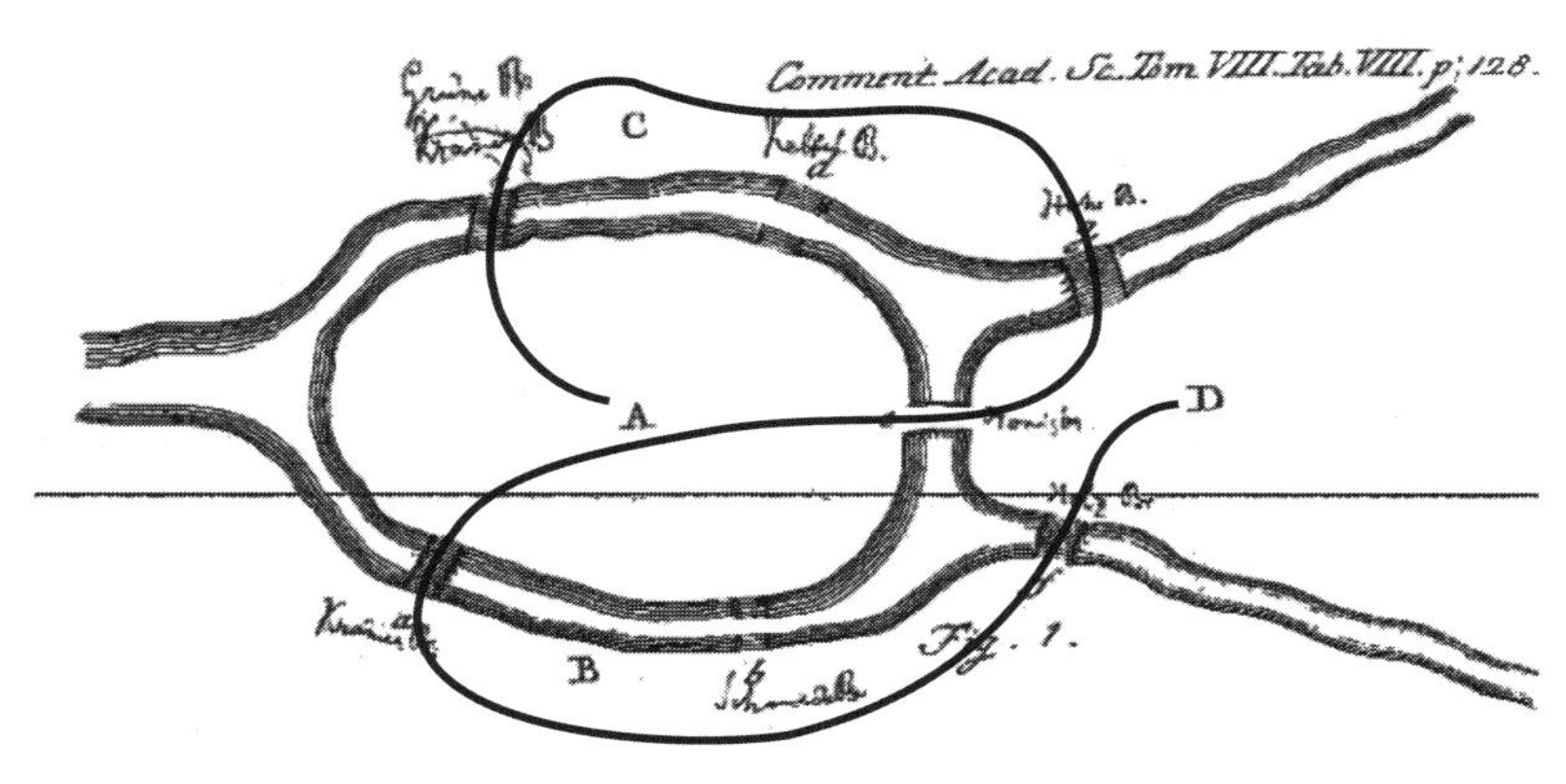

図12　現存する5本の橋をめぐる、出発点と終着点が異なるルート。

いるが、ただし証明は示していない。それについてはもう少し難しいのでここでは説明しない。その証明はカール・ヒエルホルツァーが死の直前の1871年に導き出し、死後の1873年に発表された。オイラーはまた、出発点と終着点が同じである閉じたルートの場合、すべての陸地に偶数本の橋がつながっていることが必要十分条件であると述べている[37]。

（何らかの形で）現存する5本の橋だけに注目すると、BとCにはどちらも橋が2本つながっている〔奇数本の橋がつながっている陸地の数が2〕。したがってこの新たな問題には解が存在するはずだが、ただし閉じたルートではなく、いまだに奇数本の橋がつながっているAとDを出発点および終着点にしなければならない。そのような解の一つを図12に示した。ほかにも解はある。すべての解を見つけられるだろうか？

オイラーは以上の事柄をすべて、BfDgCcAaBbAeDのような記号列を使って示した。それからしばらくして誰かが、それを視覚的に解釈できることに気づいた。19世紀半ば頃にはその解釈のしかたがかなり広まっていたので、誰が気づいたのか正確には分かっていないが、1878年にジェイムズ・ジョーゼフ・シルヴェスターがそれ

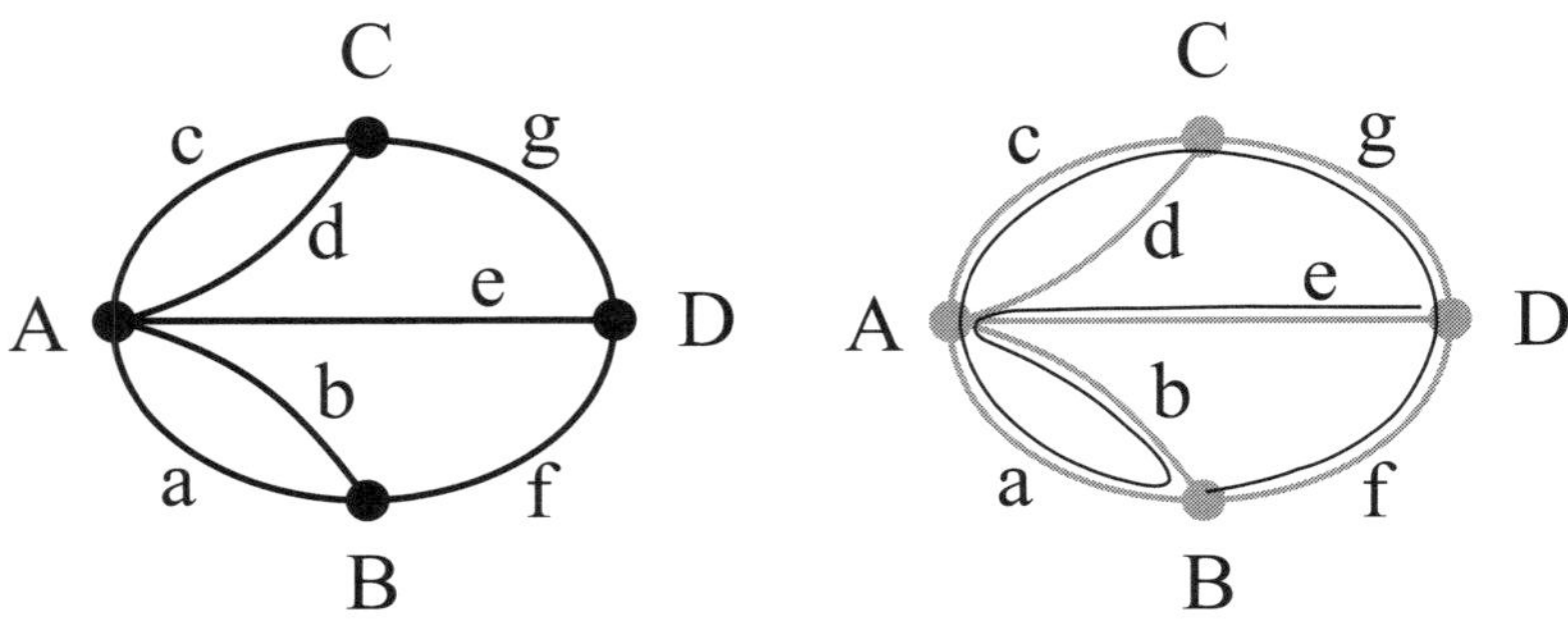

図13　左：ケーニヒスベルクの橋の架かり方を示したグラフ。右：試してみたルートの一例。橋dが渡れていない。

に〝グラフ〟という名前を付けた。AからDの4つの点と、aからgの7本の線からなる図を描く。それぞれの線は、それに対応する橋で結ばれた2つの陸地をつなぐように引く。そうすると、島や橋の描かれた地図が図13左のように単純になる。例として挙げた記号列は図13右のルートに対応しており、Bを出発してDにたどり着くがそこで行き詰まってしまう。

このように視覚的に単純化したものが、ケーニヒスベルクの橋の〝グラフ〟である。この表現法では、4個の点をどこに打つかは問題でないし（ただし混同を避けるために区別はしておかなければならないが）、線の正確な形も気にしなくていい。注目すべきはどの点どうしがどの線で結ばれているかだけだ。このように視覚的に表せば、オイラーの証明もきわめて自然に思えてくる。橋を渡ってある陸地に入るどんなルートも、そこが終着点でない限り、必ず別の橋を渡ってそこから出ていかなければならない。同様に、ある陸地から橋を渡って出ていくルートは、そこが出発点でない限り、別の橋を渡ってそこに入っていなければならない。そのため出発点と終着点を除くと、橋は2本1組になっている。したがって、出発点でも終着点でもない陸地には偶数本の橋がつながっている。出発点と終着点に奇数本の橋がつながっていたら、開いたルートしか存在しない。逆に出発点と終着点が同じであれば、それらをつないで閉じたルートができる。この場合、すべての陸地に偶数本の橋がつながっている。

オイラーはこのたった1種類の問題を解くことで、2つの大きな数学分野を拓いた。一つは、点とそれを結ぶ線について調べるグラフ理論。単純で子供だましのようにも聞こえるし、確かにそうだ。しかしそれと同時に、これから説明するとおり深遠で役に立ち、そして難しい。もう一つが、図形を連続的に変形させても基本的に同じものとみなすトポロジーで、これは〝ゴムシートの幾何学〟と呼ばれることもある。つながり方を変えない限り(連続性の条件)、線の形や点の位置をどのように変えても基本的に同じグラフのままだ。この場合の「同じ」というのは、つながり方に関する情報が変わらないという意味である。

このような単純なパズルがこれほど大きな進歩につながったことには目を見張る。まさに不合理な有効性だ。また、数学以外の世界ではなかなか理解できないある重要な教訓も得られる。子供のおもちゃのように単純に思える数学を見くびらないでほしい。重要なのはそのおもちゃがどれほど単純であるかではなく、それを使って何をするかだ。もっと言うと、優れた数学の最大の目標は、あらゆる事柄をできる限り単純にすることである(あなたは吹き出してしまうかもしれない)。数学がいかに複雑に見えるかを考えたらそれも当然だ。そこでアインシュタインが言ったとされている但し書きを付け加えておかなければならない。できる限り単純にするが、ただし必要以上に単純にしてはならない)。島を点で、橋を線で表してもパズル自体は変わらないが、無関係な情報は削ぎ落とすことができる。どんな天気か?　地面は泥だらけか?　橋は木造か鉄骨造か?　休日の散歩をしたり橋を建設したりするにはこれらの情報も関わってくる。しかしケーニヒスベルクの善良な市民を悩ませた疑問に答えたいのなら、それは無関係だし邪魔なだけだ。

腎臓移植のチェーン

では、ケーニヒスベルクの橋と腎臓移植のあいだにどんな関係があるというのだろうか？　直接的な関係はあまりない。しかし間接的なつながりはある。ほとんどのドナーが近親者にしか自分の腎臓を提供したくなくても、ドナーとレシピエントをマッチングさせることのできるある強力な方法が、オイラーの論文をきっかけに生まれたグラフ理論によって可能となったのだ。[38] イギリスでは２００４年に人体組織法が施行されたことで、近親者以外にも合法的に腎臓を提供できるようになった。

ここで最大の問題が、ドナーとレシピエントをいかにしてマッチングさせるかである。腎臓を提供したいと思っている人がいても、意中のレシピエントと組織型や血液型が合致しないかもしれない。たとえばフレッドおじさんが腎臓を必要としていて、その息子ウィリアムは自分の腎臓を１つ提供したいと思っているが、ただし他人にはあげたくない。ところが不幸にも、ウィリアムの腎臓は組織型が合っていない。２００４年より前なら話はこれ以上進まず、フレッドは頻繁に透析を受けるしかなかった。しかしウィリアムと組織型が合致する患者がほかに大勢いた。たとえば、フレッドとウィリアムのどちらとも縁のないジョン・スミスが同じ問題を抱えていたとしよう。その妹エミリーが新たな腎臓を必要としていて、ジョンはエミリーに自分の腎臓を１つ提供したいと思っているが、やはり他人にはあげたくない。しかしジョンとエミリーは組織型が違う。そのため誰も腎臓移植を受けられない。

だが仮に、ジョンの組織型がフレッドと合致して、ウィリアムの組織型がエミリーと合致したとしよう。２００４年以降、このような場合には合法的に腎臓を交換できるようになった。それぞれの主治医が連携し、ウィリアムの腎臓をエミリーに移植するという条件でジョンの腎臓をフレッドに移植するよう提案できるようになったのだ。どちらのドナーも自分の親族が新たな腎臓を手に入れられるし、親族のためなら進んで腎臓を提供したいと思っているのだから、この提案ならはるかに同意しやすい。誰がどの腎臓をもらおうがドナーにとってもレシピエントにとってもほとんど違いはないが、組織型が合致するかどうかは生死に関わる。

現代の通信技術を使えば、ドナーとレシピエントおよびその組織型を登録しておくことで、このような一致があるかどうかを見つけることができる。レシピエントとドナーの人数が少ないと、このように都合良く交換できる可能性は低いが、人数が増えるにつれてはるかに高くなる。レシピエントの人数はかなり多く、イギリスでは2017年時点で5000人以上が新たな腎臓を待っていた。死んだ人からも生きている人からも腎臓を提供できるが、ドナーの人数はもっと少なくて、同時点で2000人ほどだった。そのため待ち時間の平均は成人で2年以上、子供では9か月におよんだ。

もっと多くの患者がもっと早く移植を受けられるようにするための一つの方法が、もっと手の込んだ形でチェーン状に（ドミノ倒し的に）腎臓を交換することである。現行の法律ではこれも認められている。たとえばアメリア、バーナード、キャロル、ディアドリがみな腎臓を必要としているとしよう。それぞれにドナーになってくれる親類がいて、彼らはぜひ腎臓を提供したいと思っているが、ただし近親者にしかあげたくない。その人たちをアルバート、ベリル、チャーリー、ダイアナとしよう。チェーンの出発点となるのは、誰にでも腎臓を提供したいと思っている利他的なゾーイ。それぞれの人の組織型を踏まえると、次のようなチェーンが可能だったとしよう。

ゾーイがアメリアに腎臓を提供する。
アメリアの親族アルバートがバーナードに腎臓を提供する。
バーナードの親族ベリルがキャロルに腎臓を提供する。
キャロルの親族チャーリーがディアドリに腎臓を提供する。
ディアドリの親族ダイアナが順番を待っている誰かに腎臓を提供する。

これで全員がおおむね満足する。アメリア、バーナード、キャロル、ディアドリは新しい腎臓を手にする。アルバート、ベリル、チャーリー、ダイアナはみな自分の腎臓を1つ提供する。ただし親族にではなく、親族のためになるようなチェーンの誰かにである。それでこのような取引が可能になるのだから、多くの人は満足だろう。逆にもしも同意しなければ、自分の親族が腎臓をもらえなくなってしまう。ゾーイも誰かのために腎臓を提供できて満足だし、相手が誰であろうが気にしない。この場合、提供する相手はアメリアである。最後に余った腎臓は順番待ちの誰かに提供され、必ず役立てられる。

もしもゾーイが順番待ちの他の誰かに腎臓を提供していたら、アメリア、バーナード、キャロル、ディアドリが腎臓を手に入れるには順番待ちをするしかなかった。しかしそうしなかったことで、移植できる腎臓が4つも増えた。この方法をドミノ腎臓移植チェーンという。ゾーイが最初のドミノを倒すことで、いくつものドミノが順番に倒れていくということだ。ここではこれを単に〝チェーン〟と呼ぶことにしよう。

ここで考慮すべきは家族関係でなく組織型である。アルバートにはゾーイと同じ組織型の親族がいる。ベリルにはアルバートと同じ組織型の親族がいて、チャーリーにはベリルと同じ組織型の親族がいる。レシピエントとドナーの人数が比較的多ければこのようなチェーンはかなりたくさんできて、医師がそれを見つけ出せる。しかしたとえ委託したところで時間のかかる作業だし、腎臓は一つ一つが貴重なので、最善の形でチェーンを選びたい。だが数多くのチェーンが共存するため、そう簡単ではない。医師は複数のチェーンを同時進行で進めていくが、2つのチェーンに同じドナーが含まれていてその人が2人に腎臓を提供しなければならなくなったら、そこで一方のチェーンは途切れてしまう。

最適な形でチェーンを選ぶ――何とも数学的な問題ではないか。数学の用語で表現して適切な手法を用いれば解けるかもしれない。しかも完璧な解である必要はなく、当てずっぽうよりも優れていればいい。この腎臓交換問題をグラフの問題に変換する方法がデイヴィッド・マンラヴによって見出された。それを解く上でオイラーの定理は役に立たないが、オイラーはこの分野全体を打ち立てることで役割を果たしたことになる。それ以降さまざまな数学者がこの分野を発展させ、グラフ理論の新たな手法を数多く考案してきた。グラフは離散的な〔連続量を扱うたぐいのものではない〕概念で、実際にはノードとエッジ、そしてどのエッジがどのノードをつないでいるかを記したリストにすぎないため、コンピュータで扱うのにきわめて適している。グラフを解析して有用な構造を抽出するための強力なアルゴリズムも開発されている。たとえばあるアルゴリズムを用いると、現実的な大きさのグラフにおいてドナーを患者に最適な形で割り当てる方法を見つけることができる。いまではコンピュータに実装されているそのような手法が、イギリスでは日常的に用いられている。

矢印付きのグラフ

2組のドナー‐レシピエントのペアの組織型が相互に適合していれば話は簡単だ。腎臓を交換しあえばいい。その場合は2人同時に手術をおこなう必要がある。そこでチェーンを見つける際には相互に適合しているペアは無視して、相互に適合していないペアにだけ注目すればいい。それらの〝ペア〟がグラフ上ではノードとなる。

たとえばアルバートがアメリアに腎臓を提供したいと思っているが、アルバートの組織型はバーナードと合致しているとしよう。この状況は図14左のように表すことができる。ドナーの名前を上に、その親族（組織型が合致していない）を下に記してある。矢印は「始点のドナーの組織型が終点のレシピエントの組織型と合致している」という意味である。この図は、エッジが特定の方向を持ってい

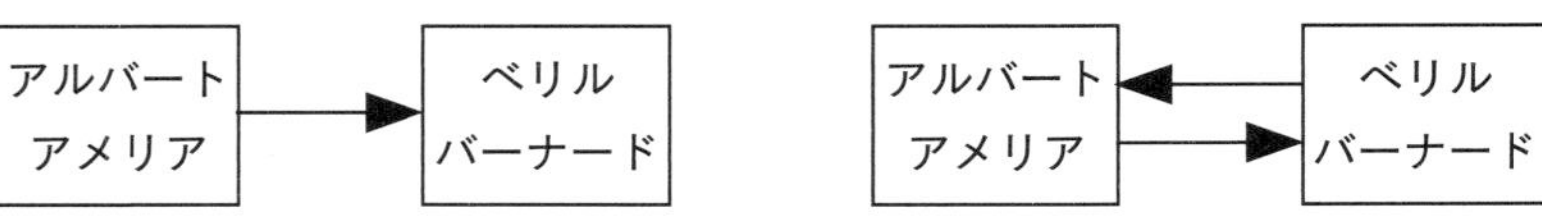

図14　2通りの交換方法。

るという点で特別なタイプのグラフである。ケーニヒスベルクの橋と違ってエッジが一方通行ということだ。数学ではこのようなエッジを有向エッジ、それからできたグラフを有向グラフ（ダイグラフ）と呼ぶ。図では有向エッジは矢印で表す。

ベリルとアメリアも互いに組織型が合致していれば、ルールに従って逆方向の矢印をもう1本引く。そうすると図14右のように2方向のつながりができる。これはもっとも単純な形の腎臓交換を表した図で、グラフ理論では2サイクルと呼ぶ。医師は、ベリルが自分の腎臓をアメリアに提供するという条件のもとで、アルバートが自分の腎臓をバーナードに提供するよう提案できる。全員が同意すればアメリアとバーナードは新たな腎臓を手に入れることができ、アルバートとベリルはそれぞれ腎臓を1つ提供することになる。患者は親族の腎臓はもらえないが、それでも腎臓は手に入る。どちらのレシピエントも恩恵を受けられるし、どちらのドナーも腎臓を提供することになるので、ほとんどのドナーはこの手の腎臓交換なら進んで受け入れるだろう。

もう一段階複雑なのが3サイクルである。この場合、ドナーのチャーリーとレシピエントのキャロルからなる3組目のペアが加わる。たとえば次のようになっていたとしよう。

アルバートとバーナードの組織型が合致している。
ベリルとキャロルの組織型が合致している。
チャーリーとアメリアの組織型が合致している。

この場合は、アルバートの腎臓をバーナードに、ベリルの腎臓をキャロルに、チャ

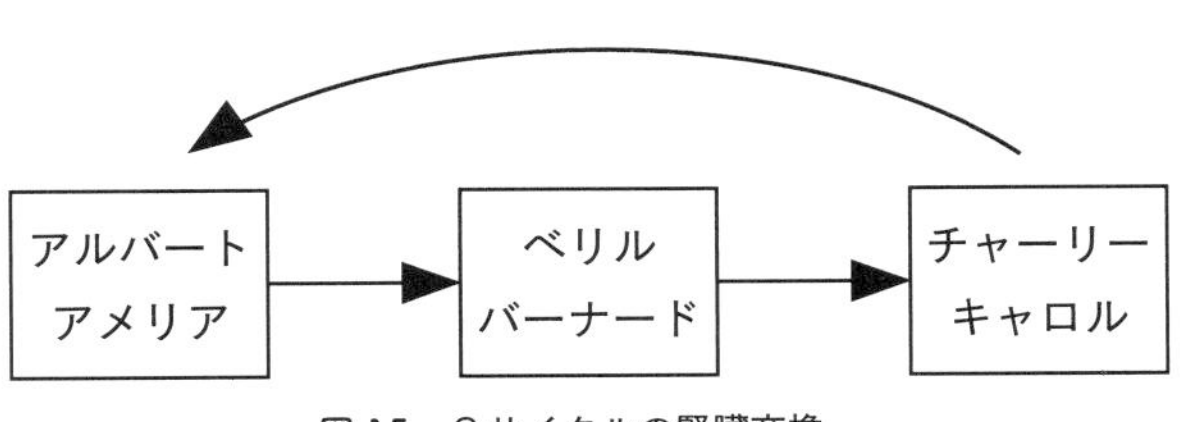

図 15　3サイクルの腎臓交換。

ーリーの腎臓をアメリアに提供するよう手配すればいい（図15）。この場合もたいていのドナーは受け入れるだろう。

ゾーイのような利他的なドナーは誰か特定の人とペアを組んでいないため、少々違う形で扱わなければならない。ここでちょっとした数学的な小細工を使う。ゾーイと〝任意の人〟をペアにしてノードを作ることで、利他的ないどんなドナーとも適合させられるようにするのだ。実際にはこのダミーのレシピエントは、順番を待っているすべての患者を表している。この場合、その各患者の組織型が非利他的なドナーの誰かしらと適合すると仮定していることになる。順番待ちの人が多いのでこれは無理のない仮定である。その上で、

ノードZ＝（ゾーイ、任意の人）

から、ゾーイと合致する組織型のレシピエントを含むノードに向かって矢印を引く。先ほど説明したドミノチェーンの場合、図16のような有向グラフができる。

しかしこのようなチェーンは現実的でない。10人の手術を同時におこなわなければならないからだ。どうしても同時におこなわないと、たとえばキャロルがベリルから腎臓をもらった後で、チャーリーが突然心変わりしてディアドリへの腎臓提供を拒否してしまうかもしれない。人はたとえ法的書類にサインしたとしても、自分に利益がなくなったら合意を破りかねない。その気になったら何かしらの口実をひねり出すだろう。病気だとでも言い張れば

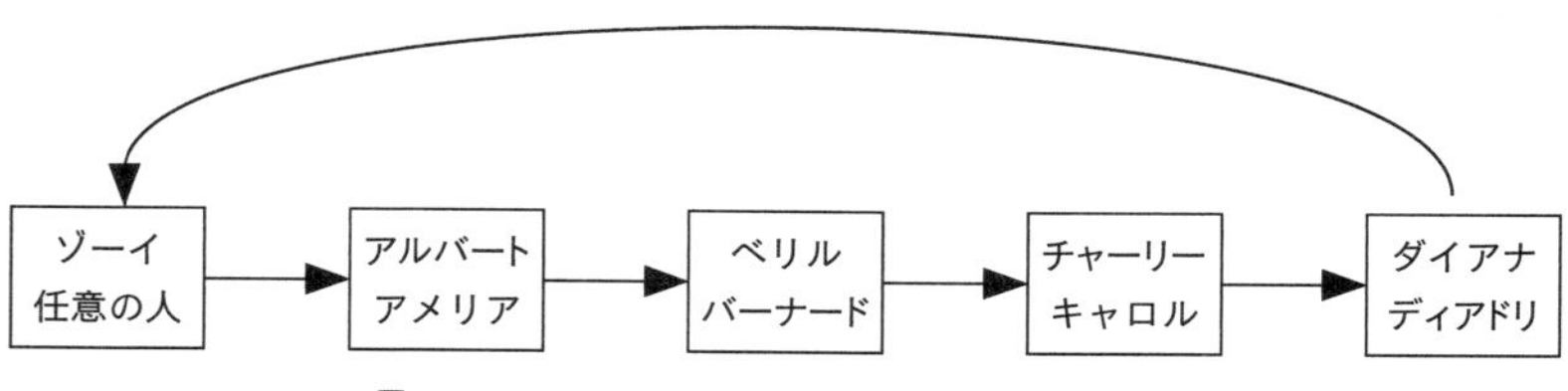

図 16　このチェーンは長すぎて現実的ではない。

わがままがまかり通ってしまう。

このため現状では、腎臓交換は以下の4つのケースに限られている。すでに説明した2サイクルおよび3サイクルと、そこに利他的なドナーが加わった、ショートチェーンとロングチェーンと呼ばれるサイクルである。ショートチェーンに含まれるのはゾーイ、アルバート、アメリア、そして順番待ちの誰かである。ロングチェーンにはそれに加えてベリルとバーナードが含まれる。実際におこなわれている〝組み直し腎臓交換〟はこの4つのケースのいずれかである。

ここで少しごまかしがあったことに気づいてもらいたい。図16に示したチェーンはノードが5つのサイクルだった。しかし腎臓交換としてとらえるとそうともいえない。ゾーイは特定のレシピエントを想定しておらず、任意の人に腎臓を提供したい。そしてチェーンの最後に位置するダイアナは実際に任意の（順番を待っている）人に腎臓を提供する。しかしゾーイが実際に腎臓を提供するのはアメリアで、最終的にダイアナが提供する相手とは違う。各ケースで〝任意の人〟が誰なのかは有向グラフの構造から推測しなければならず、それを考慮する必要がある。

ここまで挙げた有向グラフは、少数のノードと矢印からなる個々のサイクルやチェーンを表している。しかし実際には多数のペアと比較的少数の利他的なドナー、そして膨大な数の矢印が存在する。というのも、一方のドナーともう一方のレシピエントが適合しているようなすべてのノード対のあいだに矢印を引かなければならないからだ。しかも1人のドナーが何人ものレシ

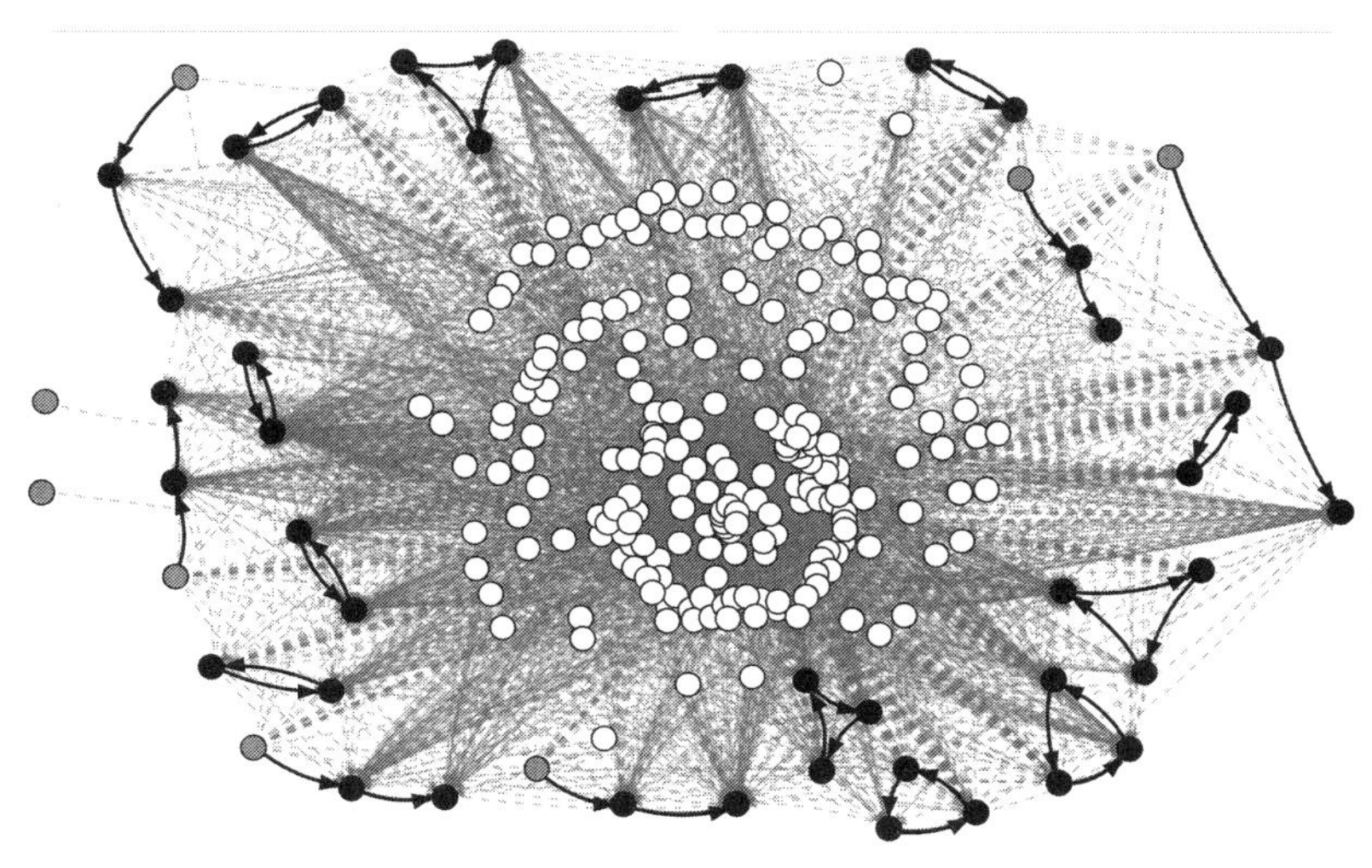

図 17　2015 年 7 月時点での組み直し腎臓交換の有向グラフと最適解（太い実線で表している）。白丸はマッチングが成立していないドナーとレシピエント、灰色の丸は利他的なドナー、黒丸はマッチングが成立したドナー－レシピエントのペア。

ピエントと適合している可能性がある。たとえば２０１７年10月時点では非利他的なペアが２６６組、利他的なドナーが９人登録していて、矢印は５９６４本に達していた。図17は別の日だが同様の複雑さを示している。ここで数学的な問題となるのが、１通りの組み直し腎臓交換だけでなく、組み直し腎臓交換の最良の集合を見つけることである。

最大限に活かす

この問題を数学的に解くには、〝最良〟という言葉を正確に定義する必要がある。含まれる人数を最大にすればいいというだけでなく、ほかに費用や見込まれる成功率なども考慮しなければならない。ここで医師の助言や経験がものを言う。イギリスの国立輸血・臓器移植医療サービス（ＮＨＳＢＴ）という機関が、特定の臓器移植による恩恵を数値化するための標準的な評価システムを開発している。これには、患者が

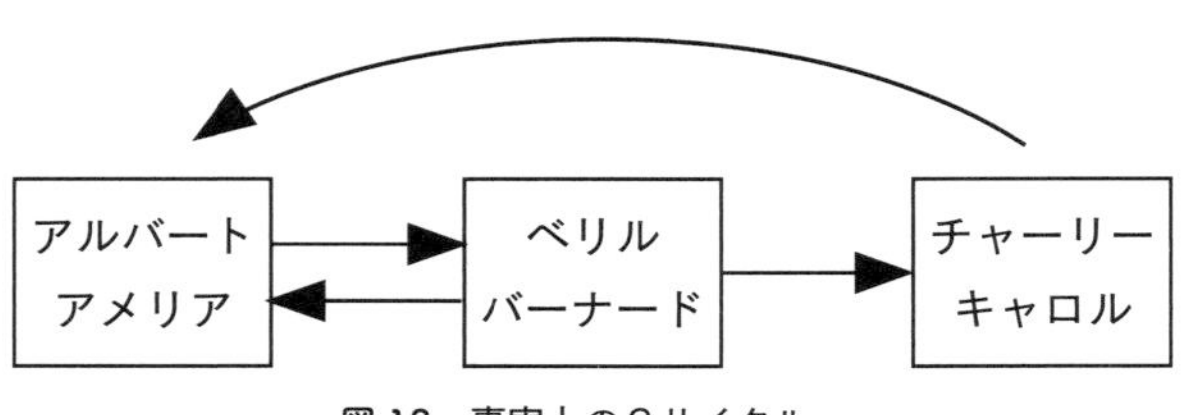

図18　事実上の2サイクル。

待っていた期間、組織型の不一致のレベル、あるいはドナーとレシピエントの年齢差などの要素も考慮されている。統計解析によってこれらの要素を組み合わせ、〝重み〟と呼ばれる一つのスコアをはじき出す。この重みを有向グラフのすべての矢印、つまり移植可能なすべてのケースについて計算する。

単純な条件が1つある。1つの腎臓を2人に提供することはできないので、集合内の2つの組み直し腎臓交換に同じノードが含まれていてはならない。数学的に表現すると、集合内の複数の要素サイクルが重なり合ってはならない、となる。このほかにもっと分かりにくい条件もいくつかある。3サイクルの中には、2つのノードのあいだに逆方向の矢印も引かれているという有用な特徴を持つものが存在する。図18では図15の3サイクルの矢印に加えて、ベリルのペアからアメリアのペアに向かってもう1本矢印が引かれている。つまりベリルの組織型がキャロルだけでなくアメリアとも適合している。この場合、チャーリーが途中で拒否したらキャロルもサイクルから外すことができる。それでもアルバートがバーナードに、ベリルがアメリアに腎臓を提供する2サイクルは残り、腎臓交換を進めることができる。数学的には、この3つのノードは3サイクルを構成しているのに加えて、そのうちの2つのノードが2サイクルを構成している。追加された矢印のことをバックアークという。バックアークを持つ3サイクルとすべての2サイクルとをまとめて、〝事実上の2サイクル〟と呼ぶ。

NHSBTの腎臓移植助言グループは、最適な組み直し腎臓交換の集合を次のように定義している。

(1) 事実上の2サイクルの数が最大である。
(2) 条件(1)のもとで、できるだけ数多くのサイクルを含む。
(3) 条件(1)と(2)のもとで、3サイクルの数ができるだけ少ない。
(4) 条件(1)〜(3)のもとで、バックアークの数が最大である。
(5) 条件(1)〜(4)のもとで、各サイクルの重みの総和が最大である。

この定義では、それぞれの特徴に優先順位が付けられている。優先される特徴が満たされれば、もっと優先度の低い特徴が順番に考慮されていく。たとえば条件(1)が定められているため、3方向の組み直し腎臓交換を加えたせいで2方向の組み直し腎臓交換の数が少なくなってしまうことを防げる。これには単純化という利点と、誰かが途中で拒否しても2サイクルを進められるという利点がある。条件(5)は、主要な条件(1)から(4)を考慮した上で、組み直し腎臓交換をできるだけ効率的に、そしてできるだけ成功確率が高くなるようにおこなうという意味がある。

ここで数学的な問題となるのが、これらの条件に従う最適な組み直し腎臓交換の集合を見つけることである。少々頭を働かせてざっと計算すれば分かるとおり、考えられるすべての組み直し腎臓交換の集合をチェックするわけにはいかない。あまりにも数が多すぎるからだ。たとえばノードが250個、エッジが5000本あったとしよう。この場合、1つのノードに平均20本のエッジがつながっていて、そのうちの10本が始点、10本が終点でつながっていると仮定しても見当外れではないだろう。ここで、考えられるすべての2サイクルを列挙したいとする。ノードを1つ選んで、そこから伸びる10本の矢印をたどっていく。それらの矢印はそれぞれ異なるノードにつながっていて、そこからさらに10本ずつ矢印が伸びている。そうしてたどり着くノードが最初のノードと同じであれば、2サイクルが見つかる。結果、１００通りのケースをチェックしなければならない。３サイクルを見つけるには同様のチェックを１００×10＝１０００通りおこなわなければならないので、合計で１ノードあたり１１００通りのケースをチェックする必要がある。ノードは２５０個あるので、チェックすべきケースは27万５０００通りとなる。少し頭をひねればある程度は減らせるが、桁数までは変えられない。

しかしこれだけでは２サイクルと３サイクルを列挙したにすぎない。それらの集合を考えなければならず、その集合の個数はサイクルの数に対して指数関数的に増大する。２０１７年10月時点での有向グラフには２サイクルが３８１個、３サイクルが３８１５個含まれていた。２サイクルだけからなる集合の個数は2^{381}、１１５桁の数に達する。３サイクルの集合の個数は１１４９桁の数になる。しかもまだこれでは、どの集合に重なりがないかをチェックしていない。

言うまでもないが、このような方法で問題を解くことはしない。しかし何らかのかなり強力な手法を開発しなければならないことは間違いない。そこに用いられている発想をざっと見ていくことにしよう。この問題は巡回セールスマン問題に似たものととらえることができる。これも組合せ最適化問題の一つで、条件はかなり異なるが考慮すべき要素は似ている。重要な要素の一つが、最適解を計算するのにどのくらいの時間がかかるかである。それについては、第３章で説明した計算複雑性の観点から考察できる。

２サイクルの組み直し腎臓交換だけを考えるのであれば、グラフの中で重みが最大になるようにマッチングさせるための標準的な方法を使うことで、多項式時間で最適な集合を計算でき、その複雑さはクラスＰである。だが３サイクルも考慮するとなると、たとえ利他的なドナーを含まなくても、その最適化問題はＮＰ困難になる。しかしマンラヴらが、第３章で紹介した線形計画法に基づく実用的なアルゴリズムを考案してくれた。ＵＫＬＫＳＳと呼ばれるそのアルゴリズムでは、この最適化問題を書き換えた上で、線形計画法の計算を繰り返すことで解いていく。計算結果が出るたびに、それを制約条件として追加して次の計算をおこなうという方法だ。最初は条件（1）のもとで最適化する。そこでは、シルヴィオ・ミカリとヴィジェイ・ヴァジラーニが実装したエドモンズ・アルゴリズムという手法を用いる。このアルゴリズムは、グラフ内でのマッチングが最大になるような方法を、エッジの本数とノードの個数の平方根との積に比例する時間で見つけ出す。マッチングが起こるたびに2つのノードが同じエッジの両端に来るので、この問題は、2本のエッジが共通のノードにつながらないようにしながらできるだけ多数のノードのペアをマッチングさせるという問題に帰着する。

条件（1）のもとで最適化できたら、その答えを条件（2）のための計算に入力する。そこでは、COIN-OR（オペレーションズ・リサーチのための計算インフラストラクチャー）プロジェクトのアルゴリズムコレクションに含まれる、COIN-Cbc整数プログラミングソルバーというアルゴリズムを用いる。その先も同様である。

グラフ理論に基づくこれらの手法によって2017年末までに計1278件の腎臓移植の可能性が特定されたが、実際におこなわれたのはそのうち760件に留まった。評価検討の最終段階で、組織型の適合度が事前の見積もりよりも低かったり、ドナーまたはレシピエントの病状悪化によって手術をおこなえなかったりと、実際上のさまざまな問題が浮上してきたためである。しかしグラフ理論のアルゴリズムを体系的に用いることで、それまでの方法よりもはるかに効率的に腎臓移植の手配ができるようになった。また現在では体外で腎臓を健康な状態で長期間保存できるため、一つのチェーンに含まれる手術をすべて同じ日におこなう必要がなく、もっと長いチェーンを考慮することも可能となり、今後さらなる向上が見込まれる。ただしそうなると、新たな数学的問題が浮上してくるだろう。

オイラーが未来を予言していたなどと言うつもりはない。何の変哲もないパズルに対する自身の巧妙な答えがいずれ医療に役立てられるなどとは、これっぽっちも思っていなかったはずだ。当時の手術は痛みを伴う食肉処理のようなもので、臓器移植自体が想像を絶していた。しかしそんな時代にあっても、オイラーがあのパズルからもっとずっと深遠な事柄を感じ取っていたことは評価したい。本人がはっきりとそう言っている。この章の冒頭に引用した言葉を見てほしい。オイラーはこの〝配置の幾何学〟(ラテン語の“analysis situs”)という言葉を、似たような文脈で何度も引き合いに出している。そしてこの言葉を初めて使ったライプニッツは、この分野が重要かもしれないことに気づいていたと暗に述べている。昔ながらのユークリッド幾何学的な図形を扱わないたぐいの幾何学に、オイラーが興味を惹かれていたのは間違いない。型破りだからといって否定などせず、その真逆だった。伝統に縛られずに、そのような幾何学の誕生に自ら進んで小さな貢献をした。楽しんでいたのだ。

ライプニッツの夢は19世紀に大きく前進し、20世紀になって実を結んだ。いまではその分野は〝トポロジー〟と呼ばれている。その新たな応用法を第13章でいくつか紹介しよう。グラフ理論はいまでもトポロジーと関係しているが、もっぱら別々の道筋で発展してきた。エッジの重みなどの概念はトポロジー的でなく数値的である。しかし、複雑に相互作用するシステムをモデル化したり最適化問題を解いたりするのにグラフを使うという発想は、オイラーが新たなタイプの問題に想像力をつかまれて独自の解き方を考え出したことにさかのぼる。それは300年近く前、女帝エカチェリーナ1世のもと、ロシアのサンクトペテルブルクでのことだった。イギリスなど、グラフ理論の手法を使って臓器を効率的に割り当てている国で腎臓移植を受ける人はみな、オイラーのそんな取り組みに感謝すべきである。

第5章　サイバースペースで身を守る

数論や相対論を軍事目的に役立てる方法はまだ誰も発見していないし、今後何年ものあいだそうだろう。
——ゴッドフレイ・ハロルド・ハーディ『ある数学者の生涯と弁明』、１９４０年

もっとも純粋な数学

ピエール・ド・フェルマーは〝最終定理〟で知られている。nが３以上であれば、２つの自然数のn乗の和がn乗数にはなりえないという定理である。フェルマーがこの予想を示した３５８年後の１９９５年、アンドリュー・ワイルズがようやくその証明を現代の専門的な方法で導き出した。[39] フェルマーはトゥールーズ議会の顧問弁護士だったが、ほとんどの時間を数学の研究に費やした。彼の友人に、８８０種類の４次魔方陣をすべて列挙したことで知られるパリの数学者フレニクル・ド・ベッシーがいた。そんな二人は頻繁に手紙を交わしていて、１６４０年10月18日にフェルマーはド・ベッシーに（フランス語で）次のように伝えた。「すべての素数は、……指数をその素数マイナス１として、任意の数のその指数乗マイナス１を割り切る」

代数学の表現を使うと次のようになる。pを素数、aを任意の整数とすると、$a^{p-1}-1$はpで割り

切れる（余りが出ない）。たとえば17は素数なので、

$1^{16}-1,\ 2^{16}-1,\ 3^{16}-1,\ \ldots\ 16^{16}-1,\ 18^{16}-1,\ldots$

はすべて17の倍数であるとフェルマーは主張している。ただし$17^{16}-1$は明らかに例外で、17の倍数である17^{16}より1小さいため17の倍数ではありえない。フェルマーもこの条件を追加すべきことは分かっていたが、この手紙の中では言及していない。一例だけ確かめてみよう。

$16^{16}-1=18446744073709551615$

この数を17で割ると、

1085102592571150095

となってきちんと割り切れる。すごいじゃないか。

この興味深い事実は、最終定理と区別するためにいまでは〝フェルマーの小定理〟と呼ばれている。フェルマーは、整数の深遠な性質を研究する数論という分野の開拓者の一人である。当時もそれから３００年間も、数論は純粋数学の中でももっとも純粋な分野だった。重要な応用例はまったくなかったし、何かに応用できそうにも思えなかった。イギリスを代表する純粋数学者の一人であるゴッドフレイ・ハロルド・ハーディも当然そう感じていて、１９４０年出版の名著『ある数学者の生涯と弁明』の中でそのように述べている。数論はハーディが好んで研究した分野の一つで、彼はエドワード・メイトランド・ライトと共著で１９３８年に第一級の教科書『数論入門』を著している。フェルマーの小定理はこの本の第6章に定理71として収められている。それどころかこの章全体が、その定理から導き出される帰結に充てられている。

ハーディの政治観や数学観は学界のエリート層を支配していた考え方に彩られていて、かなり強く影響されているという印象だが、彼の文章は格調高いし、貴重にもそこから当時の学界の考え方を垣間見ることができる。今日でも通用する内容もあるが、さまざまな出来事で上塗りされてしまった内容も多い。ハーディは次のように述べている。「本職の数学者なら、自分が数学について書いていると気づくと憂鬱な気分になるものだ。数学者の役割は、何かをやって新たな定理を証明し、数学を前進させることであって、自分やほかの数学者がおこなってきた事柄について話すことではない」。現代の学界で重んじられている〝アウトリーチ〟の話はこのくらいにしておこう。しかし成果を広く伝えることを俗っぽいとみなすこのような姿勢は、わずか40年前までは一般的だったのだ。

ハーディが数学者という自分の職業を正当化しなければならないと感じた理由の一つは、自分が身を捧げているたぐいの数学がいっさい役に立つ形で応用されておらず、今後も応用されそうにないと見ていたことである。その分野は何も役に立っていなかった。ハーディは数学に対して純粋に知的な関心を抱いており、難しい問題を解くことの喜びや、人類の観念的な知識の進歩が念頭にあった。役に立つかどうかにはあまり関心がなかったが、少しだけ罪悪感は抱いていた。そして生涯にわたって平和主義者だっただけに、数学が軍事に利用されることを大いに心配していた。当時は第二次世界大戦のさなかだったし、歴史を通じて数学のいくつかの分野は本格的に軍事に利用されていた。アルキメデスは放物線に関する知識を利用して、敵の船に太陽光線を集束させて火をつけたり、てこの原理を利用して水中から持ち上がる巨大なかぎ爪を設計したりしたと言われている。弾道学は砲弾や爆弾など、大砲の照準を合わせる方法を教えてくれる。ミサイルやドローンも制御理論など高度な数学に頼っている。しかしハーディは、自分の愛する数論だけは（少なくともかなり長いあいだは）けっして軍事利用されないはずだと確信していて、それを誇りにしていた。

数論と暗号

当時、ケンブリッジ大学のある特別研究員が、一日4時間研究をして片手間に教壇に立ち、残りの時間はクリケットを観戦したり新聞を読んだりと、リラックスして脳の充電をしていた。そんな彼は思いもよらなかったようだが、一流の数学研究者であっても空き時間を使って一般の人に数学者の活動を紹介することはできる。そうすれば、新たな数学を生み出しながらそれについて書くことができるはずだ。今日、数学者稼業に就いている多くの人はまさにそうしている。

〝純粋〟数学の大部分は直接利用できないし、今後もけっして利用されないだろうというハーディの見立ては、多くの場合成り立っている。[40] しかしある程度予想されるとおり、ハーディは役に立たないテーマの具体例を挙げることで、まさに間違った例を選ぶというリスクを冒してしまう。数論と相対論は長年にわたって軍事目的には利用されないだろうという見立ては、果てしなく間違っていたのだ。ただしそのような応用法を完全に排除してはいない点は評価すべきである。どのような発想が応用につながってどれがそうでないかを前もって見極めるというのは、とても重大な問題だ。一つ当てれば大金持ちになれる。しかし産業や商業、そして残念ながら軍事の最前線に突如として躍り出るのは、まさに応用できないように思われていた分野であって、数論もそのとおりだった。具体的に言うと、いまやフェルマーの小定理は、解読不可能と信じられている暗号の基礎となっているのだ。

ハーディが問題の弁明をした2年前、皮肉にもＭＩ６の指導部がブレッチリー・パークと呼ばれる邸宅を購入し、第二次世界大戦中に暗号解読に携わる連合国の秘密拠点、政府暗号学校（ＧＣ＆ＣＳ）を設置する。ここでは暗号解読者のチームが、ドイツ軍の使っていた有名なエニグマ暗号をはじめ、枢軸国の何種類かの暗号システムを解読した。ブレッチリー・パークのメンバーの中でももっとも有名なアラン・チューリングは、１９３８年に研究者の道を歩みはじめ、開戦当日にこの施設にやって来た。ブレッチリー・パークの暗号解読者たちは創意工夫と数学によってドイツの暗号を解読し、その手法の中には数論の考え方を用いたものもあった。その後40年で、数論に深く根ざした暗号法は大きく進歩し、軍事にも民間にも重要な形で応用されていった。それからまもなくしてインターネットの運用にも欠かせないものとなった。今日の我々はそのような暗号に頼り切っているが、その存在にはほとんど気づいていない。

相対論もまた軍事と民間に利用されるようになった。原子爆弾を開発するマンハッタン計画にも間接的な影響を与え、都市伝説によると、アインシュタインの有名な方程式 $E=mc^2$ によって物理学者は、少量の物質に膨大なエネルギーが含まれていると確信したとされている。この理屈はおもに広島と長崎への原爆投下後、このような兵器がどうやって実現したかを大衆に理解させるために安易に用いられた。また、本当の機密事項である原子核反応の物理から人々の関心を逸(そ)らすという意図もあったかもしれない。もっと近年の直接的な応用例を挙げると、衛星ナビゲーションに用いられているグローバル・ポジショニング・システム（GPS、第11章）は位置を正しく計算する上で特殊相対論と一般相対論の両方に頼っており、アメリカ軍によって開発された当初は利用が制限されていた。

軍が2勝、ハーディは0勝だ。

何もハーディを責めているわけではない。彼はブレッチリー・パークで何がおこなわれているかも知らなかったし、デジタルコンピューティングやデジタル通信の急激な発展も予期していなかった。〝デジタル〟は基本的に整数を扱うもので、何よりも数論がものを言う。純粋数学者が知的好奇心ゆえに導き出した結論が、突如として革新的なテクノロジーに利用できるようになったのだ。今日では数論だけでなく、組合せ論から抽象代数学や関数解析に至るまで膨大な数学が、人類の4分の1が毎日のように持ち歩く電子装置に組み込まれている。個人や企業、そして軍事組織によるオンライン通信のセキュリティーは、ハーディの愛した数論に基づく巧妙な数学的変換によって守られている。1950年に人工知能について真剣に考えて時代をはるかに先取りしたチューリングなら驚かなかっただろう。しかしチューリングはいわば予言者だった。当時、人工知能なんてＳＦですらなくて、単なるファンタジーだったのだから。

素数の落とし戸

暗号法（コード）とは、通常の言葉で書かれたメッセージ（平文）を一見ちんぷんかんぷんな暗号文に変換する方法のことである。多くの場合、その変換には鍵というものが使われる。秘密を守るための重要なアイテムだ。たとえばユリウス・カエサルは、アルファベットの各文字を３つずつずらすという暗号法を使っていたと言われている。この場合の鍵は〝３〟である。このようにアルファベットの各文字を一定の形で別の文字に変換するタイプの換字式暗号法は、暗号文が十分に手に入れば簡単に解読できる。そのために必要な知識は、平文でアルファベットの各文字がどれだけの頻度で用いられているかだけである。それによって暗号法をかなり正しく推測できる。最初のうちはいくつか間違いがあるだろうが、たとえばJULFUS CAESARと解読された一節があれば、別に天才でなくてもＦをＩにすべきだと気づくことができる。

このカエサル暗号は単純で安全性は低いものの、最近まで使われていたほぼあらゆる暗号法の一般的原理の好例となっている。送り手と受け手が本質的に同じ鍵を使う、対称鍵暗号法と呼ばれるものである。「本質的」と言ったのは、送り手と受け手が鍵をそれぞれ違うふうに使うからだ。カエサルはアルファベットの各文字を３つ後のものに置き換え、受け手は３つ前のものに置き換える。しかしメッセージの暗号化に用いた鍵が分かれば、そのプロセスを逆転させて同じ鍵を使うことで簡単に解読できる。きわめて高度で安全な暗号法ですら対称的である。そのためセキュリティーを守るには、送り手と受け手以外には肝心の鍵を秘密にしておかなければならない。

「３人なら秘密を守れる。うち２人が死んでいればな」とベンジャミン・フランクリンは言った。対称鍵暗号法では少なくとも2人が鍵を知っている必要があり、フランクリンに言わせれば1人多すぎる。1944年か45年にアメリカのベル研究所の誰か（おそらく情報理論を切り拓いたクロード・シャノンだろう）が、音声通信の盗聴を防ぐ手段として、信号にランダムノイズを足し合わせて送信し、受信側でそのノイズを差し引くという方法を提案した。この場合の鍵はランダムノイズで、ノイズを差し引くのはノイズを足し合わせることの逆プロセスなので、これもまた対称鍵暗号法である。1970年、イギリスの政府通信本部（GCHQ、元GC&CS）のジェイムズ・エリスが、このノイズを数学的に生成できないだろうかと考えた。もしそれができれば、単にノイズを足し合わせるのでなく、分かっていても逆転させるのがきわめて難しい何らかの数学的プロセスによって暗号化をおこなうという方法が、少なくとも考えられるだろう。もちろん受け手はそのプロセスを逆転させられなければならないが、それは受け手だけが知っている〝第2の鍵〟を使えば可能かもしれない。

エリスはこのアイデアを〝非秘密暗号法〟と名付けた。今日では〝公開鍵暗号法〟と呼ばれているものである。この呼び名のとおり、メッセージを暗号化する規則は広く公開してかまわないが、第2の鍵を知らないとそのプロセスを逆転させる方法が分からず、メッセージを解読（復号化）することはできない。エリスにとって唯一の問題は、適切な暗号化の方法を考えつけなかったことだった。彼が見つけようとしたのは、計算するのは簡単だが逆転させるのは難しい、〝落とし戸関数〟（一方向性関数）と現在呼ばれているものである。しかし正当な受け手が簡単にプロセスを逆転させるにはやはり秘密の第2の鍵が何か必要で、それではは屋上屋を架すようなものだ。

ここで同じくGCHQのイギリス人数学者クリフォード・コックスが登場する。1973年9月にコックスはひらめいた。素数の数学を使って落とし戸関数を作ることで、エリスの夢を実現させたのだ。数学的にいうと、2つ以上の素数を掛け合わせるのは簡単である。2つの50桁の素数を掛け合わせて99桁か100桁の答えを出すのは手計算でできる。しかしその逆のプロセス、つまり100桁の数を持ってきてその素因数を見つけるのはもっとずっと難しい。学校でふつうに教わる、「素因数の候補を順番に試していく」という方法ではどうにもならない。候補があまりにも多すぎるからだ。これを踏まえてコックスは、2つの大きな素数の積（掛け合わせたもの）を用いた落とし戸関数を考案した。これに基づく暗号法はきわめて安全だし、2つの素数の積（素数そのものではない）は公表してもかまわない。解読するには2つの素数が別々に分かっていなければならず、それが秘密の第2の鍵となる。積が分かっているだけではどうにもならず、2つの素数が分からないとお手上げだ。たとえば私が見つけたある2つの素数の積は次のようになる。

1192344277257254936928421267205031305805339598743208059530638398522646841344407246985523336728666069

もとの素数を見つけられるだろうか？[41] 超高速スーパーコンピュータならできるかもしれないが、ノートパソコンだと大変だ。さらに桁数が増えたらスーパーコンピュータでもどうにもならない。

ともかく数論を専門とするコックスは、このような素数のペアを使って落とし戸関数を作る方法を考え出した（少し後に必要な概念を示した上で説明しよう）。その方法はあまりにも単純で、コックスは最初は書き下すことすらしなかった。その後、上司への報告書には詳細を記した。しかし当時の原始的なコンピュータでその方法を実装する術を誰も考えつくことができず、報告書は機密扱いとなって、アメリカ国家安全保障局にも伝えられた。するとどちらの機関も、これは軍事に利用できるかもしれないと気づいた。計算に時間がかかるものの、この公開鍵暗号法を使えば、何かまったく別の暗号法の鍵を電子的に送信できるからだ。今日でもこのタイプの暗号法は、軍事と民間の両方でおもにそのような形で使われている。

イギリス政府の役人は、ペニシリン、ジェットエンジン、ＤＮＡフィンガープリント法と、巨大な金蔓（かねづる）の数々をあっさりと見過ごしてきた長い実績がある。しかしこの場合は特許法をある程度の言い訳にできる。何か特許を取るには、それをつまびらかにしなければならないからだ。ともかくコックスの画期的なアイデアは書類棚の奥にしまい込まれてしまった。映画『レイダース／失われたアーク《聖櫃》』の最後の場面、契約の箱がどこかの政府の巨大倉庫の奥に台車で運ばれて、似たような箱と一緒に積み上げられてしまったのと同じだ。

しかし１９７７年にそれとまったく同じ方法が、３人のアメリカ人数学者ロナルド・リヴェスト、アディ・シャミア、レナード・エードルマンによって独自に再発明されてすぐに発表された。いまではその方法は彼らの頭文字を取ってＲＳＡ暗号と呼ばれている。１９９７年にイギリス国家保安局がようやくコックスの研究結果を機密解除したことで、いまでは彼が最初にこの方法を考えついたことが分かっている。

数を円形に並べる

どんなメッセージでも1つの整数で表現できることに気づきさえすれば、数論を暗号法に利用できる。カエサル暗号の場合、その整数は各文字がＡＢＣ順で何番目にあるかに相当する。ただし数学では代数学の都合上、1から26の代わりに0から25を使うことが多い。Ａは0、Ｂは1と続いていき、最後のＺは25である。この範囲外の整数も、26の倍数を足したり引いたりすれば範囲内の整数に変換できる。そのように取り決めると、Ｚの次がＡに戻って、26種類の文字が円形に並ぶことになる。するとカエサル暗号は、次のような単純な数学的規則、もっと言うと数式にまとめることができる。

$$n \rightarrow n+3$$

逆プロセスもほぼ同じ。

$n \leftarrow n+3$　または　$n \rightarrow n-3$

そのためこの暗号法は対称的である。

この規則、つまり数式を変えれば新たな暗号法を作ることができる。必要なのはメッセージを整数に変換する単純な方法と、2つの数式。一つは平文を暗号文に変えるための数式で、もう一つはそれを元に戻すための数式である。一方の数式を逆転させるともう一方の数式になっていなければならない。

平文を整数に変換する方法はたくさんある。単純な方法の一つが、各文字に0から25までの数を当てはめて0から9を00から09と書き、それらの数をつなぎ合わせるというものである。たとえばJULIUSは092011082018となる（A＝00であることを忘れないように）。スペースや句読点などを表すにはもう少し数が必要かもしれない。次に、ある整数を別の整数に変換する規則のことを数論的関数という。

数を円形に並べるというのは数論学者の常套手段で、それをモジュラ算術という。26という数を選んだとしよう。26を0と同じとみなせば、必要な数は0から25までである。1801年にカール・フリードリッヒ・ガウスが名著『数論研究』〔邦題『ガウス整数論』（高瀬正仁訳、朝倉書店、1995年）〕の中で、このような体系でも通常の代数学におけるすべての規則に従って、0から25の範囲内で数の足し算、引き算、掛け算をおこなうことができると指摘した。ふつうの数と同じように計算し、その答えを26で割った余りを求めればいいのだ。たとえば23×17＝391で、これは15×26＋1に等しい。余りが1なので、この変わった算術体系では23×17＝1となる。

26をどんな整数に変えても同じ考え方が通用し、その数のことを〝法（モジュラス）〟という。念を押したい場合には数式の最後に（mod 26）と書き添える。いまの計算をもっとちゃんとした形で書くと、23×17＝1（mod 26）となる。

割り算についてはどうだろうか？　意味をあまり気にせずにこの式を割り算の式に変形すると、

23＝1÷17（mod 26）

となり、17で割ることは23を掛けることと同じになる。そこで次のような新たな暗号規則を作ることができる。

$n \rightarrow 23n$（mod 26）

逆プロセスは次のとおり。

$n \leftarrow 17n$（mod 26）

この規則を使うとアルファベットはかなりぐちゃぐちゃに入れ替わって、次のような順序になる。

AXUROLIFCZWTQNKHEBYVSPMJGD

これでもまだ1文字単位の換字式暗号法なので簡単に解読できるが、この例から、規則として用いる数式を変えられることはよく分かる。また、数論のさまざまな分野に欠かせないモジュラ算術をどのように使えばいいかも理解できる。

しかし割り算には落とし穴がある。たとえば2×13＝26＝0（mod 26）なので、13で割ることはできない。2＝0÷13＝0（mod 26）となりそうなものだが、これは間違っている。2で割る場合にも同じことが言える。一般的な法則として、法と共通の素因数を持たない（互いに素である）数であれば、その数で割ることができる。また0では割れないが、それは当然で、通常の自然数でも0で割ることはできない。法が素数であれば、法より小さいどんな数でも割ることができる（0は除く）。

モジュラ算術を使うと、平文の〝単語〟のリストに代数学的構造を与えることができる。そうすると、平文を暗号文に、あるいはその逆に変換する規則の種類が大きく広がる。コックスと、のちにリヴェスト、シャミア、エードルマンは、そんな規則の中でもきわめて巧妙なものを選び出した。

すべての文字に同じナンバリングをして1文字ずつ暗号化しても、あまり安全ではない。どんな規則であっても所詮は換字式暗号法だからだ。しかしメッセージをいくつかのブロック（たとえば10文字か、今日なら100文字のブロック）に分けて、その各ブロックを数に変換すれば、ブロック単位で置換した暗号になる。ブロックが十分に長ければ、ブロックの出現頻度に顕著なパターンは見られないので、頻繁に現れる数を手掛かりに解読するという方法はもはや通用しない。

RSA暗号のからくり

コックスとRSAの3人組が導き出した規則は、フェルマーが1640年に発見したあの美しい定理に基づいている。その小定理は、モジュラ算術において数の〝累乗〟がどのように振る舞うかを表している。フェルマーは友人のド・ベッシーに次のように伝えたのだった（現代の言い回しを使うことにする）。nが素数であれば、任意の数aに対して、

$$a^n = a \pmod n$$

あるいは同じことだが、

$$a^{n-1} = 1 \pmod n$$

「その証明を送ってもかまわないが、ただしあまりにも長々と続いてしまう」とフェルマーは記して

いる。オイラーが1736年にその失われた証明を与え、1763年には法が素数でない場合も含むもっと一般的な定理を発表した。その定理では、aとnが互いに素で、2番目の式の指数$n-1$が〝オイラーのトーシェント関数〟$\varphi(n)$というものに置き換わっている。トーシェント関数が何であるかは分からなくてもかまわないが、[42] pとqを素数としてその積pqをnとすると、$\varphi(n)=(p-1)(q-1)$となることは知っておいてほしい。

RSA暗号では次のような手順で暗号化と復号化を進める。

- 2つの大きな素数pとqを見つける。
- それらの積$n=pq$を計算する。
- $\varphi(n)=(p-1)(q-1)$を計算して、それは秘密にする。
- $\varphi(n)$と互いに素である数eを選ぶ。
- $de=1 \pmod{\varphi(n)}$となるdを計算する。
- 数eは公表してかまわない($\varphi(n)$に関する有用な情報はほとんどばれない)。
- dは秘密にしておく(これが肝心である)。
- 平文をrとする(nを法とする)。
- rを暗号文$r^e \pmod{n}$に変換する(この規則も公表してかまわない)。
- 暗号文r^eを復号化するには、nを法としてこれをd乗する(dは秘密なのだった)。すると$(r^e)^d=r^{ed}$となり、オイラーの定理からこれはrに等しい。

つまり暗号化の規則は〝e乗する〟である。

$r \rightarrow r^e$

復号化の規則は〝d乗する〟である。

$s \rightarrow s^d$

ここでは立ち入らないが、pとqが別々に分かっていれば、いくつかの数学的トリックを使ってこれらのステップを（現代のコンピュータで）すばやく進めることができる。しかし驚くことに、pとqが別々に分かっていないと、nとeが分かっているだけではdの計算にはほとんど役に立たない。メッセージの復号化にはdが必要だ。要するにnの素因数pとqを見つける必要があるが、先ほど述べたとおりそれは、pとqを掛け合わせてnを求めるのよりも（おそらく）はるかに難しい。つまり〝e乗する〟というのが、目的の落とし戸関数である。

たとえばpとqが100桁の素数だとすると、今日のノートパソコンならすべての計算を1分くらいで片付けられる。RSA暗号の特長の一つは、コンピュータが強力になってもpとqを大きくすれば済むことである。同じ方法が通用するのだ。

一方で欠点の一つが、RSA暗号は完全に実用的ではあるものの、あらゆるメッセージを丸ごと暗号化するのには遅すぎることである。そこで多くの場合RSA暗号は、もっとずっと高速で実行でき、誰も鍵を知らない限り安全であるまったく別の暗号法の鍵を安全に送信するのに使われている。こうしてRSA暗号は、昔から暗号法のアキレス腱だった、いかにして鍵を送信するかという問題を解決してくれる。エニグマ暗号が破られた理由の一つは、毎日最初にエニグママシンの設定を安全でない方法でオペレータに伝えていたことだった。RSA暗号はもう一つ、送り手の身元を明らかにするための暗号メッセージ、いわゆる電子署名の検証にも広く用いられている。

コックスの上司でGCHQの主任科学者・主任工学者・監督者だったラルフ・ベンジャミンはとても鋭い選球眼の持ち主で、このような未来を見通していた。報告書には次のように記している。「この技術は軍事利用にとってもっとも重要であると判断した。流動的な軍事情勢では、予期せぬ脅威や機会に直面することがある。暗号鍵を電子的にすばやく共有できれば、敵よりもはるかに優位に立てる」。しかし当時のコンピュータでは力不足だったため、後知恵ではあるがイギリス政府は大きな機会をみすみす逃したのだった。

いくつかの弱点

数学的手法をそっくりそのまま使うだけで実際的な問題が解決することはめったにない。どんなものでもそうだが、ふつうは手を加えたり調整したりしてさまざまな困難を克服する必要がある。RSA暗号もそうで、先ほど説明したほど単純な話ではない。逆にこの発想を褒めちぎる代わりにその問題点について考えはじめると、数学者を喜ばせるような理論的問題が次から次へと浮かび上がってくる。

比較的簡単に示せるとおり、素因数pとqが分かっていない状態で$\varphi(n)$を計算するのは、pとqそのものを計算するのと同じくらい難しい。もっと言うと、$\varphi(n)$を計算するにはpとqそのものを計算するしかないらしい。そこで、「素因数分解はどのくらい難しいのか」という大きな問題が出てくる。ほとんどの数学者はとてつもなく難しいはずだと考えている。専門的に言うと、どんな素因数分解アルゴリズムでも、積pqの桁数が増えるにつれて計算時間が指数関数的に伸びていくということである（ちなみに素数を3つとかでなく2つだけ使うのは、それがもっとも難しいケースだからである。素因数の個数が多ければ多いほど、その中のどれか一つを見つけるのは簡単だ。その素因数で割ればもっとずっと小さい数になり、残りの素因数を見つけるのも簡単になる）。しかしいまのところ、素因数分解が難しい問題であることを誰も証明できていない。証明の糸口すらもつかめていない。つまりRSA暗号の安全性は、いまだ証明されていない予想に基づいているのだ。

この暗号法の細部には、ほかにいくつもの問題や落とし穴が潜んでいる。鍵の選び方がまずいと、巧妙な攻撃で破られてしまう可能性があるのだ。たとえばeが小さすぎる場合、暗号文r^eを、nを法とする数でなく通常の数とみなしてそのe乗根を取ることで、平文rを求めることができる。もう一つのケースとして、e人の受け手に同じeという指数を使ってすべて同じメッセージを送った場合、たとえそれぞれの受け手に対してpとqが別々であってもほころびが生じかねない。〝中国の剰余定理〟と呼ばれる魅力的な定理を当てはめると、平文を暴くことができるのだ。

RSA暗号は意味論的にも安全でないと言われている。つまり膨大な数の平文を暗号化して、その結果を解読したい暗号文と突き合わせていけば、原理的には破れるということだ。基本的には試行錯誤である。メッセージが長いと現実的ではないが、短いメッセージが大量に送られている場合には実行可能かもしれない。それを避けるためにRSA暗号には、一定だがランダムな方法に従ってメッセージに余分な数字を追加（パディング）するという修正が施されている。こうすれば平文が長くなるし、同じメッセージを何度も送ることも避けられる。

RSA暗号を破るもう一つの方法が、数学的な弱点でなくコンピュータの物理的性質を利用するものである。1995年に暗号学者で起業家のポール・コッチャーが、復号化に用いられるハードウエアの仕様が十分に分かっていて、いくつかのメッセージの復号化に要する時間を測定できれば、秘密鍵dを容易に導き出せることに気づいた。2003年にはダン・ボネとデイヴィッド・ブラムリーがこの攻撃法を実行可能な形に変え、標準的なSSL（セキュア・ソケット・レイヤ）プロトコルを使って一般的なネットワークで送信されているメッセージを解読できることを実証した。

場合によっては大きな数を超高速で素因数分解できる数学的手法が存在するので、素数pとqはいくつかの制約条件を満たすように選ぶ必要がある。pとqが近すぎると、フェルマーにまでさかのぼる素因数分解の手法が利用できてしまう。２０１２年にアリエン・レンストラの研究グループが、インターネットから取ってきた数百万個の公開鍵にこの手法を当てはめて、そのうち５００個に1個を破ることに成功した。

状況を一変させることになりそうなのが、実用的な量子コンピュータである。いまだに未熟な段階だが、0と1という通常のビットの代わりに量子ビットを用いることで、原理的には巨大な数の因数分解などの膨大な計算をかつてないスピードで実行できる。詳しいことはこの章の後のほうまでお預けにしよう。

〝体〟と〝楕円〟

数論や、それと深い関係のある組合せ論、つまり何通りの並べ方があるかを実際にすべて列挙せずに数え上げる手法に基づいた暗号法は、ＲＳＡ暗号のほかにも数多くある。こと暗号法に関しては数学の泉がいまだに涸(か)れていないことを納得してもらうために、現代の数論の中でももっとも深遠でもっとも刺激的な分野の一つを利用した別の暗号法を紹介しよう。その分野は〝楕円曲線〟に関するもので、アンドリュー・ワイルズがあのフェルマーの最終定理を証明する上でも中心的な役割を果たした。

数論はフェルマーやオイラーの時代からずっと進歩しつづけてきた。代数学もそうで、その主眼は未知数を記号で表現することから、特定の規則によって定められた記号体系の一般的性質へと移っている。この2つの分野はかなり重なり合っている。そして代数学と数論における2つの専門的な分野が組み合わさることで、暗号法に関する魅力的なアイデアがいくつも生まれている。その2つの専門分野とは、有限体と楕円曲線である。どのような暗号法なのかを理解するには、初めにこれらの概念が何であるかを知っておく必要がある。

前に説明したとおり、モジュラ算術では通常の代数規則に従って〝数〟を足したり引いたり掛けたりできる。話が逸れないようそれらの規則については触れないが、代表例として交換則 $ab=ba$ と結合則 $(ab)c=a(bc)$ を挙げておこう。これらは掛け算に当てはまるし、足し算にも同様の規則が当てはまる。このほかに分配則 $a(b+c)=ab+ac$ も当てはまるし、0と1を用いた $0+a=a$ や $1a=a$ などの単純な規則もある。これらの法則に従う体系を〝環(かん)〟という。それに加えて、標準的な規則に従う割り算も可能な体系を〝体(たい)〟という（0で割ることは除く）。これらの呼び名はドイツ語由来で慣習的に用いられているにすぎず、基本的には「特定の規則に従う何らかのものの集まり」という意味でしかない。26を法とする整数の集合は環であり、$\mathbb{Z}_{26}$と表される。先ほど見たように2や13で割ろうとすると問題が生じるので、これは体ではない。また同じく述べたとおり（理由は示さなかったが）、素数を法とする整数の集合ではそのような問題は生じないので、2、3、5、7などを法とする整数の集合、$\mathbb{Z}_2$、$\mathbb{Z}_3$、$\mathbb{Z}_5$、$\mathbb{Z}_7$などはすべて体である。

通常の自然数は無限に続き、無限集合を構成している。それに対して$\mathbb{Z}_{26}$や$\mathbb{Z}_7$などの体系は有限である。$\mathbb{Z}_{26}$は0から25までの数で、$\mathbb{Z}_7$は0から6までの数で構成されている。前者は有限環、後者は有限体である。そして驚くことに、有限の数体系に代数学の数多くの法則を当てはめても論理的矛盾は生じない。しかもあまり大きすぎない有限の数体系であれば、コンピュータで正確に計算するのにきわめて適している。そこで当然のように、有限体に基づくさまざまなコードが考案されている。セキュリティーを確保するための暗号法だけでなく、電気的干渉などのランダムな〝ノイズ〟によるエラーを防ぐための、誤り検出符号や誤り訂正符号もある。このような問題を扱う新たな数学分野を符号理論という。

有限体の中でももっとも単純なのは、素数pを法とする整数の集合$\mathbb{Z}_p$である。これが体であることはフェルマーも知っていた（呼び名はなかったが）。時代は下り、20歳のときに決闘で非業の死を遂げたフランス人革命家のエヴァリスト・ガロアが、このほかにも有限体が存在することを証明するどころか、すべての有限体を見つけた。素数の累乗p^nごとに、ちょうどp^n個の〝数〟からなる有限体が1つずつ存在するのだ（注意：nが2以上の場合、この体はp^nを法とする整数の集合とは異なる）。したがって、2, 3, 4, 5, 7, 8, 9, 11, 13, 16, 17, 19, 23, 25,... 個の要素を持つ有限体は存在するが、1, 6, 10, 12, 14, 15, 18, 20, 21, 22, 24,... 個の要素を持つ有限体は存在しない。とてもおもしろい定理である。

楕円曲線（楕円とはきわめて間接的な関係しかない）は、古典的数論というまた別の分野に由来する。紀元250年頃に古代ギリシアの数学者アレクサンドリアのディオファントスが、整数（または有理数）を使った代数方程式の解法に関する書物を著した。たとえば各辺の長さが3、4、5である三角形が直角三角形なのは、ピタゴラスの言うとおり$3^2+4^2=5^2$だからだ。そのためこれらの数はピタゴラス方程式$x^2+y^2=z^2$の解である。ディオファントスが証明したある定理を使うと、この方程式の有理数解、とくに自然数の解をすべて見つけることができる。有理数の方程式をひっくるめて〝ディオファントス方程式〟と呼ぶ。有理数という制約を課すと様相は一変する。たとえば$x^2=2$は実数では解けるが有理数では解けない。

ディオファントスが示した問題の一つに、「与えられた数を、積がその立方引く辺であるような2つの数に分解せよ」というものがある。もとの数をaとして、それをYと$a-Y$に分割するとしたら、これは次の方程式を解くことに相当する。

$$Y(a-Y)=X^3-X$$

ディオファントスは$a=6$のケースについて調べている。適切な変数変換をおこなうと（両辺から9を引いてYを$y+3$に、Xを$-x$に変換する）、この方程式は次のように変換される。

$$y^2=x^3-x+9$$

その上でディオファントスは、$X=\frac{17}{9}$, $Y=\frac{26}{27}$という解を導き出している。

驚くことにこれと似たような方程式が幾何学にも登場する。解析学（高度な微積分）を使って楕円の一部の弧長(こちょう)を計算しようとすると現れる方程式である。〝楕円曲線〟という名前はここから来ている。円でそれに相当する問題については、微積分を使った解法が知られている。その問題は2次多項式の平方根を含む関数を積分することに帰着し、逆三角関数を使って解くことができる。しかし同じ方法を楕円に当てはめてみたところ、3次多項式の平方根を含む関数の積分が出てきてしまい、不毛な試みを繰り返した末に新たなタイプの関数が必要であることが明らかとなった。それらの関数は複雑でありながらもかなり美しく、楕円の弧長と関係していることから楕円関数という名前が付けられた。3次多項式の平方根は、方程式

$$y^2=x^3+ax+b$$

の解yとなる（右辺にx^2の項があっても変数変換によって消去できる）。座標幾何学ではこの方程式によって平面上の曲線が定義されるため、そのような曲線（およびそれに対応する方程式）は〝楕円曲線〟と呼ばれるようになった。

各係数が整数であれば、この方程式はモジュラ算術、たとえば$\mathbb{Z}_7$のもとで考えることができる。通常の整数におけるそれぞれの解は、7を法とするモジュラ算術におけるどれか一つの解と対応している。有限体なのでそれは試行錯誤で計算できる。ディオファントスの挙げた方程式$y^2=x^3-x+9$の場合、7を法とする解は以下の6つしかないことがすぐに分かる。

$x=2, y=2$
$x=2, y=5$
$x=3, y=1$
$x=3, y=6$
$x=4, y=3$
$x=4, y=4$

これらの解には、通常の整数におけるすべての解が暗に含まれている。つまり通常の整数における解を7を法として還元すると、必ずこの6つのうちのどれか1つになる。同じことが有理数解についても言えるが、ただし$\mathbb{Z}_7$では7の倍数が0になってしまうので、分母が7の倍数であるような解は除く。法を7から別の数に変えれば、有理数解の形に関する情報がさらに得られる。

つまりここでは、楕円曲線（実際には数式だが）を有限環や有限体の立場から見ていることになる。点が有限個しかないので幾何学的な曲線のイメージは当てはまらないが、便宜上、曲線と呼ぶことにする。図19には典型的な楕円曲線と、フェルマーやオイラーも知っていたそのさらなる特徴が示されていて、20世紀初めの数学者はそこに興味を惹かれた。2つの解が与えられると、図に示したようにそれらを〝足し合わせる〟ことができるのだ。その2つの解が有理数であれば、それらの和も有理数解となる。しかもこの作図は繰り返しおこなうことができるので、「2つ買ったら1つおまけ」どころか「2つ買ったら取り放題」なのだ。出発点に戻ってきてしまうこともときにはあるが、ほとんどの場合は無限個の解が生成される。しかもそれらの解は代数学的に都合の良い構造を持っていて、楕円曲線のモーデル＝ヴェイユ群と呼ばれるものを構成する。ルイ・モーデルがその基本的性質を証明し、アンドレ・ヴェイユが一般化した。〝群〟とは、その要素どうしの足し算がある単純な規則に従

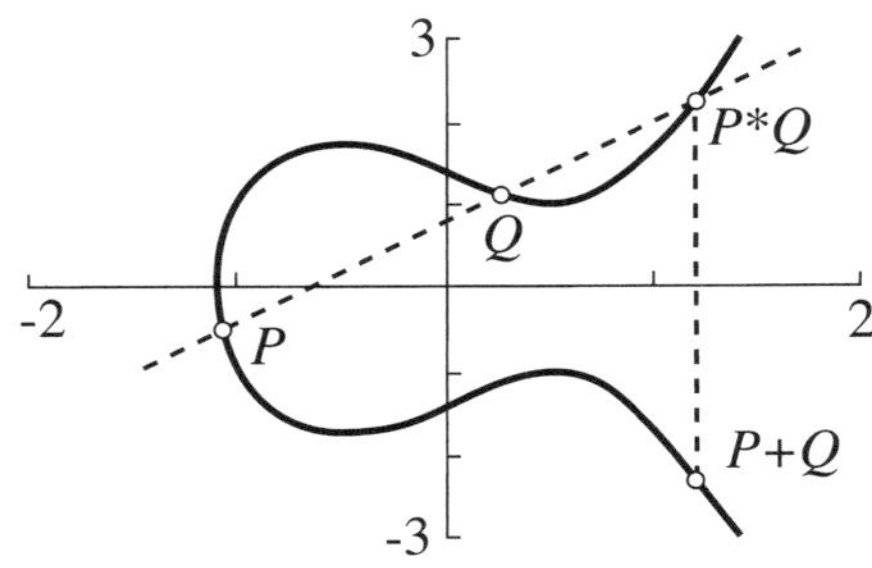

図19　楕円曲線上の2つの点 P と Q を"足し合わせる"には、まずそれらを結んだ直線とこの曲線との3つめの交点を $P*Q$ とする。そしてその点を x 軸に対して折り返せば、$P+Q$ が得られる。

うような集合のこと。この群は可換で、$P+Q=Q+P$ である。P から Q へ通る直線は Q から P へも通るのだから当然だ。このような群構造を持つことは稀で、ほとんどのディオファントス方程式は群の条件である規則にそこまでは従わない。多くのディオファントス方程式は解を一つも持たないし、いくつかは数個しか持たない。その上、あるディオファントス方程式がどのタイプに属するかを予測するのも難しい。このような理由を含めさまざまな理由から、楕円曲線は盛んな研究の対象となっている。アンドリュー・ワイルズもフェルマーの最終定理を証明するための重要なステップとして、楕円曲線に関するある深遠な予想〔谷山－志村予想〕を証明した。

楕円曲線と暗号通貨

楕円曲線の持つ群構造には暗号研究者も注目している。その解どうしの演算はきわめて複雑だが、可換であることから〝足し算（加法）〟とみなすことができ、可換群の理論では慣習的に＋の記号で表す。とくに解 (x, y) があれば、それを平面上の点 P とみなすことで、$P+P$, $P+P+P$ などいくつもの解を生成できる。当然ながらそれらは $2P$, $3P$ などと表す。

１９８５年にニール・コブリッツとヴィクター・ミラーがそれぞれ独自に、楕円曲線における群の規則を用いれば暗号法を構築できることに気づいた。発想としては、多数の要素からなる有限体を使う。Pを暗号化するには、kを何らかの大きな整数としてkPを計算する。これはコンピュータで簡単に計算でき、その答えをQと呼ぶことにする。このプロセスを逆転させるには、QからスタートしてPを見つけなければならない。要するにkで割るということだ。しかしこの群における加法の定義式が複雑なため、この逆計算はきわめて難しい。こうして新たなタイプの落とし戸関数と、公開鍵暗号法が実現する。これは楕円曲線暗号（ＥＣＣ）と呼ばれている。ＲＳＡに何通りもの素数を使えるのと同じように、ＥＣＣにも何種類もの楕円曲線や有限体を使えるし、Pと乗数kの選び方も何通りもある。しかも秘密鍵を使えば高速で復号化できる。

この方法の特長は、大きな素数に基づくＲＳＡ暗号と同じくらい安全な暗号を小さな群で実現できることである。したがってＥＣＣ暗号のほうが効率が良い。メッセージを暗号化したり、与えられた秘密鍵で復号化したりするのももっと高速にできるし、計算も単純である。秘密鍵を知らない人が暗号を破るのも、ＲＳＡと同じくらい難しい。２００５年にアメリカ国家安全保障局は、公開鍵暗号法の研究を楕円曲線という新たな分野へ向けて進めるべきであると奨励した。

ＥＣＣ暗号が安全であることの厳密な証明は、ＲＳＡ暗号の場合と同じく得られていない。考えられる攻撃法もＲＳＡと似ている。

いまや暗号通貨が注目の的で、従来の銀行に支配されない金融体系でありながら、その銀行自体も関心を示しはじめている。つねに新たな金儲けの手段に目を光らせる、それが銀行というものだ。暗号通貨の中でももっとも有名なのがビットコインである。ビットコインのセキュリティーは、特定の〝コイン〟に関するすべての取引記録を暗号化する、ブロックチェーンと呼ばれる手法によって確保されている。新たなビットコインは、基本的に無意味な計算を膨大な回数おこなう〝マイニング〟によって作られる。ビットコインのマイニングによって膨大な電力が使われていて、その電力は少数の個人を儲けさせる以外に何の役にも立っていない。地中の水蒸気による地熱発電のおかげで電力がきわめて安いアイスランドでは、全家庭を足し合わせたよりも多くの電力がビットコインのマイニングに使われている。この活動が地球温暖化や気候変動に立ち向かう一助になるかどうかは分からないが、この話はこのくらいにしておこう。

ビットコインなど多くの暗号通貨には、secp256k1 という魅力的な名前で呼ばれる特定の楕円曲線が使われている。$y^2 = x^3 + 7$ と方程式で表したほうがもっとずっと魅力的だし、だからこそ選ばれたのだろう。secp256k1 で暗号化するには、この曲線上の

$$x = 55066263022277343669578718895168534326250603453777594175500187360389116729240$$

$$y = 32670510020758816978083085130507043184471273380659243275938904335757337482424$$

という座標の点からスタートする。

ＥＣＣ暗号を実際に実装するには巨大な整数が必要であることがよく分かるだろう。

暗号法を脅かすもの

ここまでたびたび述べてきたとおり、ＲＳＡ暗号の安全性は、素因数分解は難しいという未証明の仮定に基づいている。その仮定はおそらく正しいだろうが、たとえそうだとしてもこの暗号法を危険にさらす方法はほかにいくつもあるかもしれないし、古典的なあらゆる公開鍵暗号法にも同じことが言える。一つ考えられるのが、従来のどんなコンピュータよりもはるかに高速のマシンを誰かが開発するという可能性である。今日、そのようなセキュリティー上の新たな脅威が近づきつつある。量子コンピュータである。

古典的な物理系はある特定の状態を取っている。テーブルの上にあるコインは表と裏のどちらか一

方を上にしている。スイッチはオンかオフのいずれかだ。コンピュータメモリー上の二進数（〝ビット〟）は0と1のいずれかである。しかし量子系はそうではない。量子的物体は波動になっていて、波動の上に波動を積み重ねることができ、専門的にはそれを重ね合わせという。重ね合わせ状態は、それを構成する各状態を混合したものとなっている。それを真に迫った形で表現した例が、かの有名な（悪名高い）シュレディンガーのネコである。放射性原子1個と毒ガス入りのフラスコからなる仕掛けを仕込んだ気密性の箱にネコを入れると、そのかわいそうなネコの量子状態は〝生きている〟と〝死んでいる〟の重ね合わせになる。古典的なネコは生きているか死んでいるかのどちらかのはずだが、量子的なネコは同時に両方の状態を取りうるのだ。

ただしそれは箱を開けるまでの話である。

箱を開けるとネコの波動関数が〝収縮〟して、どちらか一方の古典状態になってしまう。生きているか死んでいるかのどちらかだ。ことわざにあるように、好奇心（箱を開けること）はネコを殺す……こともあればそうでないこともある。

ネコにもこのような量子状態が当てはまるのかどうかをめぐっては激しい論争が繰り広げられているが、ここでは立ち入らないことにしよう。[43] 本書で重要なのは、もっと単純な物体に対しては量子物理学が見事に当てはまり、すでに原始的な量子コンピュータに使われていることである。ビットは0と1のどちらか一方しか取らないが、量子ビット（キュビット）は同時に0と1の両方を取る。あなたや私の机の上またはバッグやポケットの中にある古典的なコンピュータは、情報を0と1の列として扱う。現代のコンピュータ回路はきわめて小型で実際には量子効果が使われているが、計算プロセス自体は古典物理学に対応している。古典的なコンピュータを設計する技術者は、0が0のまま、1が1のままに保たれてけっして入れ替わることのないよう骨を折る。古典的なネコが生きているか死んでいるかのどちらか一方であるのと同じように、（たとえば）8ビットのレジスターにも、01101101

や10000110といったたった1種類のビット列しか保存できない。

量子コンピュータはその正反対だ。8キュビットのレジスターはこの両方だけでなく、ほかに254通りの8ビット列をすべて同時に保存できる。しかもその256通りすべてのビット列の計算を同時におこなうことができる。コンピュータが256台あるようなものだ。ビット列が長くなるにつれて、取りうるビット列の数は爆発的に増えていく。100ビットのレジスターは長さ100のビット列を1通りだけしか保存できない。それに対して100キュビットのレジスターは、10^{30}通りある長さ100のビット列すべてを保存して操作できる。〝並列処理〟を大規模にしたようなもので、それゆえ多くの人が量子コンピュータに熱狂している。10^{30}通りの計算を、一つずつでなくすべていっぺんにおこなうのだ。

原理的にはそのとおりである。

1980年代にポール・ベニオフが、古典的コンピュータの理論モデルであるチューリングマシンの量子版モデルを提案した。それからまもなくして物理学者のリチャード・ファインマンと数学者のユーリ・マニンが、量子コンピュータを使えば膨大な数の計算を並列で実行できるかもしれないと指摘した。理論面でのブレークスルーが起こったのは1994年、ピーター・ショアが大きな数を素因数分解するための超高速な量子アルゴリズムを考案したときだった。これによって、RSA暗号が量子コンピュータを用いた攻撃によって破られかねないことが明らかとなっただけでなく、もっと重要な点として、作為的でない実際的な問題に対して量子アルゴリズムが古典的なアルゴリズムよりもはるかに優れていることが示された。

しかし実際のところ、実用的な量子コンピュータの開発に立ち塞がる障壁はきわめて高い。外部からのわずかな攪乱(かくらん)だけでなく、分子の振動、すなわち熱によってすらも、重ね合わせ状態があっという間に〝デコヒーレント〟、要するにばらばらになってしまうのだ。現状でこの問題を抑えるにはマシンを絶対零度（マイナス２７３℃）近くまで冷やさなければならず、そのためには核反応の副生成物である高価なヘリウム3を用いるしかない。それでもデコヒーレンスを防ぐことはできず、そのスピードが遅くなるだけだ。そのためすべての計算に誤り訂正システムを組み込むことで、外部からの攪乱を特定してキュビットを本来の状態に戻さなければならない。量子閾値定理によると、デコヒーレンスによってエラーが発生するのよりも速くエラーを修正していかないとこの手法は通用しない。おおざっぱに見積もると、論理ゲート1個あたりのエラー発生率を最大でも１０００分の1に抑える必要がある。

　エラーを訂正しようとすると不利な面もある。必要なキュビットの数が増えてしまうのだ。たとえばnキュビットで保存できる数をショアのアルゴリズムを使って素因数分解するには、nからn^2のあいだの数におおよそ比例する計算時間がかかる。ここに実用上どうしても必要な誤り訂正を組み込むと、計算時間がn^3くらいにまで伸びてしまう。１０００キュビットの数の場合、誤り訂正によって実行時間が１０００倍になってしまうのだ。

　ごく最近まで、数キュビットを超える量子コンピュータを組み立てた人は誰もいなかった。１９９8年にジョナサン・A・ジョーンズとミシェル・モスカが2キュビットのマシンを使ってドイッチュの課題を解決した。この課題はデイヴィッド・ドイッチュとリチャード・ジョサの１９９2年の研究にさかのぼる。従来のどんなアルゴリズムよりも指数関数的に高速で、つねに正しい答えを与える量子アルゴリズムを作れという課題である。そのアルゴリズムで解くべき問題は次のようなもの。任意の長さのビット列を0または1に変換する何らかの関数（ブール関数）を実装した、〝オラクル〟と呼ばれる仮想的なマシンが与えられているとする。数学的に見るとこのオラクル自体がその関数である。またこのブール関数は、必ず0を与えるか、必ず1を与えるか、またはちょうど半数のビット列に対して0を与え、残り半数のビット列に対して1を与えることが分かっている。問題は、この関数にいくつかのビット列を入力してその出力を見ることで、この3つのケースのうちのどれであるかを判断することである。このドイッチュの課題はわざと人為的に作られていて、実用的というよりも概念実証のためのものだ。その利点は、量子アルゴリズムが従来のどんなアルゴリズムよりも優れているような具体的な問題となっていることである。専門的にいうと、これによって複雑性クラスＥＱＰ（量子コンピュータによって多項式時間で正確な解を与えられる問題）がクラスＰ（古典的コンピュータによって多項式時間で正確な解を与えられる問題）と異なることが証明される。

１９９８年には3キュビットのマシンが、２０００年には5キュビットと7キュビットのマシンが登場した。２００１年にはリーヴェン・ヴァンダーサイペンら[44]が、特別に合成した分子に含まれるスピン 1/2 の原子核7個を量子ビットとして用いてショアのアルゴリズムを実装し、15という整数の素因数分解をおこなった。それらの量子ビットは室温の液体状態で核磁気共鳴法によって操作できる。ほとんどの人が暗算でこなせるような計算だが、重要な概念実証となった。２００６年には12キュビットに到達し、２００７年には D-Wave という企業が28キュビットを実現したと主張した。

量子コンピュータの進化

このような進歩とともに、デコヒーレンスを起こさずに量子状態を保持できる時間も大幅に長くなっていった。２００８年には原子核の中で1つのキュビットを1秒以上保持できるようになった。２０１５年にはその寿命が6時間に伸びた。装置と量子的方法が異なるため単純には比較できないが、大幅な前進であることは間違いない。２０１１年には D-Wave 社が、１２８キュビットのプロセッサーを搭載した商用量子コンピュータ D-Wave One を開発したと発表した。そして２０１５年には１０００キュビットを超えたと主張した。

D-Wave の主張は当初懐疑的に受け止められた。アーキテクチャが通常のものと異なるため、真の量子コンピュータではなく、量子的な仕掛けを利用した風変わりな古典的コンピュータにすぎないのではないかと疑う人もいた。有用ないくつかの課題に対して既存のコンピュータよりも高い性能を発揮したのは間違いないが、そもそもD-Waveのマシンがそれらの課題に合わせて設計されていたのに対して、対抗馬の古典的コンピュータはそうではなかった。古典的コンピュータのほうをその課題に合わせて設計したところ、優位性は失われてしまったようだ。論争は続いているものの、D-Waveのマシンは実際に利用されて優れた働きをしている。

このような研究の大目標となっているのが、少なくとも1種類の計算において最高の古典的コンピュータよりも性能の高い量子コンピュータを作ること、いわゆる量子超越性である。2019年にGoogle社のAIチームが学術誌『ネイチャー』で、「プログラミング可能な超伝導プロセッサーを用いた量子超越性」というタイトルの論文を発表した。[45] "Sycamore（シカモア）" と名付けた54キュビットの量子プロセッサーを開発し（うち1つのキュビットは機能せずに53キュビットとなった）、古典的コンピュータで1万年かかるはずの問題を200秒で解いたという内容である（図20）。

しかしこの主張に対しては、2つの理由からただちに疑義が示された。一つは、古典的コンピュータでももっと短い時間でその計算をできるだろうという指摘。もう一つは、Sycamoreに解かせた問題が、疑似乱数量子回路の出力を抽出するというかなり作為的な問題であるという指摘である。その回路は素子をランダムにつないだ形になっており、取りうる出力のサンプルの確率分布を計算するという目的で作られている。その出力の中には飛び抜けて現れやすいものがあるため、この分布はかなり複雑で不均一である。古典的計算では、キュビットの数が増えるにつれて計算回数が指数関数的に増えていく。それでもGoogleのチームは最大の目標を達成した。何らかの計算で古典的コンピュータを打ち負かせる量子コンピュータを作る上で、現実的な障壁は存在しないことを証明したのだ。

ここですぐに浮かんでくるのが、答えが正しいかどうかをどうやって判断するのかという疑問であ

図20　量子プロセッサーSycamoreのアーキテクチャ。

る。古典的コンピュータで1万年かけて解くわけにはいかないし、チェックもせずに結果をただ信じるわけにもいかない。そこで研究チームはこの難点を克服するために、クロスエントロピー・ベンチマークと呼ばれる手法を利用した。特定のビット列の出現確率を、古典的コンピュータで計算した理論的確率と比較することによって、結果がどのくらいの確率で正しいかを判断するという手法である。これを用いたところ、きわめて高い確率（標準偏差の5倍）で結果は0・2％未満の誤差で正しいと判断された。

　このように前進してはいるものの、ほとんどの専門家は実用的な量子コンピュータまでの道のりはまだ遠いと考えている。実現不可能だと考えている人もいまだにいる。物理学者のミハイル・ディアコノフは次のように記している。

> このような有用な量子コンピュータの、ある瞬間における状態を記述する連続パラメータの数は、……およそ10^{300}個になるはずだ。……そのような系の量子状態を定義する10^{300}

個以上の連続可変パラメータを制御する術を、そもそも我々は身につけられるのだろうか？　私の答えはシンプルだ。「ノー、けっしてできない」

量子にも屈しない暗号法

ディアコノフのこの見通しは正しいかもしれないが、異なる意見の人もいる。いずれにしても、誰か（どこかの政府か大企業の支援を受けた大規模な研究チームだろう）が量子コンピュータを開発するかもしれないという可能性があるだけで、多くの国の情報機関や金融産業にとっては悪夢だ。敵軍が軍事メッセージを解読できてしまうかもしれない。犯罪者がインターネット取引やインターネットバンキングのシステムを破壊してしまうかもしれない。そこで理論家たちは、先手を打って通信の安全を取り戻そうと、ポスト量子時代の暗号法がどのようなものになるかに関心を移している。

ありがたい話として、量子コンピュータを使えば暗号を破れるだけでなく、けっして破れない暗号を作ることもできる。そこで求められるのが、量子コンピュータでも破れない新たなコードを生成する、量子計算を用いた新たな暗号法である。そのためには、前提となる数学をまったく新たな方法で考えなければならない。おもしろいことにその数学のほとんどには、フェルマーの時代よりは新しいものの、いまだに数論が使われている。

量子コンピュータの登場が間近に迫っているかもしれないことを受けて、量子コンピュータでも破れない暗号法の開発に向けた研究が盛り上がっている。アメリカ国立標準技術研究所（ＮＩＳＴ）が先頃、リスクをはらむ古典的暗号法を特定してその脆弱性に対処する新たな方法の発見を目指す、ポスト量子暗号法研究計画を立ち上げた。[46] ２００３年にジョン・プルースとクリストフ・ザルカは、シヨアのアルゴリズムを実装した量子コンピュータに対してＲＳＡ暗号とＥＣＣ暗号がどれだけ脆弱であるかを評価した。２０１７年にはマーティン・ロッテラーらがその結果を改良した。[47] 彼らの証明によると、q個の要素を持つ有限体上での楕円曲線に基づくＥＣＣ暗号は、2^nをおおよそqとして、$9n+2\log_2 n+10$個のキュビットと最大$448n^3\log_2 n+4090n^3$個のトフォリゲートからなる回路を用いた量子コンピュータに対して脆弱であるという。トフォリゲートとは、組み合わせることで任意の論理関数を実行でき、しかも可逆である（出力から入力を導出できる）特別なタイプの論理回路のことである。現在の標準的なＲＳＡ暗号には２０４８ビット、つまり十進法で６１６桁の数が使われている。ロッテラーの研究チームの見積もりによると、２０４８ビットのＲＳＡ暗号は$n=256$の量子コンピュータに対して、楕円曲線暗号は$n=384$の量子コンピュータに対して脆弱であるという。

脆弱性を特定するのも結構だが、大問題はそれを防ぐために何をすべきかである。そのためにはまったく新たな暗号法が必要だ。一般的な発想はいつもと同じで、何か簡単に開くことのできるバックドア（秘密の解き方）を備えた難しい数学の問題に基づいて暗号法を構築するというものである。しかしこの場合の「難しい」というのは、「量子コンピュータにとって難しい」という意味である。そのようなタイプの問題としては、いまのところおもに次の４つが知られている。

- ランダム線形誤り訂正符号
- 大きな有限体上での非線形方程式の解の体系を求める
- 高次元格子の中で短いベクトルを見つける
- ランダムに見えるグラフのランダムな頂点どうしを結ぶ経路を見つける

この中で、最新の考え方ときわめて高度な数学が込められた４番目の問題について簡単に見ていこう。

実用に供するためには、およそ10^{75}個の頂点と、それと同じくらいの数のエッジからなるグラフを用いる。暗号化は、このグラフにおいて2つの特定の頂点を結ぶ経路を見つけるという問題に基づいておこなう。これは巡回セールスマン問題（第3章）の一種で、比較的難しい問題である。バックドアを作るには、簡単に解けるようにするための何らかの隠れた構造を持ったグラフでなければならない。発想としては、超特異同種グラフ（SIG）という気取った呼び名のグラフを使う。このSIGは、超特異的と呼ばれる特別な性質を備えた楕円曲線を用いて定義される。そのグラフの頂点は、p個の要素を持つ有限体の代数的閉包（へいほう）上でのすべての超特異楕円曲線に対応している。そしてその楕円曲線はおよそ$p/12$通りある。

モーデル＝ヴェイユ群の構造を保つように楕円曲線を別の楕円曲線に写す多項式写像のことを、同種写像という。この同種写像を使ってグラフのエッジを定義する。そのためには2つめの素数qを考える。そしてグラフの各エッジを、そのエッジの両端に対応する2つの楕円曲線のあいだのq次の同種写像に対応させる。各頂点からはちょうど$q+1$本のエッジが出ていることになる。このようなグラフを〝エキスパンダーグラフ〟といい、どの頂点から出発するランダムウォークも、少なくとも多数回のステップで急激に分岐していく。

このエキスパンダーグラフを用いると、nビット列からmビット列（mはnよりもはるかに小さい）へのブール関数であるハッシュ関数を作ることができる。このハッシュ関数を使うことでアリスは、ボブの知っている特定のnビット列を自分も知っていることを、その中身をばらさずにボブに納得させることができる。そのビット列のハッシュ関数（はるかに短い）を生成してボブに送ればいいのだ。ボブは自分の知っているビット列のハッシュ関数を計算して、それと比較すればいい。

この方法が安全であるためには2つの条件が必要である。一つは落とし戸関数に関する、原像（げんぞう）計算困難性と呼ばれる条件。これは、ハッシュ関数の逆関数を導き出して、問題のハッシュ値（ハッシュ関数から得られた値）を与えるようなnビット列を一つでも求めるのが計算的に困難であるという意味である。一般的にそのようなnビット列は数多く存在するが、現実的には一つも見つけられないことがポイントである。もう一つどうしても満たしたい条件が、ハッシュ関数の衝突困難性と呼ばれるもので、これは、mビットの同じハッシュ値を持つような2つの異なるnビット列を見つけるのが計算的に困難であるという意味だ。すなわち、アリスとボブの会話をイヴが盗聴しても、アリスの送ったハッシュ値からもとのnビット列を導き出すことができないようでなければならない。

pとqという2つの素数およびいくつかの専門的条件が与えられれば、この考え方に基づいてそれに対応するSIGを構築し、そのエキスパンダー的性質を用いて原像計算困難で衝突困難なハッシュ関数を定義できる。そしてそれを使えば安全性の高い暗号法を作ることができる。その暗号を破るには、楕円曲線間の同種写像を膨大に計算しなければならない。そのような計算をおこなうための量子アルゴリズムは、最速のものでも$p^{1/4}$の計算時間がかかる。pとqを十分に大きくすれば（どのくらい大きくすればいいかは数学的に求められる）、量子コンピュータでも破れない暗号法が手に入るのだ。

非常に専門的な事柄ばかりなので、細かいことを理解してもらう必要はない。そもそも私も大幅に省いて説明した。しかしここで知ってほしいのは、現状では空想にすぎないがまもなく実現するかもしれない量子コンピュータを備えた盗聴者から、我々個人や商業や軍事に関する通信を守るのに必要な手段が、有限体上での代数幾何に関するきわめて高度で抽象的な数学を用いれば手に入るかもしれないということである。

ハーディの愛した数論は、彼が想像していたよりもはるかに役に立つものになっている。しかし今日の応用法の中には、彼をがっかりさせるものもあるだろう。我々のほうがハーディに弁明すべきなのかもしれない。

第6章　数平面

神霊は驚きの解析学の中に、崇高な表現手段、すなわちマイナス1の虚数根と我々が呼ぶ、存在と非存在の両方の性質を兼ね備えた理想世界の驚異を見出した。

——ゴットフリート・ヴィルヘルム・ライプニッツ『アクタ・エルディトルム』誌、1702年

我々は現在、第2の量子革命のまっただ中にいる。第1の量子革命では、物理的現実を支配する新たな法則がもたらされた。第2の量子革命では、それらの法則を使って新技術を開発することになるだろう。

——ジョナサン・ダウリング、ジェラード・ミルバーン『王立協会哲学紀要』、2003年

現代の通信網

ここ数か月、コヴェントリーの町のこのあたりでは工事が多い。白いバンが道路脇の至るところに止まっていて、シャベルや手押し車を積んだトラックを連ねていることも多い。キャタピラーを履いた小型パワーショベルが街なかを走り回っては、歩道沿いの側溝や車道や庭を掘り起こしている。新たに敷かれたアスファルトが、イヌサイズのカタツムリの這(は)った跡のようにあたり一面にうねうねと

伸びている。目立つジャケットを着た男たちが現れては、蓋を外したマンホールから地中に飲み込まれていく。そばの柵にはぐるぐる巻きのケーブルが立てかけられていて、マンホールに引きずり込まれるのを待っている。雨の中、テントの下ではしかめ面の技術者が、大きな金属箱の中を走る何千本もの色とりどりの電線と格闘している。

バンの側面には、これが何の工事であるかを説明するメッセージが描かれている。「当地域に超高速光ファイバーブロードバンド敷設中」

イギリスの都市中心部では何年も前にこの驚異の現代的な通信網が導入されているが、私の家はそこから外れた辺鄙（へんぴ）なところにある。ある通信会社なんて、あまりにも遠いからという理由で事前調査すら拒否したことがあった。中心部から６キロも離れているというのだ。実際には市の境界から数百メートルしか離れていないのだが。確かにケーブルの敷設にはコストがかかるし、市境を越えると農地ばかりで人口密度も低い。収益を出しながらエリアを広げるのは容易でない。我々の提案はけっして魅力的ではなかったのだ。しかし政府が通信会社に圧力をかけてくれてようやく、すべての都市部とほとんどの農村地域に光ファイバーを敷設する動きが本格化した。収益の上がる人口密集地域に次々と高速の通信サービスが導入されていくのをうらやましそうに眺めていた地域も、ようやく追いつきはじめた。あるいは少なくともさらに取り残されることはなくなった。

あらゆる活動がインターネット上に移った昨今、高速ブロードバンドは贅沢（ぜいたく）品から必需品に変わっている。水や電気ほど欠かせないものではないが、少なくとも電話と同じくらいは必要だ。エレクトロニクスの進歩によってコンピュータ革命が起こり、高速国際通信が可能となったことで、２０２０年代の世界は１９９０年代とは完全に様変わりしている。しかもこの流れは始まったばかりだ。供給増が需要の爆発的増加を生み出している。銅製の電話線で音声をやり取りしていた日々はあっという間に過ぎ去ろうとしている。近年ではそのような通信回線も、エレクトロニクスや数学的な小細工によって容量を増やさないと活用できない。今日の通信ケーブルは音声よりもはるかに大量のデータを運んでいる。光ファイバーが台頭してきたのもそのためだ。

そんな光ファイバーもあと数十年で馬車のように時代遅れになるだろう。もっとずっと大量のデータをすさまじいスピードで送信できる未来の技術、それはパイプラインが握っている。中にはすでに存在しているものもある。古典的な電磁気学はいまだに必須だが、次世代の通信デバイスを開発しようとする電子工学者は量子の奇怪な世界に目を向けはじめている。そのような新技術の礎（いしずえ）となる古典物理学と量子物理学の根底には、史上もっとも興味深い数学的発明が横たわっている。それは古代ギリシアで生まれ、イタリアルネサンスの最中におぼつかない足がかりをつかみ、19世紀に花開いて、数学の大部分をあっという間に席巻した。そしてその正体が本当に理解されるはるか前から広く使われていた。

発見でなく発明と呼んだのは、自然界から着想を得たものではないからだ。もしも〝どこか〟で見つけられるのを待っていたとしたら、その〝どこか〟とはとても奇妙な場所、論理と構造を重視する人間の想像力の世界である。それは新しい種類の数で、あまりにも新しいことから、想像上の数、〝虚数（イマジナリーナンバー）〟という名前が付けられた。この呼び名はいまでも使われつづけていて、ほとんどの人にとってはいっさい馴染みのない数だが、それでも我々の生活をどんどん支えるようになっている。

数直線というのは聞いたことがあるだろう。

しかしいまから紹介するのは、〝数平面〟である。

数とは何か

このような奇妙な代物がなぜどのようにして誕生したのかを理解するには、初めに従来のタイプの数について見ていかなければならない。数はあまりにもありふれていて身近なため、その奥深さにはどうしても気づけない。2＋2＝4で5×6＝30であることは誰でも知っている。しかし“2”,“4”,“5”,“6”,“30”とはいったい何なのか？　単語ではない。言語が違えば同じ数に対して異なる単語を使っている。記号でもない。文化が違えば異なる記号を使っている。コンピュータに用いられる二進法では、これらの数は10, 100, 101, 110, 11110と表される。そもそも記号とは何なのか？

自然界をありのままに表現したものとして数をとらえれば、話はもっとずっと単純になる。あなたがヒツジを10匹飼っていれば、10という数はあなたが所有しているヒツジの数を表している。そのうち4匹を売ったら、残りは6匹だ。そもそも数はものを数えるための道具だった。しかし数学者が数をもっと奥深い形で使いはじめるにつれて、この実用本位の見方はかなりおぼつかなくなってきた。数が何であるかが分からなければ、計算結果どうしがけっして矛盾しないとどうして信じられるだろうか？　牧場主が同じヒツジの群れを2回数えたら、必ず同じ答えにならなければならないのか？　それを言うなら、〝数える〟とはいったいどういう意味なのか？

19世紀、数の概念が幾度となく拡張されたことで、重箱の隅をつつくようなこの手の疑問が頭をもたげてきた。新たな数体系はいずれもそれまでの数体系を含むものではあったが、現実とのつながりはどんどん間接的になっていった。初めに舞台に立っていたのは1, 2, 3, …という〝自然数〟である。次に1/2, 2/3, 3/4のような分数。そしてどこかの時点で0が忍び込んできた。ここまでは現実との対応関係はかなり直接的だ。オレンジを2個持ってきて、さらに3個持ってきたら、合計が5個であることは数えれば確かめられる。包丁を使えば1/2個のオレンジも作れる。0個のオレンジは？　掌（てのひら）に何も載せなければいい。

この時点ですら問題点はいくつかある。1/2個のオレンジは、厳密に言うとオレンジの〝個数〟ではない。そもそもオレンジ単体ではなく、その一部にすぎない。オレンジを半分に切る切り方はいくらでもあるし、どれも同じには見えない。ひもであれば、繊維をほぐすといったばかなことをせずにふつうに切る限り、話はもっと単純だ。それだけではない。あるひもの複製を2本作って端どうしをつなぎ合わせれば、もとのひもはその1/2の長さになる。分数はものの〝測定〟において本領を発揮する。古代ギリシア人は数の記号よりもものの長さのほうが扱いやすいことに気づき、エウクレイデスはその発想を逆転させた。数を使って直線の長さを測るのでなく、直線を使って数を表現したのだ。

次なるステップである負の数はもっと油断ならない。マイナス4個のオレンジなんて見せられないのだから。お金を使えばもっと簡単で、負の数は借金と解釈できる。それは紀元200年頃にはすでに中国で認識されていて、知られている限り初の原典は『九章算術』だが、もっと古くまでさかのぼれるのは間違いない。数と測定が結びつけられると、負の数に対するほかの解釈も自然と現れてきた。たとえば負の温度は0度未満の温度、正の温度は0度より高い温度と解釈できる。また条件によっては、正の測定値は何らかの点の右側、負の測定値は左側に来る。負の数は正の数の反対だ。

今日の数学者はこれらの数体系の違いについて大げさに騒ぎ立てているが、ふつうの人にとってはいずれも同じ〝数〟という概念でくくることができる。このかなり素朴な考え方で十分にやっていける。これらのどの数体系も同じ算術規則に従うし、それまでに分かっていた事柄を変えずに古い数体系を拡張したにすぎないからだ。数の概念を拡張する利点は、拡張するたびに、それまで不可能だった〝計算〟をおこなえるようになることである。自然数の範囲では2を3で割ることはできないが、分数でならできる。自然数では3から5を引くことはできないが、負の数ならできる。どんな算術演算が許されるのかを気にせずに済むようになるため、数学がもっと単純になる。

数字が無限に連なる

分数を使えばいくらでも細かくものを分割できる。1メートルを1000分の1に分割すれば1ミリメートルになるし、100万分の1に分割すれば1マイクロメートル、10億分の1に分割すれば1

ナノメートルになる。0を使い果たすよりもずっと前に呼び名のほうが尽きてしまう。現実的には測定値には必ず小さな誤差が付きまとうので、分数だけで事足りる。それどころか、10の累乗を分母とした分数（有限小数）を使うだけで済んでしまう。電卓の表示部を見てみれば分かる。しかし理論上、数学を整然と保つには分数だけでは不十分であることが分かった。

古代ギリシアのピタゴラス学派の人々は、この宇宙は数で動いていると信じていて、この見方はもっと高度な形ではあるが最先端の物理学でもいまだに優勢である。彼らが数と認識したのは自然数と正の分数だけだった。そのため一人の学徒が、正方形の対角線の長さは辺の長さの分数でないことを発見すると、彼らの信念体系は根底から揺さぶられた。この発見によっていわゆる〝無理数〟の概念が生まれた。この場合は2の平方根である。紀元前4世紀の中国から1585年のシモン・ステヴィンに至るまでの複雑な歴史的経緯をたどって、このような数は次のように小数で表現されるようになった。

$$\sqrt{2} = 1.4142135623730950048\ldots$$

この数は無理数なので、途中から0だけが続くことはなく、永遠に途切れない。また1/3＝0.333333333…と違って、同じ数字の塊が延々と繰り返されることもない。いわゆる〝無限小数〟である。完全に書き下すことはけっしてできないが、原理的には好きなだけ数字を書き連ねていけるので、頭の中では完全に書き下せるふりをしてかまわない。

無限のプロセスに頼らなければならないものの、無限小数はかなり都合の良い数学的性質を備えているし、何よりもほかの方法では数値を持てない$\sqrt{2}$のような幾何学的長さを正確に表現できる。無限小数は長さや面積、体積や重さといった現実の量を（理想化して）表現することから、〝実数〟と呼ばれるようになった。桁が1つ右にずれるたびに基本単位が10分の1になり、各桁の数字はその基本単位の何倍であるかを表している。10分の1にするという操作を際限なく繰り返していく様子をイメージできるので、いくらでも精確な数を表現できる。現実の物理は原子レベルになるとそうはいかないし、空間自体もそうではないかもしれないが、多くの目的にとって実数は現実をきわめてうまく表現している。

想像上の数

歴史上、新たな種類の数が提案されるたびに当初はたいてい反発が起こった。その後、役に立つことがはっきりしてきて使い方が確立すると、人々はその数体系に夢中になった。そして同じ世代のうちに反発はほぼ完全に収まった。何かを使いつづけながら育ったら、それは完全に自然に見えてくるものだ。哲学者は0が数であるかをめぐって論じあっていたし、いまでもそうだが、ふつうの人は必要に応じて0を使うようになったし、0が何であるなんて考えなくなった。数学者ですら、ときに罪悪感を覚えながらもそうするようになった。用語が決まれば片がついてしまうものだ。新たな数にも、負の数や無理数という用語が与えられた。

しかし数学者にとってすら、いくつかの新たな概念は何百年も続く頭痛の種だった。実際に厄介事を引き起こしたのは、いわゆる〝虚数〟の導入である。この呼び名（歴史的理由からいまでも使われている）だけを見ても混乱ぶりはうかがい知れるし、このような数がなぜか不評だったことも感じ取れる。その根底にはまたもや平方根の問題が横たわっていた。

無限小数が含まれるように数体系を拡張したことで、すべての正の数が平方根を持つようになった。実際には平方根は2つあって、一つは正、もう一つは負である。たとえば25の平方根は+5と−5の2つある。この興味深い事実が成り立つのは、「マイナス掛けるマイナスはプラス」という規則があるためだ。多くの人は初めてこの規則を聞くと戸惑ってしまうもので、中にはどうしても受け入れない人もいる。しかしこの規則も、負の数が正の数と同じ算術規則に従わなければならないという原則から直接導き出される。理にかなっているように思えるが、そうすると負の数には平方根がないことになってしまう。たとえば−25は平方根を持たないことになる。親戚である+25は2つも持っているのだから不公平ではないか？　そこで数学者は、負の数も平方根を持つような新たな数体系に思いを巡らせた。また、拡張されたその数体系でも算術や代数学の通常の規則が成り立つものと暗黙のうちに仮定した。すると、たった一つのまったく新しい数が必要であることが明らかとなってきた。マイナス1の平方根である。この新奇な数には i という記号が与えられ、いまでもそれが使われている（ただし電気工学では j が使われる）。その鍵となる性質は、

$$i^2 = -1$$

である。

こうして公平性が確保され、正負を問わずすべての数が平方根を2つ持つようになった。[48] ただし0は−0＝+0なので例外だが、そもそも0は例外的存在なので誰も気にしない。[49]

負の数も意味のある形で平方根を持つのではないかという考え方は、古代ギリシアの数学者で工学者のアレクサンドリアのヘロンにさかのぼるが、この考え方を理屈づける第一歩はその1500年後にルネサンスのさなかのイタリアで踏み出された。ジェロラモ・カルダーノが1545年の著作『アルス・マグナ（大いなる術）』（史上初の代数学の教科書の一つ）の中でその可能性に言及しながらも、的外れだとして取り下げた。ブレークスルーが訪れたのは1572年。イタリア人代数学者のラファエル・ボンベリが、マイナス1の平方根という仮想的な数を使って計算をおこなうための規則を書き下した上で、3次方程式の解の公式において、実数ではありえない2つの〝数〟を足し合わせると実数解が得られることを発見した。ありえない数が都合良く打ち消し合って、正しい答え、実際の答え

が出てくるのだ。その解は直接チェックできたし、しかも正しかったため、この大胆不敵な秘儀に数学者は真剣なまなざしを向けるようになった。

抵抗感を和らげるためにこの新たな数は、実際の物体の測定に使える従来の〝実数(実際の数)〟に対して〝虚数(想像上の数)〟と呼ばれるようになった。この命名によって実数には不相応の特別な地位が与えられ、一つの数学的概念にすぎないものが標準であると誤解されるようになってしまう。のちほど述べるとおり虚数も完全に合理的に利用したり解釈したりできるが、長さや質量といった一般的な物理量を表すものではない。ボンベリは、虚数は確かに忌々しい存在かもしれないが、それを使えば正真正銘の実際の問題を解けることを初めて実証した人物と言える。それはまるで、実在すらしない奇妙な大工道具をどうにかして手に取って、完全にふつうの椅子を作り上げたようなものだ。もちろん虚数という道具は概念的なものだが、それでもその使い方は不可解であった。さらに不可解だったのが、それで実際にうまくいくことだった。

虚数はまるで魔法のように役に立ちつづけ、適用範囲をどんどん広げていった。18世紀に入ると数学者はその新たな数を自在に操れるようになっていった。そして1777年にオイラーが、マイナス1の平方根を表す標準的な記号 i を導入した。さらに実数と虚数が組み合わさって、複素数と呼ばれる美しくて矛盾のない数体系が生まれた(「複素」とは「複数の要素から構成されている」という意味である)。代数学的に見ると複素数は、a と b を実数として $a+bi$ という形をしている。複素数の体系から外れることなしに加減乗除をおこなったり、平方根や立方根を取ったりできる。

しかし大きな難点は、少なくとも当時誰もが考えていたような現実世界では複素数をどうしても解釈できないことだった。たとえば $3+2i$ という測定値が何なのか定かではない。複素数の正当性をめぐって哲学めいた議論が燃え上がったが、やがて数学者が複素数を使って数理物理学の問題を解く方法を発見する。その答えをほかの方法でチェックするとつねに正しそうだったため、論争は棚上げにされてこの新しい強力な手法はこぞって利用されるようになった。

iの正体

長年にわたって数学者は、包括的だが漠然とした〝恒久普遍の原理〟なるものに訴えて虚数を正当化しようとしていた。すなわち、実数で有効なすべての代数学的規則が複素数にも自動的に通用しなければならないという主張である。論理よりも希望が優先される中で、この主張の一番の証拠として挙げられたのが、実際に複素数を使うと正しい答えが得られることだった。要するに、「使えるから使うんだ。なんたって使えるんだから」ということだ。

それからかなりの年月が経って、複素数の表現のしかたがようやく整理された。負の数と同じく複素数にも、〝現実世界〟での解釈が何通りもあった。このあと述べるとおり電気工学では、振動する信号の振幅と位相を複素数によって簡潔で都合の良い形にまとめることができる。量子力学でも同じことができる。もっと地に足の着いた解釈では、実数が直線上の1点に対応するのと同じように、複素数は平面上の1点に対応する。とても単純だ。そして多くの単純な発想と同じく、何百年ものあいだ見過ごされていた。

このブレークスルーの最初のきっかけは、ジョン・ウォリスの1685年の著作『代数学』の中に見て取ることができる。ウォリスは、実数を直線の上に表すという標準的な方法を複素数に拡張した。表したい複素数を$a+bi$としよう。この〝実部〟aは単なる標準的な実数なので、通常の実軸を平面上に固定された直線と考えて、その上に置くことができる。残りの成分biは虚数なので、この直線上には位置づけられない。しかし係数b（虚部）は実数なので、平面上で実軸から垂直に長さbの線分を引くことができる。するとその端点が$a+bi$を表す。現代の我々ならこの数を平面上の座標(a, b)の点として表現したのだとすぐに分かるが、当時この提案はいっさい聞き入れられなかった。この表

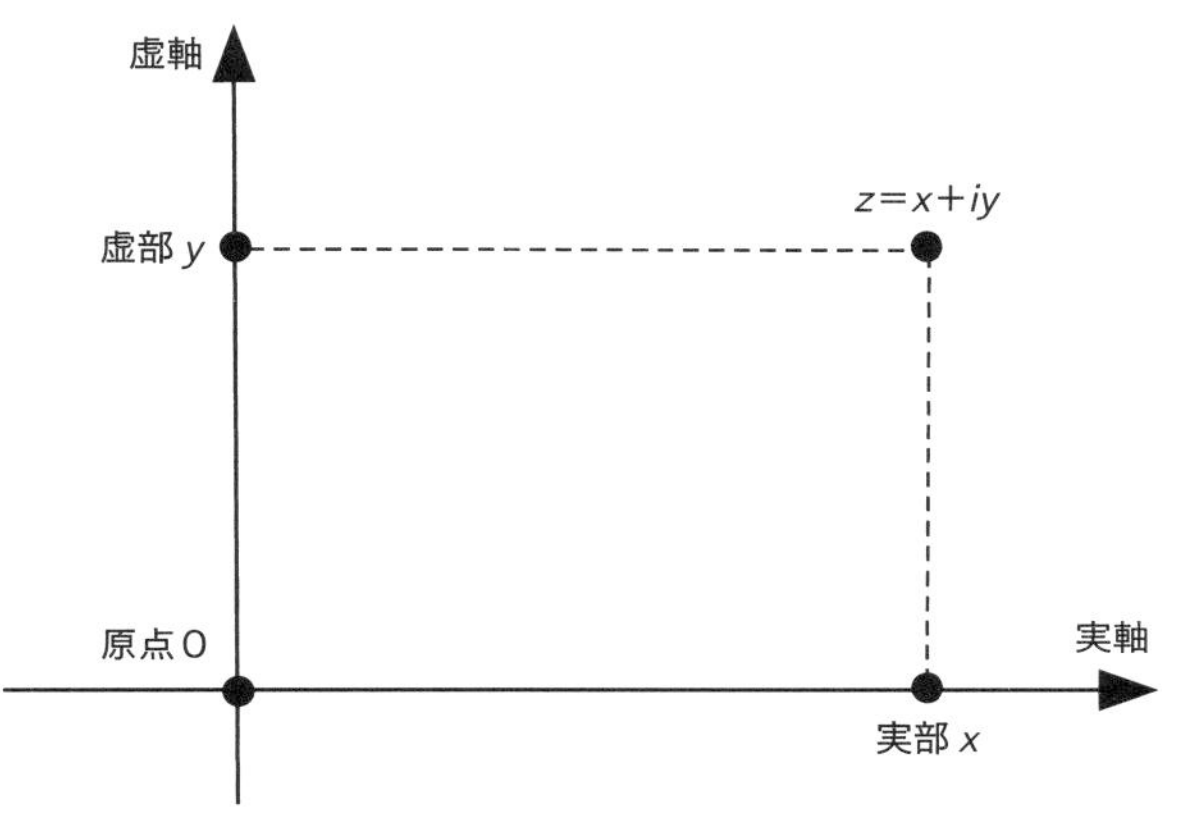

図21　複素数平面。

現法を初めて採用したのは1806年に発表したジャン＝ロベール・アルガンだとされることが多いが、それよりも少し前の1797年に無名のデンマーク人測量技師カスパー・ヴェッセルが先に発表している。しかしヴェッセルの論文はデンマーク語で書かれていて、およそ100年後にフランス語に翻訳されるまで誰の目にも留まらなかった。2人とも、ユークリッド幾何学的な作図法を使って2つの複素数を足したり掛けたりする方法を示した。

そうして1837年にようやく、アイルランド人数学者のウィリアム・ローワン・ハミルトンが、複素数を次のような実数のペア、つまり平面上の点の座標（図21）として表現できると明確に指摘した。

複素数＝（1つめの実数、2つめの実数）

その上でヴェッセルらの幾何学的作図法を、このペアの足し算と掛け算の公式に書きなおした。とても単純で簡潔なので紹介しておきたい。

$$(a, b)+(c, d)=(a+c, b+d)$$
$$(a, b)\cdot(c, d)=(ac-bd, ad+bc)$$

意味不明に見えるかもしれないが、見事に通用する。（a, 0）という形の数は実数そっくりに振る舞うし、謎の i は（0, 1）というペアにすぎない。これは、虚数を実数と垂直な方向に記すというウォリスの提案を座標で表したものにほかならない。ハミルトンの公式を使えば次のことが分かる。

$$i^2 = (0, 1) \cdot (0, 1) = (-1, 0)$$

これは実数-1のことだとすでに分かっている。万事決着だ。実はかのガウスも1831年にボーヤイ・ファルカシュへの手紙の中でこれと同じアイデアを伝えていたが、発表はしていなかった。

ガウスはおそらく完全には気づいていなかったが、この2つの公式を使えば、それまで実数とだけ結びつけられていた代数学の通常の規則が複素数にも当てはまることを証明できると、ハミルトンは気づいた。その規則とは交換則 $xy = yx$ や結合則 $(xy)z = x(yz)$ などのことで、ほとんどの人は代数学を学びはじめたときにそれを当たり前のことと受け止める。これらの規則が複素数にも通用することを証明するには、x、y、z の記号を実数のペアに置き換えてハミルトンの公式を当てはめ、実数の従う代数規則だけを使って両辺が等しくなるかどうかチェックすればいい。とても簡単だ。だが皮肉なことに、ガウスやハミルトンが通常の実数のペアを使って基本的なロジックを整理した頃には、数学者はすでに複素数を多用するがあまり、その論理的な意味をはっきりさせることにはほとんど関心を失っていたのだった。

そんな複素数の利用法の中でももっとも重要だったのが、電磁場や重力や流体の流れなど、物理的な問題に関するものである。注目すべきことに複素解析（複素関数の微積分）の基本方程式の中には、数理物理学の標準的な方程式と完全に合致するものもある。そのおかげで、そのような物理の方程式は複素関数の微積分によって解くことができる。しかしそこには、複素数が平面上に位置しているという大きな制約があった。このため平面上で起こる物理現象、あるいは平面上での問題に相当する物理現象しか扱うことができなかった。

複素数の活かし方

複素数によって平面に体系的な代数学的構造が与えられ、その構造は幾何学、ひいては物体の移動に見事に適用できる。この節の残りは、次の章で取り上げる3次元幾何学における同様の問題に備えた、2次元での予行演習ととらえてほしい。そもそも代数学なのでいくつか数式が出てくるが、数式を省いても話が漠然とならないようにするにはどうしたらいいか私には分からない。

複素数 z を $z=x+iy$（x と y は実数）の形で表現する場合には、互いに直交する2本の軸からなるデカルト座標系（ルネ・デカルトにちなんだ名前）を用いることになる。実部 x が横軸（実軸）、虚部 y が縦軸（虚軸）である。しかし平面上の座標系にはもう一つ、極座標系という重要なものがある。極座標系では、r を正の実数、A を角度として、(r, A) というペアで点を表す。この2つの座標系は密接な関係があって、r は原点0から z までの距離、A は実軸と、原点から z へ伸びる直線とのなす角度である（図22）。

デカルト座標は、回転を伴わない物体の移動を記述するのにうってつけである。点 $x+iy$ が横方向に a、縦方向に b 移動したとすると、移動した先の点は $(x+iy)+(a+ib)$ となる。点の集合を x と y の値のリストで表してこの方法を当てはめれば、集合内の各点に一定の複素数 $a+ib$ を足すことで、集合全体が横方向に a、縦方向に b 移動したことになる。さらにこの移動は〝剛体運動〟であって、物体自体の形や大きさは変わらない。

重要な剛体運動にはもう1種類、回転というものがある。この場合、物体の形や大きさは変わらずに向きだけが変わり、ある点を中心にある角度だけ回転する。ここで重要となるのが、i を掛け算すると原点を中心に反時計回りに90°回転することである。z の虚部 y を表す虚軸が実部 x を表す実軸と

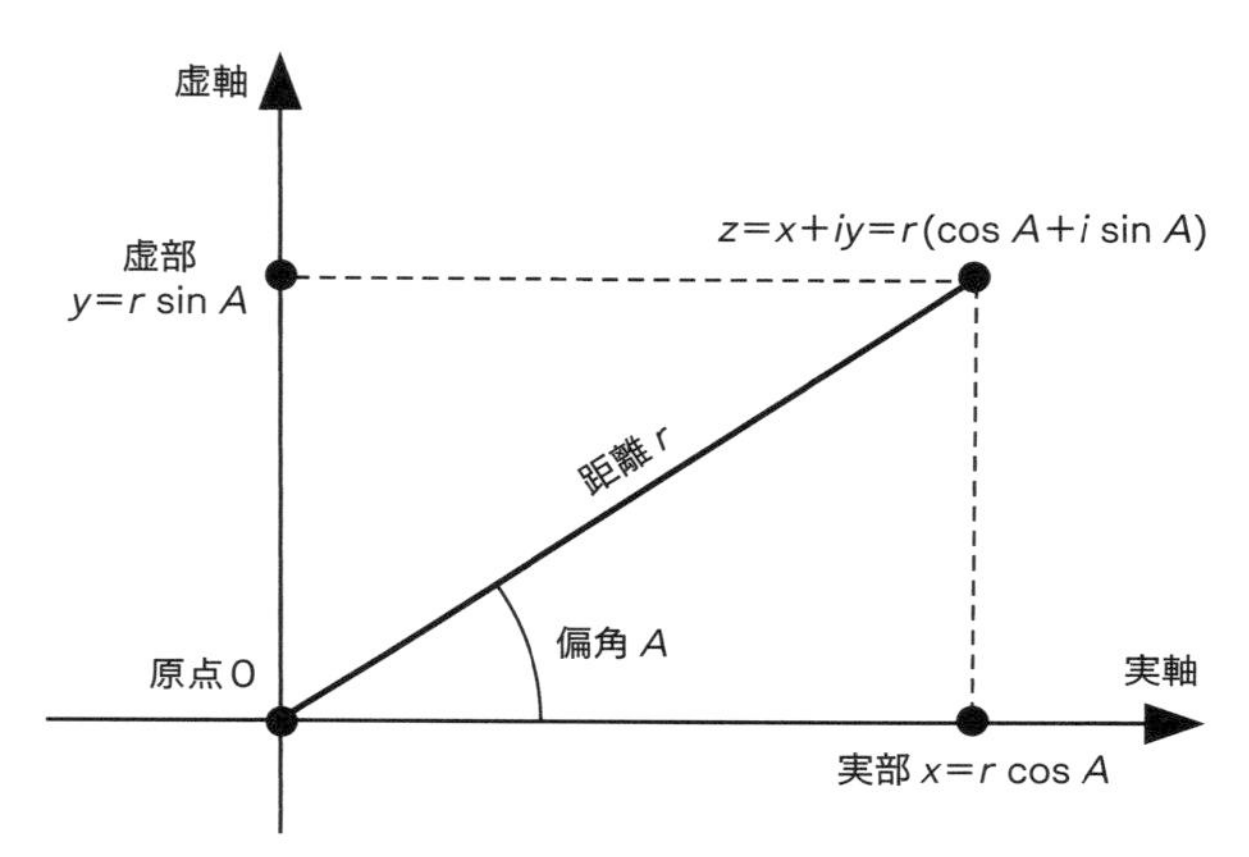

図 22　複素平面のデカルト座標と極座標。cos と sin は三角関数（この図が事実上これらの関数の定義となっている）。

直交しているのはそのためだ（虚部はあくまでも実数であって、iを掛けてiyとすることで虚数になる）。

点の集合を反時計回りに90°回転させたいなら、その集合内のすべての点にiを掛ければいい。もっと一般的にいうと、点の集合を角度Aだけ回転させたい場合には、三角法を少々使えば分かるとおり、すべての点に複素数

$$\cos A+i\sin A$$

を掛ければいい。

オイラーはこの数式と、指数関数e^xの複素数バージョンとのあいだに美しくも驚きの関係があることを発見した（$e=2.71828\ldots$は自然対数の底）。複素数zの指数関数e^zを定義する際には、実数の指数関数と同じ基本的性質が成り立って、zが実数の場合には実数の指数関数と一致するようにすればいい。そして実は次のような関係が成り立つ。

$$e^{iA}=\cos A+i\sin A$$

オイラーの公式と呼ばれるこの等式が成り立つ理由は、微分方程式を使うと簡潔に理解できるが、少々専

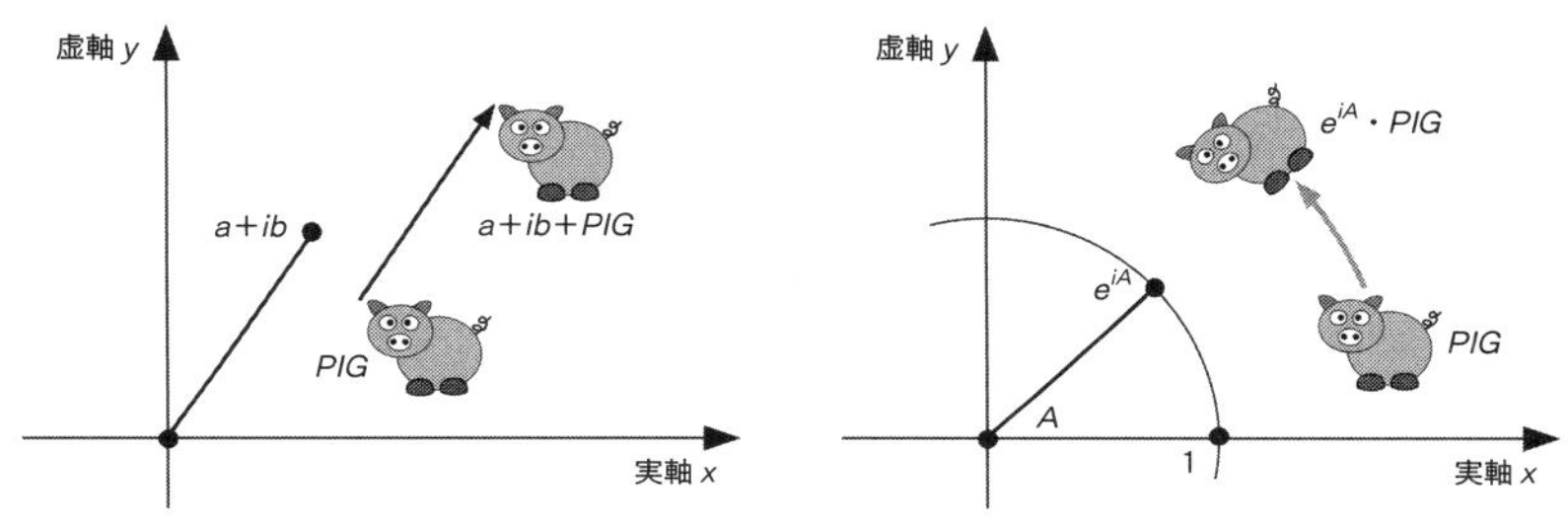

図 23　複素数を使った点の集合 *PIG* の平行移動（左図）と回転（右図）。

門的なので巻末注[50]に記しておく。

複素数を極座標で表現すると、座標 (r, A) は

$$r(\cos A + i \sin A) = re^{iA}$$

という単純で簡潔な式によって表される点に対応する。

幾何学の立場から見て複素数の美しいところは、デカルト座標と極座標という2つの自然な座標系を同時に持つことである。物体の平行移動はデカルト座標では単純な公式で表されるが、極座標では複雑極まりない。回転は極座標では単純な公式で表されるが、デカルト座標では複雑極まりない。複素数を使えば目的に合った表現法を選べるのだ（図23）。

複素数の持つこのような幾何学的性質は2次元コンピュータグラフィックスに利用できそうなものだが、平面は単純だし、コンピュータは公式が複雑であっても気にしないので、得るところはあまり多くない。第7章では3次元コンピュータグラフィックスについて説明するが、そこでは似たようなテクニックが威力を発揮する。しかしここではとりあえず複素数の話に片を付けるために、その真に有用な応用法をいくつか説明しなければならない。

実数より簡単

数学者が徐々に気づいていったとおり、複素数は物理的にすっきり

とした形で解釈することはできないものの、ときには実数よりも単純だし、実数の持つ不可解な性質に光を当ててくれる。たとえばカルダーノやボンベリが気づいたとおり、2次方程式には実数解が2つある場合もあればまったくない場合もあるし、3次方程式には実数解が1つしかない場合もあれば3つある場合もある。しかし複素数の範囲で考えると、2次方程式には解は必ず2つ、3次方程式には必ず3つと、はるかに単純になる。もっというと10次方程式には複素数解は必ず10個あるが、実数解は10個、8個、6個、4個、2個、あるいは一つもない場合がある。1608年にペーター・ロートがn次方程式には複素数解がn個あるという予想を示し、それは〝代数学の基本定理〟と呼ばれるようになって長いあいだ真であると考えられていたが、1799年にようやくガウスによって証明された。指数関数やサイン・コサインなど解析学の標準的な関数にはいずれも複素数バージョンがあり、その性質は複素数の立場から見るとおおむね単純になる。

実用的な恩恵の一つとして、複素数を使うと交流電流を単純かつ簡潔な形で扱うことができ、それは電気工学で標準的な手法となっている。電気は電荷を帯びた素粒子である電子の流れにほかならない。電池などで発生する直流電流の場合、すべての電子が同じ方向に流れる。より安全であることから電力におもに用いられている交流電流の場合、電子は行ったり来たりする。電圧（および電流）のグラフは三角関数のように見える。

その曲線を単純な方法で描き出すには、回転する車輪の縁に位置する1つの点を考えればいい。話を単純にするためにその車輪の半径は1であるとしよう。回転するその点を横軸に投影すると、+1と−1のあいだを左右に移動しているように見える。回転スピードが一定の場合、その横軸方向の距離のグラフはコサイン曲線に、縦軸方向の距離のグラフはサイン曲線になる（図24では黒色の線で表した）。

この移動する点の位置は、その点と横軸とのあいだの角度をAとして、$(\cos A, \sin A)$という実数の

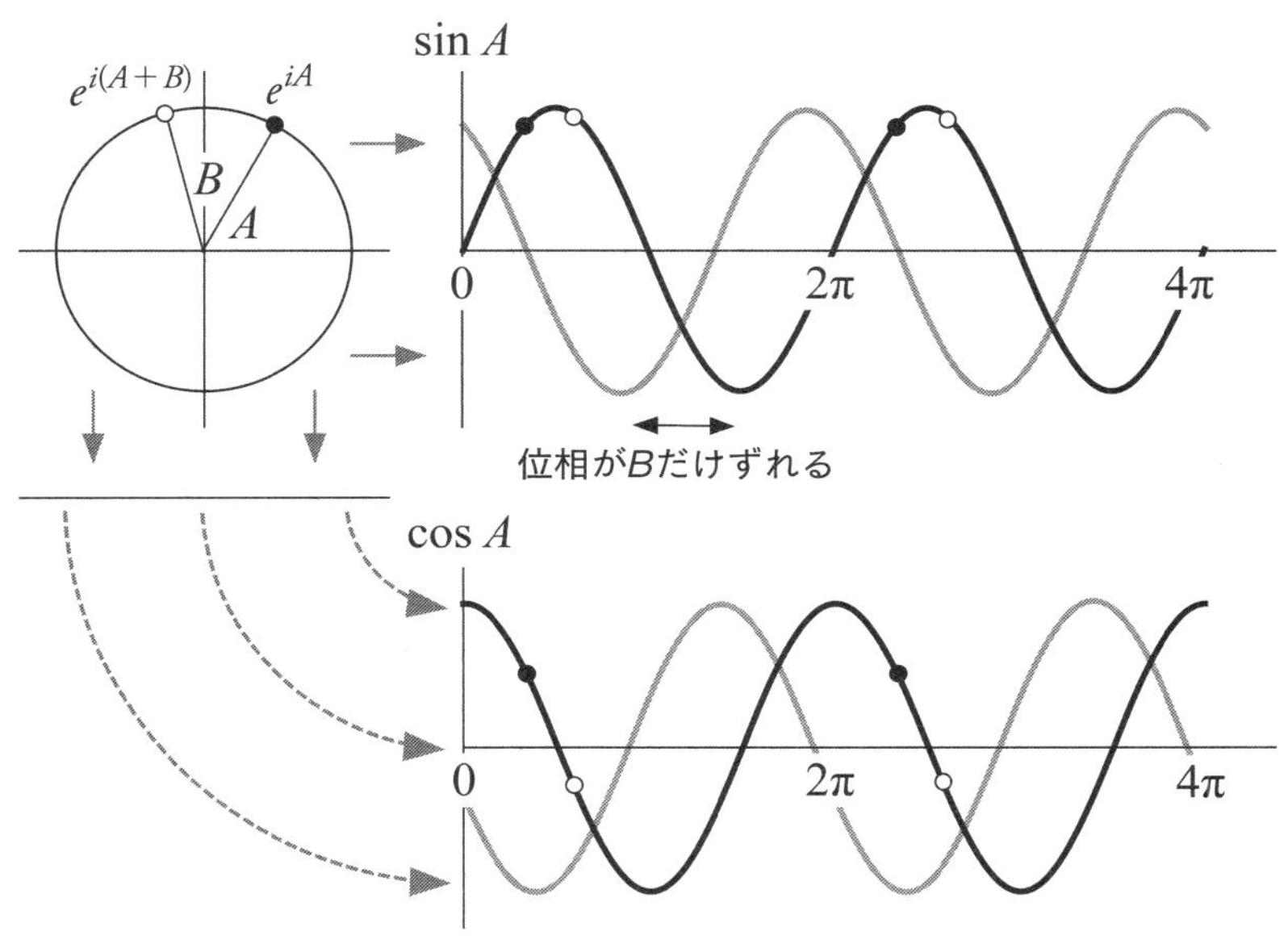

図 24　複素平面上での回転を投影すると周期振動になる。角度Aに角度Bを足すとグラフが左に移動する。つまり位相がずれる。

ペアで表される。ハミルトンの考え方を使えば、これは複素数 $\cos A + i\sin A$ と解釈できる。A が変化するにつれて、この数は複素平面上の単位円の上をぐるぐると移動していく。角度をラジアン〔360°を2πとする単位〕で表せば、A が0から2πまで大きくなると点は1周する。A がさらに2πから4πまで大きくなれば、点はもう1周する。このようにこの点は周期2πで周期的に移動する。

先ほどのオイラーの公式から分かるとおり、実数 A が変化するにつれて、それに対応する e^{iA} の値は単位円上を一定の速さでぐるぐると回っていく。この関係性を用いると、サインやコサインのような形の振動関数に関する問題を複素指数関数の問題に書き換えることができる。数学的には指数関数のほうが単純で扱いやすい。しかも角度 A はその振動の位相として物理的な形で自然に解釈でき、Aに一定の角度Bを足すと、サインやコサインの曲線がそれに対応した分だけ移動する（図24では灰色の線で表した）。

さらに好ましいことに、回路中での電圧と電流に関する基本的な微分方程式は、それに対応する複素微分方程式にそのまま拡張できる。複素指数関数の実部が物理的な振動に対応し、直流電流の場合と同じ手法が交流電流にも通用する。実際の振る舞いに想像上の秘密の相棒がいるようなもので、その2つを一緒にすると別々よりも単純になる。電気工学では、たとえコンピュータを使う場合でも、計算を単純にするためにこの数学的トリックが日常的に用いられている。

量子には虚数が不可欠

このように電気工学に応用される場合には、複素数はマジシャンの帽子から取り出されるウサギのようなもので、技術者の仕事を楽にしてくれるだけだ。しかしどうしても複素数が必要で、しかもそれが物理的な意味を持っている驚きの分野がある。量子力学である。

ウィグナーは数学の不合理な有効性を示すその例を、かの講演の中心テーマに挙げた。

量子力学のヒルベルト空間が複素ヒルベルト空間であることを忘れてはならない。……もちろん先入観のない人が見る限り、複素数はとうてい自然でも単純でもないし、物理的観測によって示すこともできない。しかもこの場合、複素数を使うのは応用数学の計算上のトリックではなく、量子力学の法則の定式化においで不可欠に近いものである。

これに続いてウィグナーは、どこが「不合理」なのかを自分なりに強く説いている。

我々のどんな経験からいっても、このような量を導入すべきとは思えない。もしもある数学者が、なぜ複素数に興味を持っているのかと問い詰められたら、少々腹を立てながら、複素数の導入によって生まれた方程式や冪級数や解析的関数全般の理論における数々の美しい定理を挙げ連ねるだろう。……すると、ある奇跡を目の当たりにしているという印象を抱かずにはいられない。……それは、自然法則の存在とそれを見抜ける人間の能力の存在という2つの奇跡に匹敵するものだ。

量子力学は1900年頃、実験物理学者によって発見されはじめたミクロスケールでの物質の奇妙な振る舞いを説明するために生まれ、そこから急速に発展して人類史上もっとも成功した物理理論となった。分子や原子のレベル、さらに原子を構成する素粒子のレベルになると、物質は不可解な驚くべき形で振る舞うようになる。あまりにも不可解で驚異的なので、〝物質〟という言葉が当てはまるかどうかすら怪しい。光のような波動がときに粒子（光子）のように振る舞い、電子のような粒子がときに波動のように振る舞うのだ。

この波動と粒子の二重性という謎は、いまだにかなり戸惑いを感じるものの、波動と粒子の両方を支配する方程式の導入によって最終的に解決した。これによって、波動と粒子の両方を数学的に表現する方法は、シェイクスピアの言うように「海の波のような力に変わり、豊かで奇妙なものとなった」（『テンペスト』、「アリエルの歌」）。それまで物理学者は物質粒子の状態を、質量や大きさ、位置や速度や電荷など少数の数のリストによって特徴づけていた。しかし量子力学では、どんな系の状態も波動によって、もっと正確に言うと波動関数によって特徴づけられる。その名前が示しているとおり、これは波動のような性質を持った数学的関数である。

関数とは、ある数を決まった方法で別の数に変換する数学的規則、またはプロセスのことである。

もっと一般的には、関数は数のリストを一つの数に、または別の数のリストに変換する。さらに一般的には、関数は数だけに作用するのではなく、あらゆる種類の数学的対象の集合に作用する。たとえば〝面積〟という関数はあらゆる三角形の集合に作用し、それをある特定の三角形に適用すると、その三角形の面積が出力される。

量子系の波動関数は、位置座標や速度座標など、その系に対しておこなうことのできるあらゆる測定操作のリストに作用する。古典力学では通常そのような数が有限個あれば系の状態が決まるが、量子力学ではそのリストに無限個の（ベクトル）変数が含まれることがある。そのもととなるのがいわゆるヒルベルト空間である。これは、どの2つの要素のあいだにも明確に定義された距離の概念が存在する、[51]（多くの場合）無限次元空間のことである。波動関数はこのヒルベルト空間に含まれる関数ごとに1つの数を出力するが、出力される数は実数でなく複素数である。

古典力学の場合、観測可能量（測定できる量）というものによって、系の取りうる各状態にそれぞれ1つの数が対応づけられる。たとえば地球から月までの距離を測定すると1つの数が得られ、その操作は地球と月が原理的に取りうるすべての配置からなる空間の上で定義された関数となる。しかし量子力学の場合は、観測可能量の代わりに〝演算子〟が用いられる。演算子は、系の状態からなるヒルベルト空間の1つの要素を複素数に変換する。その際にはいくつかの数学的規則に従わなければならない。その一つが線形性である。xとyという2つの状態があって、演算子Lはそのそれぞれに対して$L(x)$と$L(y)$という出力を与えるとしよう。量子力学ではこの2つの状態を重ね合わせて（足し合わせて）$x+y$とすることができる。線形性とは、演算子Lがこの重ね合わせ状態に対して$L(x)+L(y)$という出力を与えなければならないという意味である。必要な性質をすべて満たした演算子をエルミート演算子といい、これはヒルベルト空間内での距離と関係した行儀の良い振る舞いをする。

物理学者はこのヒルベルト空間や演算子をさまざまな形で選ぶことで、具体的な物理系をモデル化する。1個の粒子の位置と運動量の状態を知りたければ、すべての〝2乗可積分関数〟からなる無限次元ヒルベルト空間を選ぶ。1個の電子のスピン（第12章）を知りたければ、〝スピノル〟と呼ばれるものからなる2次元ヒルベルト空間を選ぶ。ここで重要な役割を果たすのがシュレディンガー方程式で、それは次のような形をしている。

$$i\hbar\frac{d}{dt}|\Psi(t)\rangle = \hat{H}|(t)\rangle$$

この数式の意味を理解する必要はないが、記号については説明していこう。とくに最初の記号ではほぼ話は終わる。i、マイナス1の平方根である。これは量子力学の基本方程式で、その最初の記号が虚数iなのだ。

その次の$\hbar$という記号は換算プランク定数と呼ばれ、その値は約10^{-34}ジュール秒ととてつもなく小さい。さまざまな量が微小だが不連続な値で変化する、いわゆる量子となるのは、この定数に由来する。次に来るのはd/dtという分数のようなもの。tは時間、dは変化の割合、つまり微分という意味で、これは微分方程式である。$|\Psi(t)\rangle$が波動関数で、時刻tにおけるこの系の量子状態を表しており、知りたいのはその変化率である。最後に$\hat{H}$はハミルトニアンと呼ばれるもので、要するにエネルギーのことである。

通常の解釈によると、波動関数が表しているのはどれか1つの状態ではなく、観測したときに系がその状態にある〝確率〟である。しかし確率が0から1までの実数であるのに対して、波動関数の出力は任意の大きさの複素数である。そこで物理学では、その複素数が原点からどれだけ離れているか、つまり振幅（数学では絶対値といい、極座標形式におけるrに相当）に注目する。その数を相対確率として考えるので、たとえばある状態の振幅が10で別の状態の振幅が20であれば、2つめの状態のほうが2倍高い確率で観測されるということになる。

絶対値を見ればその複素数が原点からどれだけ離れているかは分かるが、どの方向に向かえばそこにたどり着けるかは分からない。その方向は別の実数、つまり極座標形式における角度Aで表される。数学ではそれを偏角というが、物理学では位相といい、単位円上をどれだけ回らなければならないかととらえる。したがって複素関数である波動関数は、ある観測値が得られる相対確率を表す振幅のほかに位相を持っているが、位相は振幅に影響を与えないため測定はほぼ不可能である。位相に影響されるのは、状態どうしがどのように重ね合わされるかと、その重ね合わせ状態が観測される確率である。しかし実際の実験では位相自体を知ることはできない。

以上のことから分かるとおり、実数だけでは量子状態を正しく表現できない。従来の実数を使っていたら量子力学を定式化することすらできないのだ。

エレクトロニクスとブロードバンド

このように量子力学に複素数が用いられていることが分かった以上、「複素数は実用的に何に使われているのか」と尋ねられたら、量子力学の無数の応用法を挙げればいい。比較的最近までその応用法のほとんどは実験室での実験に関するもので、最先端の深遠な物理学に属し、キッチンやリビングで目にするようなものではなかった。それが現代のエレクトロニクスによって一変し、我々が好んで使っている電気機器の多くは量子力学に基づいて動作している。エンジニアなら深く詳細に理解していなければならないが、我々は何も手を出さずに彼らの発明品をただありがたがっていれば済む。ときにはその設計上の難解で専門的な問題のせいで思いどおりに動作せずに、腹が立つこともあるが。

私の家に最近開通した光ファイバーブロードバンドもまさにそうだ。従来のケーブルと同じように見えるが、その通信システムはすでに量子技術に頼っている。しかし量子ビットそのものが使われているのはケーブルの中ではなく、ケーブルの途中に設置されていて、システム全体を支える光パルスを発生させる装置である。もちろん光自体も量子だが、これらの装置は量子力学を利用するように設計されていて、量子力学を使わなければ動作しない。

〝ファイバー〟という言葉は何本もの糸を撚り合わせたケーブルを指していて、その一本一本の糸が光を伝える細いガラス繊維になっている。壁で光が逃げ出さずに跳ね返るよう作られているため、ケーブルを曲げても光はケーブルの中に留まってくれる。情報は光の鋭いパルスの列としてコード化されている。通信会社が光ファイバーを導入したのは、いくつもの長所を合わせ持っているからである。現在では透明度の高い光ファイバーを作ることができるため、長距離にわたって光を送信しても信号が劣化しない。しかも光パルスなら従来の銅製の電話線よりもはるかに大量の情報を運ぶことができる。帯域幅が広がったのは〝スピード〟が上がったからではない。パルスの速度はたいして上がっていないが、1本の光ファイバーや1本のケーブルに詰め込めるパルスや情報の量が増えたということだ。光ファイバーは銅の電線よりも軽いため運搬や設置が容易だし、電気的干渉にも強い。

光通信網はおもに以下の4つの要素から構成されている。送信機（光源）、信号を伝える光ケーブル、信号が劣化する前に増幅して再送信する一連の中継器、そしてもちろん受信機（検出器）である。ここではその中の1つだけ、送信機に着目しよう。送信機は光を発生させて、その光がパルス列になるように制御し、オン（1）とオフ（0）によってメッセージを二進数にコード化できなければならない。そのスイッチングを超高速できわめて正確におこなう必要がある。とくに光の波長（色）を決まった値に保たなければならない。しかもパルスの形が崩れずに、受信機で認識できるようでなければならない。

そのための理想的な（それどころか唯一の）装置が、特定の波長を持ったコヒーレント光の強力なビームを発生させるレーザーである。〝コヒーレント〟とは、ビームに含まれるすべての波の位相が揃っていて互いに打ち消し合わないという意味である。レーザーでコヒーレント光を発生させるには、

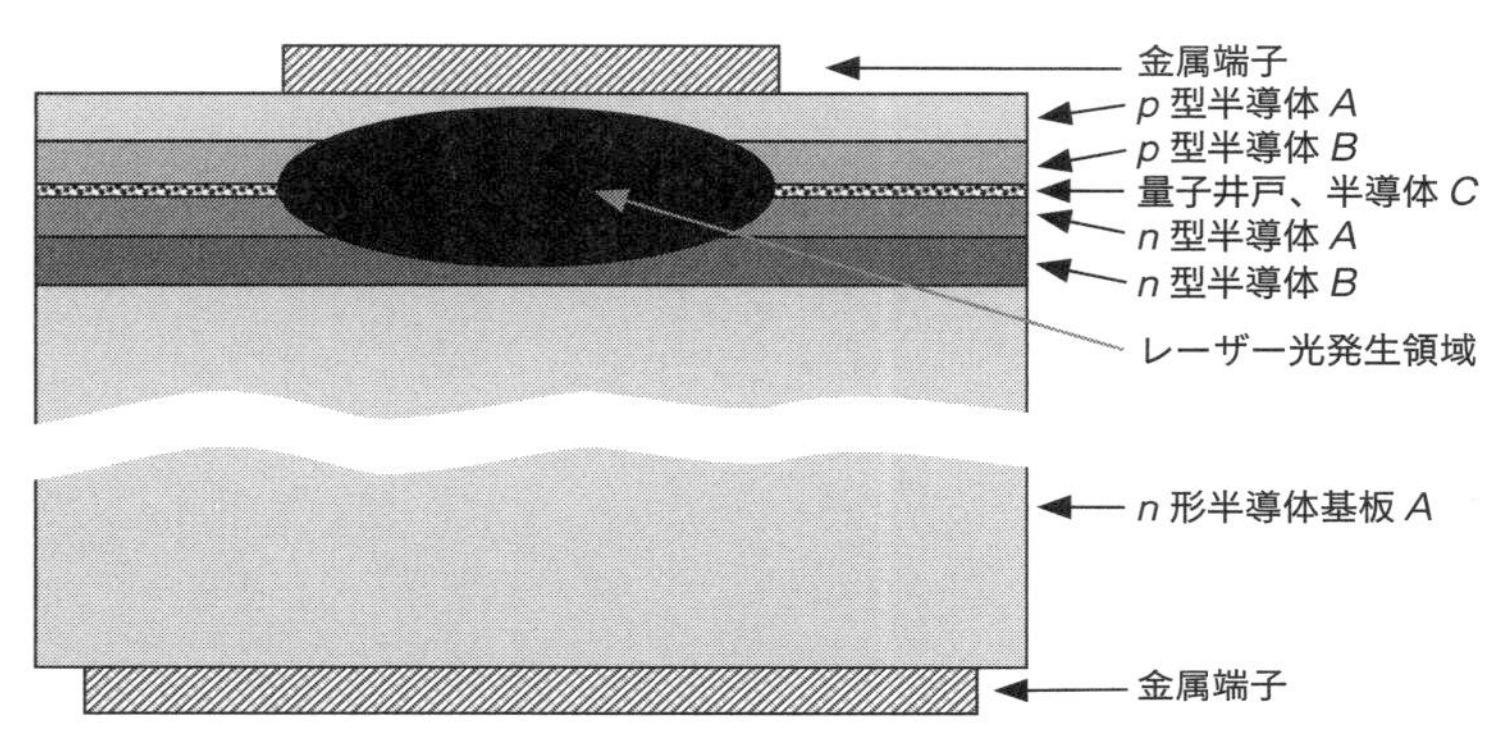

図 25　SCH レーザーの模式図。*n* 型半導体とは、電子によって電荷が運ばれる半導体のこと。*p* 型半導体とは、電子が抜けた“ホール（穴）”によって電荷が運ばれる半導体のこと。

2枚の鏡のあいだで光（光子）を行き来させ、正のフィードバックループによって光子を次々に増やしていく。そしてビームが十分に強くなったところで外に出す。

初期のレーザーはかさばって扱いづらかったが、今日の軽量なレーザーの大部分は、コンピュータチップの中にあるミクロな回路、いわゆる半導体集積回路とほぼ同じ製造プロセスで作られている。ここ30年、家庭や会社の機器（たとえば青色レーザーの開発によって可能となったブルーレイプレーヤー）に使われているレーザーはほぼすべて、分離閉じ込めヘテロ構造（SCH）レーザーである。これは、サンドイッチ構造の中央層を量子井戸として使う、量子井戸レーザーを改良したものである。量子井戸によって波動関数が曲線でなく階段状になり、エネルギー準位が量子化される。つまりエネルギー状態どうしが混じり合わずにはっきりと区別される。量子井戸を適切に設計してそのエネルギーレベルを微調整すれば、レーザー光に適した振動数の光を発生させることができる。

SCHレーザーは、サンドイッチ構造の上下に、中央の3つの層よりも屈折率の低い層をさらに重ねることで、レーザー空洞の中に光を閉じ込めるようになっている（図25）。量子力学を本格的に応用しないとこのような量子デバイスを設計できないのは明らかだ。そのため1990年代にはすでに光通信に量子デバイスが使われていたし、今日ではなおさらである。

今後もまったく新しいさまざまな量子デバイスによって我々の生活が変わっていくのは間違いないだろう。量子力学におけるハイゼンベルクの不確定性原理によれば、いくつか特定の観測可能量を同時に精確に測定することはできない。たとえば粒子の位置が精確に分かったら、その粒子の速度は分からなくなる。この特徴を利用すれば、秘密のメッセージを誰か権限のない人が盗聴していないかどうかを検知できる。伝わっていく信号の量子状態（たとえば光子のスピン）を盗聴者イヴがこっそり観測するとその状態が変化してしまうし、その変化のしかたをイヴがコントロールすることもできない。メッセージに鈴が仕込まれていて、読もうとすると必ずその鈴が鳴ってしまうようなものだ。

このアイデアを実現する一つの方法が、光子の量子力学的性質を利用した量子フォトニクス。もう一つが、量子的粒子のスピンを操作する、スピントロニクスと呼ばれる発展中の分野である。スピントロニクスでは、粒子の有無だけでなくスピンにもデータをコード化できるため、従来の信号よりもたくさんの情報を運ぶことができる。私の家に引かれた高速光ファイバーブロードバンドもいずれは、同じケーブルではるかにたくさんの情報を伝えられる超高速スピントロニクスブロードバンドに置き換わっているかもしれない。誰か頭の切れる人が6次元超高解像度体感型ホログラフィーを発明して、その帯域幅を使い切ってしまうまでは。

第7章　パパ、3つ組を掛けることはできたの？

『アサシン クリード4 ブラック フラッグ』で君の船に海の波がきれいに打ち寄せるのは？　数学のおかげだ。

『コール オブ デューティ ゴースト』で君の頭上を弾丸がかすめるのは？　数学のおかげだ。

ソニックが速く走ってマリオがジャンプできるのは？　数学のおかげだ。

『ニード・フォー・スピード』で時速80マイルでコーナーをドリフトできるのは？　数学のおかげだ。

『SSX』でスノーボードに乗って斜面を滑降できるのは？　数学のおかげだ。

『カーバル・スペース・プログラム』でロケットを噴射できるのは？　数学のおかげだ。


――『フォーブス』誌のウェブサイト、「これがスーパーマリオを支える数学だ」

グラフィックスと数学

草葺き小屋の並んだその中世風の村では、荷馬車が砂利道を進み、畑には作物が植えられ、放牧地ではヒツジが草を食んでいる。ひしめき合う家々のあいだをくねくねと流れる細い川が夕日で金色に輝いている。我々はまるで飛行機から見下ろすかのようにその光景を俯瞰している。飛行機が急降下したり向きを変えたりするたびに、その光景は回転したり傾いたりする。しかし飛行機ではない。地上からの視線に場面が切り替わると、ドラゴンの輪郭がくっきりと浮かび上がる。こっちに来るぞ。急降下するドラゴンの視線に場面が戻る。屋根をかすめ、目の前に炎が伸び、草葺き屋根が燃え上がる……。

映画かもしれないしコンピュータゲームかもしれない。いまではほとんど区別がつかないほどだ。どちらにしてもコンピュータグラフィックス（CG）の極致である。

それにも数学が使われているのだろうか？

そのとおりだ。

ならばすごく新しい数学に違いない。

実はそうともいえない。応用のしかたは新しいし、高度で新しい数学も使われてはいるが、ここで取り上げたいのはおよそ175年前に生まれたものである。しかもその数学はけっしてコンピュータグラフィックスを意図して作られたものではない。そもそも当時はコンピュータなんて存在していなかった。

その数学は、どんなハードウエアにも依存しないもっと一般的なテーマを扱うために考案された。3次元空間の幾何学である。今日の立場からすればコンピュータグラフィックスとのつながりは明らかだ。しかしその数学は幾何学のようには見えず、代数学に近かった。ただし基本的な算術規則の一つを破っていたため、代数学にすら見えなかった。それを生み出したアイルランド人天才数学者のウィリアム・ローワン・ハミルトン卿(きょう)は、これを〝四元数(しげんすう)〟と名付けた。皮肉なことに四元数は彼が探していたものとは少々違っていた。それもそのはず。

彼が探していたものは実在しなかったのだ。

コンピュータゲームの進歩

いまや地球上には人間の数よりもたくさんのコンピュータがある。人間の数は76億を超える。それに対してノートパソコンだけでも20億台以上、スマートフォンやタブレットは90億台近くあり、いずれの計算能力も1980年代に手に入れられた最高性能のスーパーコンピュータを上回る[52]。各メーカーが地球上に存在するあらゆる食器洗浄機やトースター、冷蔵庫や洗濯機やネコ用の出入口にこぞって組み込もうとしている小型コンピュータを数え上げていくと、世界人口の4倍にも達する。

かつてはそうでなかったなんてなかなか想像できない。技術革新は爆発的なペースで進んできた。初の家庭用コンピュータであるApple IIやTRS－80やコモドールPET2001が発売されたのは1977年、わずか40数年前のことだ。当初から家庭用コンピュータのおもな使い道はゲームだった。グラフィックスはぎこちなかったし、ゲームもとても単純な代物だった。中にはテキストメッセージだけのものもあった。「君はいま迷路の中にいて、曲がりくねった通路は全部違う」。それに続いてさらに意地の悪いメッセージが表示される。「君はいま迷路の中にいて、曲がりくねった通路は全部そっくりだ」

処理速度が上がってメモリー容量が果てしなく増え、価格が大幅に下がるにつれて、コンピュータの描き出す映像ははるかにリアルになり、映画産業を席巻しはじめるまでになった。コンピュータだけで制作された初の長編アニメーション映画は1995年の『トイ・ストーリー』だが、短編ならばその10年ほど前にさかのぼる。いまでは特殊効果はものすごくリアルになっているし、あまりにも広く使われていて気づかないほどだ。ピーター・ジャクソン監督は『ロード・オブ・ザ・リング』3部作を撮影する際に、照明効果などいっさい気にしなかった。後からコンピュータで処理したのだ。

我々は高画質でハイスピードのグラフィックスに慣れきってしまっているため、その由来についてわざわざ考えることはめったにない。初のビデオゲームが登場したのはいつか？　家庭用コンピュータの30年前だ。1947年にテレビ技術の開拓者トーマス・ゴールドスミスJrとエストル・レイ・マンが〝陰極線管娯楽装置〟の特許を出願した。陰極線管（ブラウン管）は、滑らかに湾曲した基部（スクリーン）と首状の細い末端を持った太くて短いガラス管である。首の中にある素子からスクリーンに向かって発射された電子ビームの向きを電磁石で制御することで、ちょうど人間が目で文章をなぞるように、スクリーンを横方向にスキャンしていく。ビームが管の前面に当たると特別なコーティング剤が発光して輝点が現れる。1997年頃に液晶テレビが発売されるまで、ほとんどのテレビはこのブラウン管を使って画面を表示していた。ゴールドスミスとマンが開発したゲームは、第二次世界大戦のレーダースクリーンから着想を得たものだった。輝点がミサイルを表し、プレーヤーはスクリーンに貼り付けた紙に描かれたターゲットにそのミサイルを命中させることを目指す。

1952年にはメインフレームコンピュータEDSACを使って、三目並べという偉業が達成された。大ヒットしたのがアタリのアーケードゲーム〝ポン〟で、これは2人のプレーヤーがそれぞれのパドルでボールを打ち合う、2次元版の単純な卓球ゲームである。今日の基準からするとそのグラフィックスはきわめて貧弱で、パドルに相当する2個の長方形とボールを表す正方形が動いているだけだったし、躍動感もほとんどなかったが、もっと優れたテクノロジーが登場するまで最先端のビデオゲームだった。

いうまでもなくハミルトンは、自分の考え出した数学がこのような形で使われることなど意図していたはずがない。そのアイデアが実際に活かされるまでに142年もかかったのだから。しかし後世の我々が見たら分かるとおり、彼がその数学で解こうとしたタイプの問題にはその可能性がもとから秘められていた。数学にもいろいろなスタイルがある。数学者の中には、現実世界であれ純粋数学の精神世界であれ、ある特定の問題の答えを見つけることに没頭する人もいる。無数の個別の定理を統一的な枠組みにまとめ上げて理論を組み立てようとする人もいる。気の向くままに分野から分野へと渡り歩く一匹狼もいる。あるいは、まだ示されていない問題に使えるかもしれない新たな道具、つまり応用を目指した手法を考え出す人もいる。

ハミルトンの名声はもっぱら理論を組み立てたことによるが、四元数は彼が道具づくりにも秀でていたことを物語っている。四元数を考案した目的は、3次元空間の幾何学について体系的な計算をおこなうための代数構造を提供することだった。

時代を拓いた数学者

ハミルトンは1805年にアイルランドのダブリンで、9人きょうだいの4番目として生まれた。母親の名前はサラ・ハットン、父親は弁護士のアーチボルド・ハミルトン。3歳のとき、学校を経営するおじのジェイムズに預けられた。幼いうちからさまざまな言語に才能を発揮したが、独学でかなりの数学も身につけたらしく、18歳からトリニティー・カレッジ・ダブリンで数学を学びはじめて飛び抜けた成績を収めた。クロインの主教ジョン・ブリンクリーは、「この若者は同世代の初の数学者になるであろうどころか、すでに*なっている*」と言い切った。その言葉は正しかったようで、1827年にハミルトンはいまだ学部生の身でありながら、同カレッジのアンドリューズ記念天文学教授兼アイルランド王室付き天文学者に任ぜられた。そしてダブリン近郊のダンシンク天文台でその後の研究人生を送った。

ハミルトンのもっとも有名な研究は光学と力学に関するもので、中でも大きくかけ離れたこの2つの分野のあいだに重要な関係があることを発見し、主関数と呼ばれる共通の数学的概念によってこれらの分野を定式化しなおしたことが挙げられる。いまではハミルトニアンと呼ばれているこの主関数は、両分野の大きな発展につながった。時代が下ると、新しくもきわめて奇妙な量子力学の理論にも欠かせないことが明らかとなった。

ハミルトニアンについては前の章で簡単に触れた。１８３３年にハミルトンは何百年にもおよぶあの哲学めいた難題を解決して複素数から神秘のベールを剝ぎ取り、その呼び名がまやかしだったことを暴き出した上に、その見かけの目新しさは精巧な仮面のせいであって、その本性はごくありふれたものであることを明らかにした。ハミルトンいわく複素数は、足し算と掛け算の具体的な規則に従う実数の順序対〔順序が意味を持つペア〕以上のものでも以下のものでもない。しかしこれもすでに述べたとおり、その難題の解決は少々遅すぎて誰も感銘を受けなかったし、先んじて同じアイデアを思いついたガウスに至ってはわざわざ発表しようともしなかったほどだ。それでも複素数に関するハミルトンの考え方は大きな価値を帯びていて、四元数を考案するきっかけを与えたのだった。

このように数学に関する数々の功績によって、ハミルトンは１８３５年にナイトの称号を授かった。四元数を考え出したのはその後のことだが、当時はハミルトン本人と数人の熱烈な支持者を除き誰一人としてその重要性に気づかなかった。ほとんどの数学者や物理学者は、四元数を熱心に売り込むハミルトンを見て、頭がどうかしてしまったのではないかと感じたようだ。狂気とまでは言わないがその一歩手前だと。しかし彼らは間違っていた。四元数を引き金に起こった革命によって、数学は未踏の荒野へと足を踏み入れていったのだ。おおかたの人がその可能性に気づけなかったのも理解できるが、ハミルトン本人は自分が正鵠を射ていることを自覚していた。彼が拓いた荒野は今日もなお新たなひらめきを与えつづけている。

３次元を投影する

ほとんどのゲーマーや映画マニアは気に掛けないような疑問がいくつかある。グラフィックスのしくみは？　どうやって映像を作っているのか？　どうしてこんなにリアルに見えるのか？　気に掛けないのもしかたがない。そんなことといっさい知らなくてもゲームをやったり映画を観たりすることはできるのだから。しかしテクノロジーを進化させ、必要なさまざまなテクニックを発明し、CGやゲームを制作するには、そのさまざまな手法をかなりの技術的詳細に至るまで熟知した上に、新たな手法を考え出す手腕と想像力を備えた経験豊富な人材が大勢必要だ。過去の成功にあぐらをかいてなんていられない。

その基本となる幾何学の原理は少なくとも600年前から知られていた。イタリアルネサンスのさなかに何人もの傑出した画家が、透視図法の幾何学を明らかにしはじめたのだ。その手法のおかげで、3次元の世界を2次元のキャンバス上にリアルに描けるようになった。人間の目もそれとほぼ同じことをしていて、キャンバスの代わりに網膜を使っている。詳しく説明すると複雑になってしまうが、簡単に言うと、現実の風景の各点から見ている人の目まで直線を引いて、その直線がキャンバスと交わる点に印を打つことで、風景を平らなキャンバスの上に〝投影〟する。アルブレヒト・デューラーの見事な木版画《リュートを素描する人》（図26）にはその手順がはっきりと描かれている。

この幾何学的説明をうまく書き換えると、空間内のある点の3つの座標を、キャンバス上でそれに対応する点の2つの座標に変換する単純な公式で表すことができる。風景に対するキャンバスと画家の目の位置が分かっていれば、その公式を当てはめることができる。投影と呼ばれるその変換を物体のすべての点に適用することは現実的に不可能だが、十分な個数の点に対しておこなえば良い近似になる。デューラーの木版画でも、リュートの輪郭全体でなくいくつかの点だけが使われている。屋根に葺かれた草や川面のさざ波、そしてもちろんそれらの色といった細部は、それらの点の上に重ねて描けばいいが、その手法について説明しだすとそれだけで1冊の本になってしまうのでここでは立ち入らない。

先ほどのドラゴンの視点から見た村の光景も、基本的にはそのようにして描かれている。コンピュータのメモリーにはあらかじめ、村の重要地点の座標がすべて保存されている。キャンバスに相当す

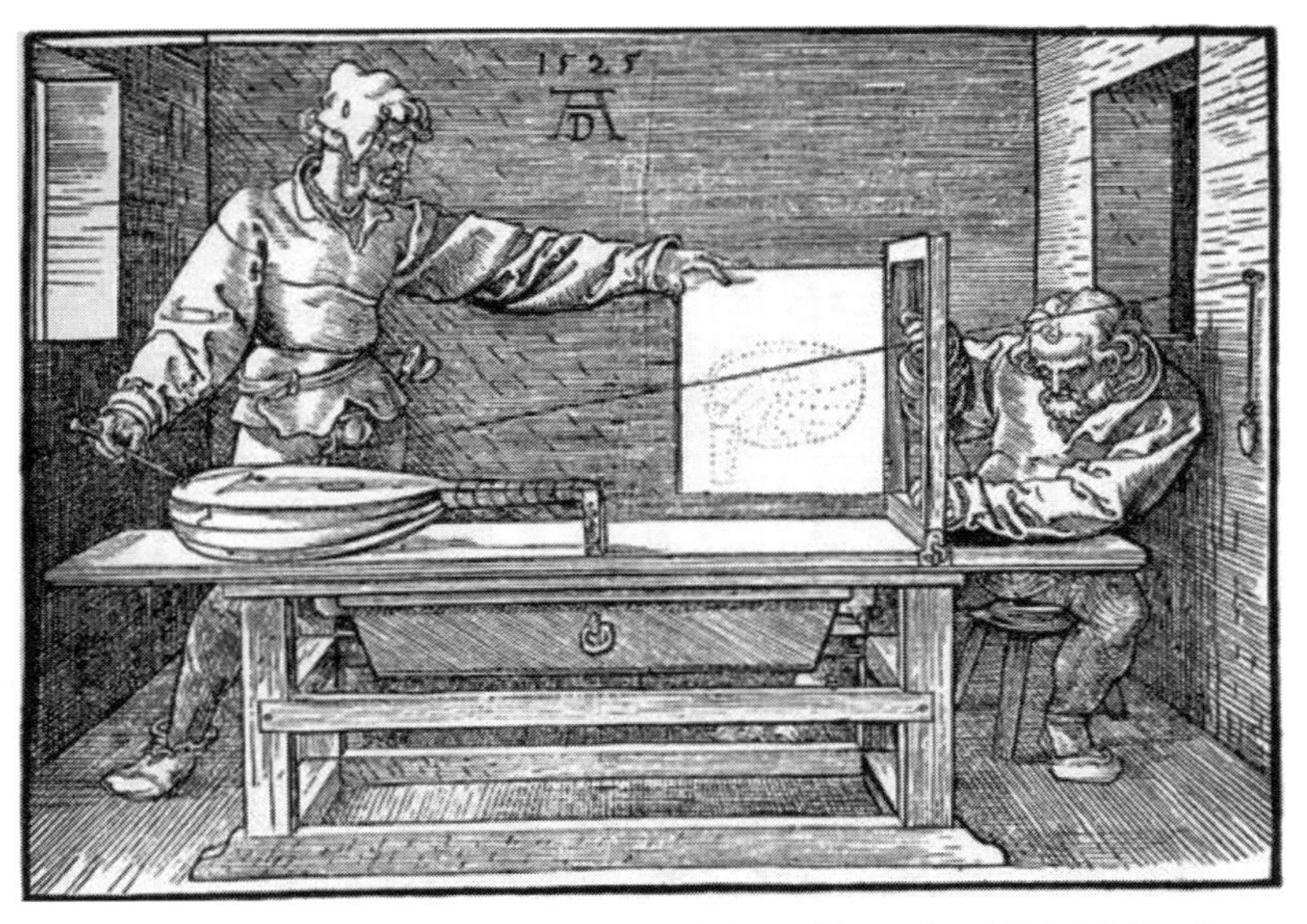

図26　アルブレヒト・デューラー《リュートを素描する人》。3次元空間を2次元のキャンバス上に投影する方法が描かれている。

るのはドラゴンの網膜。それがどの場所にあってどの方向を向いているかが分かれば、先述の公式を使ってドラゴンの見ている光景を計算できる。そうして描き出されるのは、ある特定の瞬間における村の様子を写した1枚のフレームである。次のフレームでは村はやはり同じ場所にあるが、ドラゴンとその網膜は動いている。空中でのドラゴンの経路をたどりながらフレームをつなぎ合わせていけば、ドラゴンが目にする動く映像ができあがる。

　もちろん実際にこのとおりにおこなっているのではなく、基本的な考え方を説明したにすぎない。もっと効率的に計算してコンピュータの処理時間を短くするための特別なトリックがいくつもある。しかし話を単純に進めるためにそれは無視することにしよう。

　迫り来るドラゴンを地上から見た光景にもこれと同じタイプの計算が使え

る。その場合は、ドラゴンの位置を表す別の点の集合と、ドラゴンでなく地上で光景を投影するスクリーンが必要となる。しかしここでは話を絞って、ドラゴンの視点にこだわることにしよう。ドラゴンの視点から見るとドラゴン自身の目は固定されていて、村のほうが動いているように見える。ドラゴンに向かって急降下するにつれて、村のあらゆるものが大きくなるとともに傾いたり回転したりする。地上に向かって急降下するにつれて、村のあらゆるものが大きくなるとともに傾いたり回転したりする。そうすることでドラゴン自身が動いているように見せている。雲に向かって上昇していくと、村は小さくなっていく。その間ずっとリアルに見えていなければならず、そのための数学的な秘訣が、村を(きわめて複雑な)〝剛体〟として扱うことである。そのイメージをつかむには、ドラゴンになったつもりで目の前に何か物体を掲げ、前後に動かしたりあちこち回転させたりしてみればいい。

この場合は、ドラゴンに対して固定されたドラゴンの〝基準座標系〟によってすべてを表現していることになる。村は剛体として運動している。数学的に言うと剛体とは、その中のどの2点間の距離も変化しない物体のことである。しかし物体全体としては空間内を運動してもかまわない。物体の運動には基本的に、平行移動と回転運動という2つのタイプがある。平行移動では、回転せずにある方向に滑っていく。回転運動では固定された軸を中心に回転し、すべての点がその軸に直交する平面内で同じ角度だけ移動する。回転軸は空間内のどのような直線でもかまわないし、角度もどんな大きさでもかまわない。

どんな剛体運動も平行移動と回転運動の組み合わせになっている(平行移動の距離が0で回転運動の角度も0であれば、その剛体運動は何の影響もおよぼさない)。実はこれは嘘で、剛体運動にはもう一つ、鏡のように作用する鏡映というものがある。しかし連続的な運動で鏡映が起こることはないので、ここでは無視できる。

以上で、移動するドラゴンを数学的に表現するための重要なステップには片がついた。次に理解すべきは、平行移動や回転運動によって空間内の点の座標がどのように変化するかである。それができれば、標準的な公式を使ってその結果を平らなスクリーン上に投影できる。実は平行移動については簡単で、厄介なのは回転運動のほうである。

橋に刻まれた数式

2次元、つまり平面上であればずっと簡単だ。紀元前300年頃にエウクレイデスが平面幾何学を打ち立てた。しかし剛体運動を用いて構築したのではなく、形や大きさは同じだが位置の異なる三角形、すなわち合同な三角形を用いた。19世紀までにはそのような三角形のペアを、剛体運動、つまり1つめの三角形を2つめの位置に移動させる変換として解釈する方法が確立した。ゲオルク・フリードリヒ・ベルンハルト・リーマンは特別なタイプの変換に基づいて幾何学を定義した。

それとはまったく異なる経緯をたどって、平面上での剛体運動を効率的に計算する方法が見つかった。前の章で説明した複素数による代数学の進歩によって思いがけずもたらされた副産物である。たとえば図23（159ページ）にある"*PIG*"のような図形を平行移動させるには、その図形のすべての点にある一定の複素数を足し合わせる。角度*A*で回転させるには、すべての点にe^{iA}を掛け合わせる。さらに複素数は物理学の微分方程式を解くのにもうってつけだったが、ただし2次元空間でしか通用しない。

こうしたことからハミルトンはある考えに至り、それに取りつかれていった。複素数が2次元の物理学にとってこれほど有効であるのなら、3次元で同じように有効な〝超複素数〟ともいえるものが存在するはずだ。そのような新たな数体系を見つけられれば、現実的な物理学への扉が大きく開かれる。取っかかりもはっきりしている。複素数が実数の〝2つ組〟なのだから、その仮想的な超複素数は実数の〝3つ組〟のはずだ。1つの次元ごとに1つの実数である。そのような3つ組を足し合わせるための公式も明らかで、対応する成分どうしを足し合わせればいい。平行移動についてはそれで解決。あとやるべきは、掛け算のしかたを見つけるだけだ。しかしどんな方法を試してもうまくいかず、1842年にはその苦悩ぶりを我が子にも気づかれるまでになった。子供たちは毎日のように「パパ、3つ組を掛けることはできたの？」と声をかけた。するとハミルトンは決まって頭を横に振った。足したり引いたりはできる。しかし掛け算はどうしてもできなかった。

数学上の大きなブレークスルーが起こった正確な日付を特定するのは、往々にして難しいものである。たいていの場合、何人もの数学者が最終的な発見を目指して手探りで進んでいった、長くて入り組んだ〝前史〟があるからだ。しかし中には正確な時刻や場所まで分かっているものもある。いまの話の場合、その日付は1843年10月16日月曜日、場所はダブリンである。そのときの様子まで再現できる。当時アイルランド王立アカデミーの会長だったハミルトンは、同アカデミーの委員会の会合に出席するために、妻とともに運河の曳舟道（ひきふねみち）を歩いていた。そしてブルーアム橋の上で一息ついていたとき、何年ものあいだ悩まされていた例の問題の答えが突然頭に浮かんできて、ポケットナイフを取り出してその答えを橋の石積みに彫り込んだ。

$$i^2=j^2=k^2=ijk=-1$$

刻まれた文字はいまではすり減って消えてしまっているが、毎年、科学者や数学者のグループがその記憶を留めておくために、〝ハミルトン・ウォーク〟と称してその橋を渡っている。

説明がなければこの数式はとうてい理解できない。たとえ説明があっても、一見しただけでは異様で的外れに見えるだろうが、数学上の大きなブレークスルーというのは得てしてそういうものだ。腑（ふ）に落ちるまでには時間がかかる。もしも複素数を発見したのであれば、ハミルトンは $i^2=-1$ という単純な規則を彫り込んでいただろう。この等式が複素数体系全体の鍵を握っていて、ここから通常の算術規則を引きつづき当てはめていけばすべて導き出せる。i とともに j と k も含んだハミルトンの数式は、さらに拡張された数（あるいは数に似た存在）の体系を定義している。通常の実数である成分を4つ含んでいることから、ハミルトンはこれを〝四元数〟と名付けた。1つめの成分は通常の実数。2つめの成分は、通常の虚数iのように振る舞う数iに掛け合わされる実数。残り2つの新たな成分は、jと呼ばれる数に掛け合わされる実数と、kと呼ばれる数に掛け合わされる実数である。したがって一般的な四元数は、a、b、c、dを通常の実数として$a+bi+cj+dk$という形になる。あるいは神秘的な雰囲気を拭い去るために、いくつかの算術規則に従う実数の4つ組(a, b, c, d)としてもいい。

ハミルトンはこのちょっとした破壊行為の翌日、友人の数学者ジョン・グレーヴズに宛てて次のようにしたためた。「あのとき、3つ組を使って計算するにはいわば空間の4番目の次元を認めなければならないという考えが浮かんできた」。父親に宛てた手紙では、「電気回路がつながったかのように火花がほとばしりました」と記している。この言葉は本人が自覚していたよりもさらに真実に近かった。今日ではこの発見は、何千兆回もの微小な火花をほとばしらせる何十億個もの電気回路で欠かせない役割を果たしているのだから。それらの電気回路はプレイステーション4やニンテンドースイッチ、Xboxなどの名前で呼ばれていて、『マインクラフト』や『グランド・セフト・オート』、『コールオブ デューティ』といったビデオゲームをプレーするのに使われている。

ハミルトンが3つ組の掛け算を実現しようとしてあれほどの困難に直面したのはなぜか、いまではその理由が分かっている。不可能だからだ。ハミルトンは通常の代数規則、とくに0でないどんな数でも割ることができるという規則が通用するようにしなければならないと決めていたが、どんな数式を試してみてもそのすべての規則を満たすことはできなかったのだ。のちに代数学者によって、その条件は論理的に矛盾していることが証明された。すべての規則を成り立たせたいのであれば、複素数より先に広げるわけにはいかない。2次元に留まりつづけるしかないのだ。結合則が成り立つと仮定してハミルトンの数式をいじり回すと、代数規則のうちの一つ、掛け算の交換則がすでに放棄されていることにすぐに気づく。たとえばハミルトンの公式によると、$ij = k$ だが $ji = -k$ である。

ハミルトンも、確かに面倒にはなるが少なくともこの交換則だけは放棄しなければならないだろうと思っていた。しかしいまでは分かっているとおり、それでも自己完結した3つ組の数体系を構築することはできない。アドルフ・フルヴィッツの美しい定理（死後の1923年に発表された）によると、〝実多元体〟は実数と複素数と四元数しかない。つまり実成分が1つ、2つ、4つであればどうにかなるが、3つではだめなのだ。この中で交換則に従うのは実数と複素数だけである。結合則を緩めると8つの成分からなる数体系が得られ、それは八元数（はちげんすう）やケイリー数と呼ばれている。その次に自然な数体系は16個の成分を持つことになるが、それは緩めた形の結合則にも従わない。できるのはここまでだ。この方向性ではそれ以上の数体系を構築することはできない。数学はときに奇妙な事実を見せつけてくるもので、これもその一つといえる。この場合、1, 2, 4, 8という数列の次の項は存在しないのだ。

不憫（ふびん）なことに老ウィリアム卿は、不可能なことを実現しようとして何年ものあいだ不毛な努力を重ねてしまった。最終的にブレークスルーを果たすには、2つの重要な原則を放棄するしかなかった。掛け算が交換可能でなければならないという原則と、3次元の物理学にふさわしい数体系は3つの成分を持っていなければならないという原則である。前へ進むにはこの両方を捨てるしかないと気づいたハミルトンの功績は、すさまじく大きいといえるだろう。

滑らかに回転させるには

ハミルトンが付けた四元数という名前から分かるとおり、この新たな数体系は4つの次元と関係がある。彼は数学や物理学の多くの分野で四元数を使うよう訴え、四元数の中でも特別なタイプである

〝ベクトル部分〟$bi+cj+dk$によって3次元空間を簡潔に表現できることを示した〔実部aはスカラー部分という〕。しかしベクトル代数というもっと単純な体系が登場したことで、四元数は流行らなくなった。純粋数学や理論物理学では関心が持たれつづけたものの、実用に供するという考案者の願いには応えられなかった。しかしそんな状況も、コンピュータゲームや映画のCGが出現したことで一変する。

四元数との関係性が浮上してきたのは、CGでは物体を3次元空間内で回転させなければならないからである。そのためにもっとも適していたのがハミルトンの四元数だったのだ。四元数を用いた単純な代数学的道具によって、回転の効果を高速かつ精確に計算できる。映画など存在していなかった時代に生きていたハミルトンもきっと目を丸くしたことだろう。古い数学でもまったく新たな使われ方をするものなのだ。

コンピュータグラフィックスに四元数を利用しようという提案がなされたのは、ケン・シューメイクの1985年の論文「四元数曲線によるリアルな回転」においてだった[53]。その冒頭には次のように記されている。「空間内で剛体が転がったりひっくり返ったりする。コンピュータアニメーションではカメラのほうもそうである。これらの物体の回転は、4つの座標を持つ系、すなわち四元数を用いることでもっともうまく記述できる」。それに続いて、四元数は滑らかな〝補間（インビトゥイーニング）〟、つまり与えられた2つの場面のあいだの画像を生成するのにきわめて好都合であると述べられている。

詳細に立ち入る前に、シューメイクがこの方法を思いつくきっかけとなったコンピュータアニメーションのいくつかの特徴について説明しておきたい。ただし大幅に単純化して説明するし、ほかにも数多くの手法が用いられている。映画やコンピュータ画面上の動画は実際には一連の静止画でできていて、それを高速で次々に表示することであたかも動いているかのような錯覚を起こさせている。ウォルト・ディズニーのアニメを思い出してほしい。初期のアニメーションでは画家がその静止画を一枚一枚描いていて、リアルな動きを出すにはかなりの腕前が必要だった（ネズミがしゃべるのがリアルだとしたらの話だが）。このプロセスを単純化する手法はいろいろある。たとえば一場面を通じて同じ背景を使い、変化する物体をそこに重ね合わせるといった手法である。

この方法はとても手間がかかるし、宇宙での戦闘シーンのすばやい動きなど高画質のアニメーションにはとうてい利用できない。何機もの宇宙船がすれ違う映画やゲームの一場面をアニメーションで作成しているとしよう。それぞれの宇宙船はグラフィックアーティストがすでに（コンピュータ上で）デザインしており、空間内に固定されたたくさんの点をつなぎ合わせて、小さな三角形が網の目状に連なった形で表現されている。さらにその各点の座標と、どの点とどの点がつながっているかを表した数のリストとしても表現できる。コンピュータソフトウエアを使えばこの数（および色などを表す数）のリストを〝レンダリング〟して（191ページ）、その宇宙船の2次元画像を生成できる。その2次元画像は、この宇宙船をある基準位置に置いてある特定の場所から見たときの見え方となる。

この宇宙船を動かすには、これらの数を適切な形で変化させていく。たとえば新たな位置に移動させるには、点どうしのつながりを変えずに、すべての点に一定の3つ組数（変位ベクトル）を足し合わせる。その新たな数のリストをレンダリングすれば次の静止画が得られ、これを繰り返していく。ベクトルの足し算は単純ですばやくおこなえるが、物体は空間内で回転することもある。どんな軸を中心にしても回転するし、物体が移動するにつれて回転軸が変化するかもしれない。回転の場合も数のリストが変化するのは同じだが、その変化のしかたがもっと複雑である。

ほとんどの場合、その物体の出発地点（たとえば地上）と終着地点（月面基地）は分かっている。2次元画面上における物体の精確な位置は、視聴者が実際に目にするものなのできわめて重要である。十分に芸術的で刺激的に見えなければならない。そのため出発地点と終着地点は、入念に計算した数のリストで表される。そのあいだの精確な位置がそこまで重要でないのであれば、コンピュータに指示して出発地点と終着地点のあいだを補間させればいい。つまり、出発地点から終着地点への移動を表す数学的規則に基づいて2つのリストを組み合わせる。たとえば対応する座標どうしを平均すれば、物体は出発地点と終着地点の中間に来る。しかしそれではあまりにも単純すぎて受け入れられない。多くの場合、宇宙船が変形してしまうのだ。

そこで、空間内での剛体運動を用いて補間をおこなう。宇宙船をたとえば中間地点まで平行移動させてから、45°回転させる。それをもう一度おこなえば、90°回転した宇宙船が正しく終着地点に来る。連続的に動いているように錯覚させるには、全体の1/90だけ平行移動させて1°回転させるという操作を繰り返せばいい。実際にはもっとずっと小さなステップでおこなうことになるだろう。

もっと抽象的に見るとこの手順は、あらゆる剛体運動からなる〝配位空間〟に則して考えることができる。配位空間内の一点はある特定の剛体運動に対応していて、その近くの点は似た運動に対応している。そのため、少しずつ変化していく一連の運動は、互いに近い点どうしの連なりに対応する。それらの点をつなぐと、剛体運動空間内における折れ線の経路が得られる。ステップをかなり小さくすれば連続的な経路になる。こうすれば、最初の画像と最後の画像のあいだを補間するという問題は、配位空間内での経路を見つけるという問題でとらえなおすことができる。動きを滑らかにしたいのであれば、その経路を折れ曲がりのない滑らかなものにしなければならない。そして折れ線を滑らかにする優れた方法はいくつかある。

この配位空間の〝次元数〟、つまりその中の一点を指定するのに必要な座標の数は6である。そのうちの3つは平行移動を表す——南北の移動、東西の移動、上下の移動に1つずつ。そして回転軸の位置を指定するのにあと2つ、さらに回転角を指定するのに1つ必要である。こうして、3次元空間内で物体を滑らかに移動させるという問題が、6次元空間内で滑らかな経路に沿って点を移動させるるための手法を使って解決できる。

という問題に置き換わった。このように焼き直した問題は、多次元幾何学において適切な経路を決めるための手法を使って解決できる。

四元数を使う

応用数学において剛体の回転を扱うための伝統的な手法は、オイラーにさかのぼる。1752年にオイラーは、鏡映を含まないすべての剛体運動は平行移動か、または何らかの軸を中心とした回転であることを証明した[54]。その上で計算の便宜上、通常の座標系における3つの軸を中心とした3通りの回転を組み合わせる手法を編み出し、それはいまでは〝オイラー角〟と呼ばれている。シューメイクはその一例として、次の3つの角で指定される飛行機の向きについて考えた。

- **ヨー**：垂直軸を中心とした回転で、水平面内における飛行機の向きを指定する。
- **ピッチ**：両翼を通る水平軸を中心とした回転。
- **ロール**：機首から尾部へ伸びる軸を中心とした回転。

このような表現法の第1の問題点は、各成分を適用させる順番が重要な意味を持つことである。回転は可換ではないのだ。第2の問題点は、回転軸の選び方が一つに定まらず、応用分野ごとに選び方が違うことである。第3の問題点は、オイラー角で表現した2つの回転を順番に組み合わせるための公式がすさまじく複雑なことである。飛行機がある方向を向いたときにかかる力をおもに扱う基本的な航空力学に応用するのであればたいした問題ではないが、物体が一連の動きをするコンピュータアニメーションにとっては何とも厄介だ。

そこでシューメイクは、もっと回りくどいが四元数を用いれば、アニメーションの作成、とくに補間をおこなう上ではるかに便利な形で回転を指定できると論じた。四元数 $a+bi+cj+dk$ をスカラー部分 a とベクトル部分 $bi+cj+dk$ に分ける。ベクトル v を四元数 q で回転させるには、v に左から q^{-1} を、右から q を掛けて $q^{-1}vq$ とする。q がどんな四元数であっても結果はやはりベクトルで、スカラー部分は0である。ここで四元数の掛け算に関するハミルトンの規則から分かるとおり、驚くことにどのような回転もたった1つの四元数に対応する。スカラー部分は回転角の半分のコサインに等しく、ベクトル部分の向きは回転軸と同じ、長さは回転角の半分のサインに等しい。このように四元数は回転の幾何を丸ごとコード化していると言える。ただし、角度そのものでなく角度の半分にしないと自然な公式が成り立たないのは少しだけ不便だが[55]。

物体を何度も回転させるとどうしても歪んでしまうものだが、四元数を使えばそれを防ぐことができる。コンピュータは整数は正確に計算できるが、実数を完璧な精度で表現することはできないため、わずかな誤差が紛れ込んでしまう。通常の方法で変換を表現すると、操作した物体の形がわずかに変わってしまい、見た目でもその変化に容易に気づける。それに対して四元数を使えば、その成分の値がわずかに変わっても四元数は四元数のままだし、またすべての四元数が何らかの回転に対応しているのだから、やはり回転を表している。正確な回転からわずかに異なる回転に変わっただけだ。人間の目はそのような誤差にはあまり敏感でないし、誤差が大きくなりすぎたら容易に補正できる。

CGの制作現場

四元数は確かに3次元のリアルな動きを生み出す方法の一つだが、ここまでは剛体に適用した場合についてしか説明していない。宇宙船は剛体かもしれないが、ドラゴンはそうではない。柔軟だ。ではCGでリアルなドラゴンを作るにはどうすればいいか？　一般的に用いられている方法はドラゴンだけでなくほぼどんなものにでも通用するので、ここではちょうどいい絵が手に入った恐竜でやって

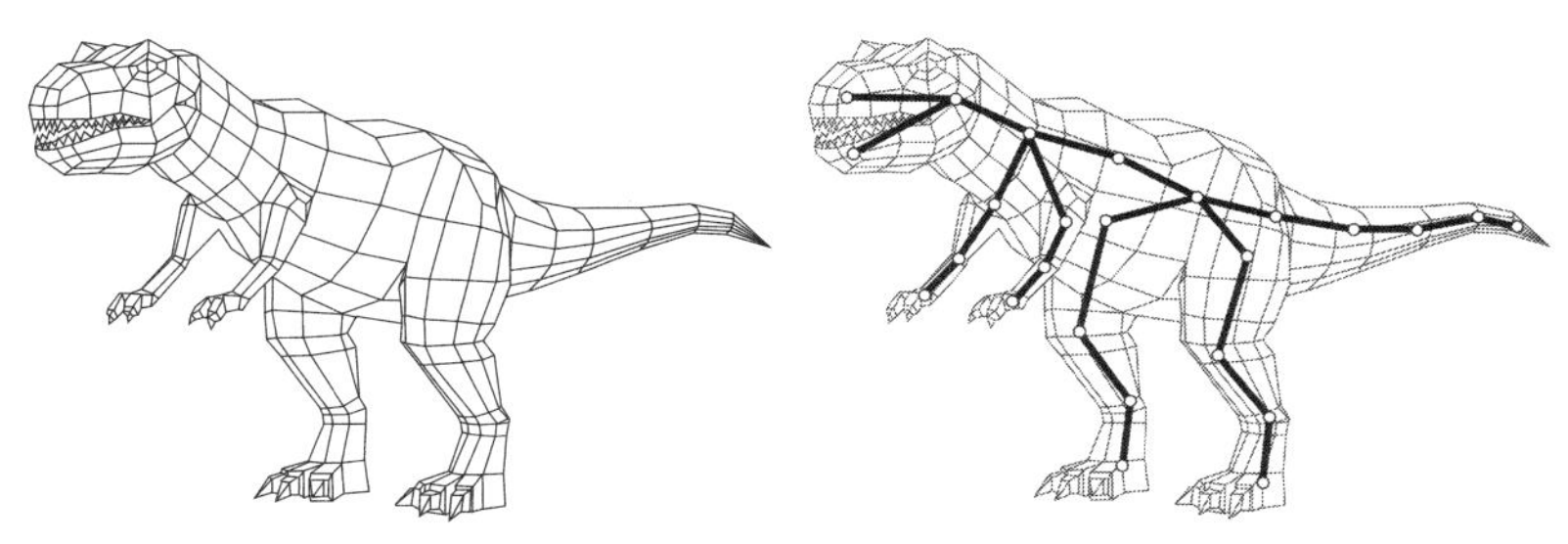

図 27　左：ティラノサウルス・レックスの粗いポリゴンメッシュ。右：基本的なスケルトンを付け加えたもの。

みよう（図27）。この方法では柔軟な物体の運動を、互いに連結した剛体の集合の運動に還元する。剛体に対して何か好きな方法を用いた上で、それらが正しくつながるよう調整すればいい。とくに剛体の回転と平行移動に四元数を用いれば、柔軟な恐竜にもそれと同じ方法が通用する。

第1段階では、三角形や長方形や不等辺四辺形など、平らな多角形（ポリゴン）からなる複雑なメッシュによって表面を表した、恐竜の3次元デジタルモデルを作る。この作業のためのソフトウエアでは、幾何学的に表現された物体の形を動かしたり回転させたり、細かい部分を見るために拡大したりでき、そのすべての動きがコンピュータ画面上に反映される。しかしこのソフトウエアで操作しているのは幾何構造そのものではなく、ポリゴンどうしが接している各点の座標値のリストである。それどころか、恐竜を描く上で用いられる数学は、完成した恐竜を動かすために用いられる数学とほぼ変わらない。大きな違いは、この段階では恐竜は固定されていて、視点が回転したり平行移動したりすることである。それに対してアニメーションでは、視点が固定されていて恐竜が動く。あるいは急降下するドラゴンでは視点も動くかもしれない。

粗くて剛直な恐竜はできた。ではそれを運動させるにはどうするか？　ミッキーマウスの時代ならわずかに位置を変えた恐竜の絵を何百枚も描かなければならなかったが、いまではそんなことはしない。面倒な作業はすべてコンピュータに任せてしまいたいので、完成した恐竜を基本的な骨格（スケルトン）、つまり端と端がつながった少数の剛直な棒（〝骨〟）に還元する。胴体や肢（あし）、尾や頭など至るところにその棒を設定する。解剖学的に正しい骨格ではなく、恐竜の主要部分を曲げ伸ばしするための骨組みにすぎない。このスケルトンもまた、それぞれの骨の両端に対応する座標のリストで表現される。

とくに人間やヒューマノイドをリアルに動かすためのとても効率的な方法が、モーションキャプチャである。役者が1台または複数台のカメラの前で必要な運動をおこない、3次元データを取得する。足や膝、尻や肘など身体の主要な箇所には白い印を付けておき、役者を撮影した動画をコンピュータで解析してその印の動きを抽出する。そしてそのデータを用いてスケルトンを動かす。『ロード・オブ・ザ・リング』3部作に登場するゴラムはそのようにして動かしている。人間と違う奇妙な（しかしリアルな）動きを表現したいなら、当然ながら役者もそれに合わせた奇妙な形で動かなければならない。

スケルトンを動かしてその結果に満足できたら、そのスケルトンのまわりにメッシュを〝まとわせる（ドレープ）〟。つまり2つの座標リストを組み合わせて、それぞれの骨の位置とそのまわりのメッシュの位置を結びつける。こうすれば、ほとんどの段階ではメッシュのことを忘れてスケルトンを動かすことに集中できる。ここで、剛体であるそれぞれの骨を3次元の中で動かしたいのだから、剛体運動に関する先ほどの話が活きてくる。そのときスケルトンがばらばらにならないよう、その運動には制約を課さなければならない。1本の骨が動いたらそれにつながった骨の端も動かなければならず、それらの骨の端の座標も正しい位置に移動する。さらにそれらの骨も剛直に動かし、もちろんそれらの骨につながった骨も影響を受ける。こうして骨ごとにスケルトン全体をわずかにしならせることができる。足を動かして歩かせたり、尾をしならせて上下に振らせたり、恐ろしい口を開かせたりできる。あくまでもすべてスケルトンでおこなう。スケルトンのほうが部品の数がはるかに少ないため、そのほうが単純で手っ取り早く、コストも少なくて済む。

スケルトンを望みどおりの形で動かせたら、最初のフレームに戻ってメッシュをドレープすればいい。するとあとはマウスを1回か2回クリックするだけで、アニメーションソフトウエアがスケルトンの動きに応じてそれぞれのフレームにメッシュを当てはめてくれる。そうしたら、スケルトンの動きに従った恐竜の動きがリアルに見えるかどうかをチェックすればいい。

これであらゆるたぐいのアニメーション作品を制作できる。〝カメラ〟の位置に相当するソフトウエアの視点を動かしたり、ズームアップしたり、走っている恐竜を遠くから眺めたりと、何でもできる。ほかの生き物、たとえば巨大なティラノサウルスから逃げる草食動物の群れも作れる。この場合もスケルトンからスタートして、それにメッシュをドレープする。一頭一頭の動物を別々に動かしてからすべて組み合わせれば、狩りのシーンを作れる。

スケルトンはただの棒線画なので、この時点では2頭の生き物が同じ空間を占めるのを防ぐことができない。しかしソフトウエアをさらに改良すれば、そのような衝突が起こったときに警告を出すことができる。スケルトンにメッシュをドレープすると手前のポリゴンが奥のポリゴンと重なるが、恐竜は透明ではないので、隠れるはずのポリゴンを消去しなければならない。それは座標幾何学の単純な計算でおこなえるが、計算量がかなり多い。コンピュータの処理速度が上がるまで実際には不可能だったが、いまでは当たり前のようにおこなわれている。

まだやるべきことは残っている。たくさんのポリゴンでできた恐竜なんてあまり見栄えが良くない。ポリゴンにリアルな皮膚の模様をドレープして色の情報を処理し、場合によってはリアルな質感を出さなければならない。毛皮とうろこでは見た目がぜんぜん違うからだ。各ステップには、それぞれ異なる数学的手法を実装した別々のソフトウエアが必要となる。このステップをレンダリングといい、それによって最終的に組み上げられた映像を我々は映画館のスクリーンで目にする。しかしすべて、点や棒を剛直に動かすための何十億回という計算に基づいているのだ。

このような数学的手法にはもう一つ利点がある。途中のどの段階でも手を加えて変更できるのだ。恐竜を茶色でなく緑色にしたくても、すべて最初からやり直す必要はない。同じスケルトンとメッシュ、同じ動き、同じ皮膚の質感を使って、色だけを変えればいい。

映画やゲームのアニメーションを制作するときには、これらのプロセスを実行するために開発された標準的なソフトウエアパッケージを専門家チームが駆使する。その作業がいかに複雑かを感じ取ってもらうために、映画『アバター』の制作に関わった会社やソフトウエアパッケージをいくつか紹介しよう。

アニメーションの大部分は、『ロード・オブ・ザ・リング』や『ホビット』で有名なニュージーランドのウェタ・デジタル社が制作した。『スター・ウォーズ』第1作の特殊効果のためにジョージ・ルーカスが1975年に設立したインダストリアル・ライト&マジック社（ILM）が、おもに最後の戦闘シーンでの飛行機など、180の場面を作成した。さらにイギリスやカナダやアメリカの会社が、未来のテクノロジーを模したコントロールルームのスクリーンや、バイザーに取り付けたヘッドアップディスプレイなど、重要な細部を付け加えた。ほとんどの場面はAutodesk Mayaというソフトウエアを使って作成された。とくにスコーピオン・ガンシップのモデルデザインにはLuxology社のModoというソフトウエアが用いられた。ヘルズ・ゲートのシーンとその内部はフーディーニというチームが制作した。異星の生き物はZBrushというソフトウエアを使ってデザインされた。色補正にはAutodesk Smoke、異星の植物のシミュレートにはMassive、空中に浮かぶ山々の作成にはMudboxというソフトウエアが使われた。最初のコンセプトアートやテクスチャーはAdobe Photoshopを使って作成された。計十数社の会社が携わり、22種類のソフトウエアと数えきれないプラグインが用いられた。

アニメーションのつなぎ方

いまではきわめて高度な数学もいくつかCGアニメーションに用いられはじめている。その目的はすべて、アニメーターの仕事をできるだけ単純にしてリアルな映像を生み出し、コストと時間を切り詰めることである。すぐに何でも安く手に入れたいのだ。

たとえば、さまざまな動きをする恐竜のアニメーションのライブラリーがあったとしよう。その中の一つには、恐竜の駆け足が〝1完歩（かんぽ）〟、つまり周期的に繰り返される動きの1周期にわたって収められている。別のアニメーションでは、恐竜が空中に飛び上がってからドスンと着地する。ここで、恐竜が小型の草食動物を駆け足で追いかけてから飛びかかる場面を作成したいとしよう。取っかかりの方法として効率的なのは、駆け足の1完歩を10回ほどつなぎ合わせてから、最後に飛び上がるアニメーションを付け加えることだろう。もちろん、同じアニメーションが10回ほど繰り返されているのが分からないよう、後からいろいろと調整しなければならないが、叩（たた）き台としては十分だ。

このように場面をつなぎ合わせるのは、スケルトンレベルでおこなうと都合がいい。メッシュのドレープおよび色やテクスチャーの付加などはすべて後でおこなうことができる。そこで、駆け足の1完歩を10回ほど複製してそこに飛び上がるアニメーションをつなぎ、どのように見えるかを確かめる。ひどい出来だ。

部分ごとは問題ないが、滑らかにつながっていない。ぎくしゃくしているしリアルではない。最近までだったら、新たな動きを補間して手作業でつなぎ目を修正するしかなかった。手間のかかる作業だったはずだ。しかし近年の数学的手法の進歩によって、この問題をはるかにうまい形で解決できる見通しが出てきた。平滑化法を使って途切れを埋めたり急な動きを均（なら）したりするという発想である。そこで重要となるのが、スケルトンを構成する一本の骨、あるいはもっと一般的に一本の曲線に対してそのような操作をおこなうための良い方法を見つけることである。その問題が解決できれば、一本一本の骨をつなぎ合わせてスケルトンを組み立てればいい。

現在それに用いられようとしているのが、形状理論（シェイプ理論）という数学分野である。そこである分かりきった質問から始めたい。形状（シェイプ）とは何か？

通常の幾何学には、三角形や正方形、平行四辺形や円などたくさんの標準的な形状が登場する。それらの形状を座標幾何学で解釈すると方程式が得られる。たとえば平面の場合、単位円上の点 (x, y) は方程式 $x^2+y^2=1$ を正確に満たす。円を表現するにはもう一つ、いわゆる〝パラメータ〟を使うというとても便利な方法がある。この表現法は、たとえば t という補助変数（時刻と考えればいい）と、x および y が t によってどのように定まるかを表すパラメトリック方程式からなる。t をある範囲にわたって変化させると、t のそれぞれの値に対して $x(t)$ と $y(t)$ という2つの座標が得られ、方程式が正しければそれらの点は先ほどの円を定義している。

円を表す標準的なパラメトリック方程式には三角関数が用いられる。

$$x(t)=\cos t,\ y(t)=\sin t$$

しかし同じ円を表しながらも、式の中でのパラメータの使われ方を変えることができる。たとえば t を t^3 に変えると

$$x(t)=\cos t^3,\ y(t)=\sin t^3$$

となるが、この式も同じ円を表している。このようなことが起こるのは、時刻のパラメータに、x と y の変化のしかたよりも多くの情報が含まれているからである。1つめの式では t が変化するにつれ

て点は一定の速さで動いていくが、2つめの式ではそうではない。

　形状理論は、このように式が一つに定まらないという難点を回避するための方法にほかならない。この場合の形状とは、特定のパラメトリック方程式に依存しない物体としてみなした曲線のことである。つまりtをt^3に変えたように、パラメータを変えてある式を別の式に変換できる場合、その2つのパラメトリック曲線は同じ形状を定義している。20世紀、数学者がそのような操作をおこなうための標準的な方法を考案した。かなり抽象的な視点が必要なため、数学者でなければ考えもしなかっただろう。

　第1段階では、1つのパラメトリック曲線だけでなく、存在しうるすべてのパラメトリック曲線からなる〝空間〟を考える。パラメータを変えることでこの空間内のある〝点〟（あるパラメトリック曲線に対応する）から別の点（別のパラメトリック曲線に対応する）が得られる場合、その2つの点は同値であると呼ぶ。すると〝形状〟は、パラメトリック曲線からなる一つの同値類、つまりある曲線と同値であるすべての曲線の集合として定義される。

　これは、モジュラ算術（第5章）に用いられる手法をもっと一般化したものといえる。たとえば5を法とする整数の場合、〝空間〟に対応するのはすべての整数で、差が5の倍数である2つの整数は同値ということになる。その同値類は次の5つがある。

5の倍数
5の倍数＋1
5の倍数＋2
5の倍数＋3
5の倍数＋4

なぜこれで終わりなのか？　5の倍数に5を足しても、少しだけ大きい5の倍数になるだけだからだ。

この場合の同値類の集合（$\mathbb{Z}/5\mathbb{Z}$ と表す）は、役に立ついろいろな構造を持っている。第5章でも、基本的な数論の大部分はまさにその構造に基づいていると説明した。$\mathbb{Z}/5\mathbb{Z}$ のことを、5を法とする整数の〝商集合〟という。5だけ違う数どうしを同じものとみなすことで得られるものである。

形状空間を得るにはこれと似たようなことをおこなう。整数の代わりに、あらゆるパラメトリック曲線からなる空間を考える。そして5の倍数ごとに数を変える代わりに、パラメトリック方程式を変化させる。すると、パラメータの変化を法としたすべてのパラメトリック曲線からなる空間、〝商空間〟が得られる。そんなの無意味だと思われるかもしれないが、長い年月をかけて価値が明らかになってきた標準的な手法である。価値のある理由の一つが、我々に関心のある物体を商空間によって自然な形で記述できることである。もう一つの理由は、多くの場合、商空間がもとの空間から興味深い構造を引き継いでいることである。

形状空間の場合、構造に関する要素の中でももっとも興味深いのが、2つの形状のあいだの距離である。円をわずかに変形させてできる閉じた曲線は、円に近いが円とは異なる。円を大きく変形させてできる閉じた曲線は、直感的に円ともっと異なる。つまり円から〝遠い〟。この直感は正確な形で表現することができ、形状空間が合理的で自然な距離の概念、いわゆる計量を持っていることを証明できる。

空間が計量を持てば、さまざまなことができるようになる。とくに連続的な変化と不連続な変化、あるいはもっと基準を引き上げて滑らかな変化と滑らかでない変化を区別できる。これでようやく、アニメーションのシーンをつなぎ合わせるという問題に戻ってくる。この形状空間の計量を使えば、少なくとも不連続なところがあるかどうか、滑らかさを欠いているかどうかを、目で見るのでなくコンピュータでの計算によって検出できる。しかしそれだけではない。

　数学には、不連続関数を連続関数に、あるいは滑らかでない関数を滑らかな関数に変換する平滑化法がいくつもある。そしてそのような平滑化法を形状空間にも適用できることが分かっている。そのため、不連続なところのあるシーンをコンピュータ計算によって自動的に修正して、その不連続性を取り除くことができる。容易ではないが可能だし、コスト削減になるくらいには効率的にできる。2つの曲線どうしの距離を計算するだけでも、巡回セールスマン問題のところで紹介したのに似た最適化法を用いる必要がある。そしてシーンのつなぎ目を滑らかにするには、熱の流れを表すフーリエ方程式（第9章と第10章で登場する）に似た微分方程式を解かなければならない。そうして曲線の動き全体を異なる動きへと〝流していく〟ことで、不連続なところを滑らかにする。これもまた、熱が流れることで矩形波（くけいは）が滑らかになっていくのに似ている。[56]

　これと同様の抽象的な数学的方法を使えば、あるアニメーションをそれに似ているが別のアニメーションに変換することもできる。恐竜が歩いているシーンに手を加えて、走っているシーンにすることもできる。動物の走り方と歩き方は見た目にも違うので、動きを速くするだけでは済まない。この方法論はまだ原始的なレベルだが、きわめて高度な数学的概念が未来のアニメーション映画に大いに活用されることが強くうかがえる。

　ここまで説明したのは、数学をアニメーションに応用するさまざまな方法の一部にすぎない。このほかに、単純化した物理過程を用いて海の波や吹雪、雲や山をシミュレートする手法もある。その狙いは、計算をできるだけ単純にしつつもリアルな映像を生み出すことにある。またいまでは、人間の顔を表現するための数学理論も数多くある。『スター・ウォーズ』シリーズの『ローグ・ワン』では、俳優ピーター・カッシング（1994年死去）とキャリー・フィッシャー（2016年死去）の顔を代役の顔の上にドレープすることで2人をデジタル的に甦（よみがえ）らせた。しかしあまりリアルでなく、ファンには大不評だった。そこで『最後のジェダイ』ではもっと有効な手法が使われた。以前の映画でカットされたフィッシャーの登場シーンを選び出してつなぎ合わせ、それに合うように台本を手直ししたのだ。しかしそれでも、服装を変えて辻褄を合わせるためにCGを大量に必要とした。それどころか、頭や髪型、身体や衣服など、顔以外のほぼすべての部分がデジタル合成された[57]。

これと同じ手法が政治的プロパガンダのためのディープフェイク映像にも使われはじめている。人種差別的あるいは性差別的な発言をしている、または酔っ払ったように見える人物を撮影しておいて、そこに政敵の顔をドレープし、ソーシャルメディアに上げるのだ。たとえフェイクだとばれても、噂（うわさ）は事実よりも速く広まるのでやった者勝ちだ。数学やそれに基づくテクノロジーは良いことだけでなく悪事にも使える。重要なのはどのように使うかなのだ。

第8章　ビヨーン！

ばねは弾性体であって、縮めたり伸ばしたりしてから手を放すと元の形に戻る。つねに張力を加えたり運動を吸収したりすることで力学的エネルギーを蓄えるのに使われる。自動車工業から家具製作までほぼあらゆる産業で用いられている。

——イギリス産業連盟『製品ファクトシート：ヨーロッパにおけるばね』

ばねと数学

この前、新しいマットレスを買った。ばねが5900本使われているものだ。店頭の断面図を見ると、緩く巻かれたコイルがびっしりと並んでいて、その上にもっと小さいコイルの層がある。最高級のマットレスには、メインの層の内部にコイルがさらに2000本使われている。かなり大きいコイルが200本ほどしかなくてあまり寝心地の良くなかったかつてのマットレスから、技術はすさまじく進歩したものだ。

ばねは至るところに使われている部品だが、壊れたりしない限りめったに気づかない。自動車のエンジンにはバルブばねが、ノック式ボールペンには細長いばねが、そしてコンピュータのキーボードやトースター、ドアノブや時計、トランポリンやソファーやブルーレイプレーヤーにもさまざまな形や大きさのばねが何本も使われている。その存在に気づかないのは、装置や家具の中に収められていて外からは見えず、そのため気にも留めないからだ。ばね製造は巨大産業である。

ばねをどうやって作るのかご存じだろうか？　私が初めて知ったのは1992年、オフィスの電話が鳴ったときだった。

「初めまして、レン・レイノルズです。シェフィールドにある〝ばね研究製造アソシエーション〟のエンジニアです。カオス理論に関するあなたのご本を読みました。観察によってカオスアトラクターの形を知る方法を書かれていますね。その方法が、25年前からばね製造業界を困らせているある問題の解決に役立つかもしれないと思ったのです。そこで、自宅のZX81を使っていくつかテストデータで試してみました」

シンクレアZX81は初の一般向けホームコンピュータの一つで、テレビをディスプレイに、カセットテープをソフトウエアの保存に使っていた。本1冊くらいの大きさで筐体（きょうたい）はプラスチック製、メモリーは何と1KBもあった。背面に外付けで16KBのメモリーを追加できたが、外れないように気をつけなければならなかった。私は木製の枠をこしらえてRAMを固定したが、ほとんどの人は両面テープで貼り付けていた。

最先端の技術とまでは言えなかったものの、レンの予備試験の結果は目を見張るもので、貿易産業省から9万ポンド（およそ15万ドル）の補助金と、ばねや針金の製造業界団体からも同様の（同額ではない）資金の提供を取り付けた。そしてばね用針金の品質管理試験法を改良するための研究を3年間にわたって進め、さらに5年間の2つの研究プロジェクトにつながった。これによってばねや針金の製造業では年間1800万ポンド（3000万ドル）の経費節約になると推計された。

このように産業界の問題に数学を応用する研究は、ほとんど人目につかないところでつねに何千件も進められている。その多くは機密保持契約によって守られた企業秘密である。ときにはイギリスの工学・物理科学研究会議や数学応用研究所、あるいはアメリカなど各国の機関が、そのような研究のいくつかについて概要を発表することもある。このように世界中で規模を問わずさまざまな企業が何らかの問題解決のために数学を活用していなかったら、我々が日々使っている器具や装置は存在していなかっただろう。それでもその営みは隠されていて、その存在を勘ぐる人すらほとんどいない。

この章では私が関わった3つの研究の内幕を暴露しよう。取り立てて重要だからではなく、私自身がその内容を把握しているからだ。基本的な考え方はたいてい産業誌で発表されていて、誰でも活用できる。ここで私が伝えたいのは、産業界では数学が間接的に驚くような形で使われていて、そのきっかけがときに思いがけない偶然である場合が多いことである。

ちょうどレンの電話のように。

うまく巻けない

針金やばねの製造業界を四半世紀にわたって悩ませていたのは、ある単純で基本的な問題だった。ばねメーカーは針金メーカーから購入した針金をコイリングマシンに通してばねを製造する。ほとんどの針金は問題なく加工でき、適正範囲内の大きさと弾性のばねができる。しかしいくら熟練した機械工の手をもってしても、調達した針金がうまく巻かれないことがある。1990年代初めの一般的な品質管理法ではそんな針金の良し悪しを見分けられなかった。化学組成や抗張力などの試験にはどちらも同じように合格する。見た目にもいっさい違いはない。ところが、良い針金をコイリングマシンに通すと望みどおりのばねができあがるのに対し、悪い針金を通すと間違った大きさのばねが出てくるか、最悪の場合にはどうしようもなく絡まり合ってしまう。

試しにコイルに巻いてみるのは効率的でも効果的でもない。悪い針金だと高価なコイリングマシンが数日間停止してしまい、それでようやくその1束分の針金ではばねを作れないと分かる。残念ながらその針金は通常の試験には合格していて、針金メーカーはどこも悪いところはないと言う。コイリングマシンの設定が悪かったはずだというのだ。このような責任のなすりあいにどちらの業界も悩まされていて、どちらの言い分が正しいか白黒付ける確実な方法を求めていたし、どちらも自分の責任ではないことをはっきりさせたいと思っていた。関係は良好だったが、客観的な試験法を必要としていた。

我々は研究の第1段階として、何人かの数学者をばねメーカーに連れていき、針金がばねになる過程を見学してもらった。要は幾何学の問題である。

もっとも一般的なばねは、両端を近づけると押し返してくる圧縮ばねである。その構造としてもっとも単純なのは、らせんの形をしたもの。1つの点が一定の速さで円を描きながら、その円と垂直の方向に一定の速さでずれていくと、その点の描く曲線はらせんになる。実際のばねは両端の間隔が狭まっている。点がまずは平面内で円を一周してからそれと垂直に動き出し、最後の一巻きになったらその動きを止める。こうすることで、ばねの端が何かに引っかかったり人の身体に刺さったりするのを防ぐ。

数学的にはらせんは、曲率とねじれ率という2つの性質で特徴づけられる。曲率は、その曲線がどのくらい急に、あるいはどのくらい緩やかに曲がっているかを表す。ねじれ率は、曲線の曲がる方向によって定まる平面からどれだけねじれているかを表す（もちろん専門的な定義があるが、空間曲線の微分幾何学に立ち入って話がこんがらがるのは避けよう）。らせんの場合、曲率もねじれ率も一定である。そのためらせんを横から見ると、一巻きどうしの間隔はすべて同じだし、一巻きの傾きもすべて等しい。これは、らせん軸の方向に一定の速さで移動することによる。端のほうから見ると一巻き一巻きがすべて重なって円になる。これは一定の速さで円を描くことによる。円が小さいと曲率は大きく、円が大きいと曲率は小さい。らせんの登り方が急だとねじれ率は大きく、緩やかだとねじれ率は小さい。

コイリングマシンではこれらの特徴を、驚くほど単純な機械的方法で実現している。スイフトと呼ばれる大きくて緩く巻かれたリールから繰り出された針金が、硬い金属でできた小さな部品の中を通る。そのとき、針金が一方向に曲げられると同時に、それと垂直な方向に少しだけ押し出される。曲げることで曲率が生じ、押し出されることでねじれ率が生じる。針金が繰り出されるにつれて、らせんの一巻き一巻きが巻かれていく。十分に長くなったところで別の道具によって切断し、次のばねを作る。さらに別の仕掛けによってばねの両端でねじれ率を0にすることで、一巻きを平らにして間隔を狭める。以上の工程は高速で、1秒間に何個も作ることができる。あるメーカーは特別な針金から微小なばねをマシン1台あたり1秒間に18個も作っていた。

針金メーカーやばねメーカーの多くはかなり小規模で、法規上は中小企業に分類される。原材料をブリティッシュ・スチールなどの巨大企業から調達し、製品を自動車メーカーやベッドメーカーなどの巨大企業に納めているため、仕入と納入の両面から利益を吸い取られている。生き残るには効率化が必要だ。しかしどのメーカーも自前で研究部門を抱える余裕がなかったため、参画企業が出資して共同研究と開発運用をおこなう合同ベンチャー、SRAMA（〝ばね研究製造アソシエーション〟、のちに〝ばね技術研究所〟（IST）と改称）が設立された。SRAMAに所属するレンらはすでに、失敗事例に基づいてコイリング問題の解決半ばまで進んでいた。伸びていくコイルの曲率とねじれ率は、針金の材料特性、たとえば曲げやすさを表す塑性（そせい）によって影響を受ける。規則的ならせんに巻かれていくときには、それらの特性は長さ方向に均一で、うまく巻かれないときには均一でない。コイルがうまく巻かれないのは、材料特性が長さ方向に不規則にばらついていることによる。そこで、そのようなばらつきをどのようにして検知するかというのが問題になっていた。

その方法としては、ちょうどフォークにスパゲッティを巻くように針金を金属棒に巻き付けて、一巻きどうしの間隔を測定する。均等であれば良い針金、ばらつきがあれば悪い針金だ。ただし、かなりばらつきが大きいのにきちんとばねができることもあった。かなり良い針金に比べたら正確ではないかもしれないが、用途によっては申し分ない。そこで次のような問題に行き着く。針金がどのくらい〝言うことを聞かない〟かを定量化する、つまり数値で表すにはどうすればいいだろうか？

ＳＲＡＭＡのエンジニアたちは通常のあらゆる統計学的手法を測定値に当てはめてみたが、コイルの巻きやすさと高い相関を示す指標は一つも見つけられなかった。そこでカオス理論に関する私の本に白羽の矢が立てられたのだ。

カオスに隠されたパターン

カオス理論という呼び名はマスコミが考えたもので、数学者のあいだでは非線形力学というもっと幅広い分野の一部として知られている。非線形力学の研究対象は、具体的な数学的規則によって時間的振る舞いが支配されている系である。〝現在〟の系の状態を測定してその規則を当てはめると、わずかだけ時間の進んだ未来の状態が導き出される。そしてそれを繰り返していく。時間を進めていけばいくらでも未来の状態を計算できる。このような手法を数学では力学（ダイナミクス）という。〝非線形〟とはおおざっぱに言うと、未来の状態が現在の状態に、あるいは現在の状態と何らかの基準状態との差に比例しないという意味である。時間が連続的に変化する場合、力学系を支配する規則は、系の各変数の変化率とその現在の値とを関連づける微分方程式で表される。

時間がステップを踏んで不連続に進む場合もあり、その場合の規則は差分方程式で表される。現在の状態にその規則を当てはめると１ステップ後の状態になる。コイリング問題で解決しなければならないのはこの不連続な場合である。そして幸いにもこちらのほうが理解しやすい。次のようなしくみである。

時刻０における状態 → 時刻１における状態 → 時刻２における状態 →…

矢印は〝規則を当てはめる〟という意味。たとえば〝数を2倍する〟という規則があって、最初の状態（初期状態）が1であれば、ステップを踏んでいくことで1, 2, 4, 8, …と2倍ずつになっていく数列ができる。この規則は出力が入力に比例しているため線形である。それに対して〝2乗して3を引く〟といった規則は非線形で、この場合にできる数列は、

1 → −2 → 1 → −2 →…

と2つの数が延々と繰り返される。これはたとえば季節のサイクルのように〝周期的〟な力学系で、初期状態が与えられれば未来は完全に予測できる。1と−2が交互に来るだけだ。

一方、〝2乗して4を引く〟という規則の場合には、

1 → −3 → 5 → 21 → 437 →…

となり、第2項を除けば数がどんどん大きくなっていく。この数列もまだ予測可能で、規則をどんどん当てはめていけばいい。ランダムな特徴を含まない決定論的な規則なので、それぞれの値はその1つ前の値によってただ一つに決まり、未来全体が完全に予測可能である。

時間が連続的に進む場合でも同じことが成り立つが、ただし予測可能かどうかはここまで簡単には判断できない。このような数列のことを時系列という。

ガリレオ・ガリレイによる落下物体の法則やニュートンによる万有引力の法則に触発されて、さまざまな数学者や科学者がこのようなタイプの法則を数え切れないほど解き明かした。そうして、どんな力学系も決定論的な法則に従っていて予測可能であると信じられるようになった。ところがフラン

ス人の大数学者アンリ・ポアンカレがこの論法に抜け穴を発見し、1890年に発表した。ニュートンの万有引力の法則によると、恒星と惑星など2つの天体は互いの重心（この場合は恒星の内部に位置する）を焦点の一つとした楕円軌道を描く。この運動は周期的で、天体が軌道を一周してもとの位置に戻るまでの時間が1周期となる。そこでポアンカレは天体が3つ（太陽、惑星、衛星）だと何が起こるかを調べ、場合によってはその運動がきわめて不規則になることを発見した。しばらくして何人かの数学者がこの発見についてさらに掘り下げ、このような不規則な運動によって系の未来が予測不可能になることに気づいた。力学系が予測可能であることの〝証明〟には、初期状態の測定とすべての計算を完璧な精度、つまり小数点以下無限桁まで正しくおこなえる場合にしか成り立たないという落とし穴があった。そうでないと、ごくわずかな誤差が指数関数的に拡大して真の値を覆い隠してしまうのだ。

このような状態のことをカオス、もっと正確には決定論的カオスという。規則が分かっていてそこにランダムな性質がいっさい含まれていなくても、その未来は理論上は予測可能でありながら実際には予測不可能かもしれない。それどころか、その振る舞いがあまりにも不規則でランダムに見える場合もある。真にランダムな系では現在の状態から次の状態に関する情報は何も得られない。しかしカオス系には、とらえがたいがパターンが見られる。カオスには幾何学的なパターンが隠されていて、それを視覚化するには、その系の状態変数を座標とした空間内でモデル方程式の解をプロットしていけばいい。しばらく待っているとその曲線が複雑な幾何学図形を描き出すことがある。出発点が違っていても必ず同じ図形が描き出される場合、その図形のことをアトラクターという。アトラクターはカオス的挙動に隠されたパターンを特徴づけている。

その一例としてよく知られているのが、温められた大気など、対流する気体をモデル化した時間連続的な力学系、ローレンツ方程式である。この方程式は3つの変数を持っている。3次元座標系を使

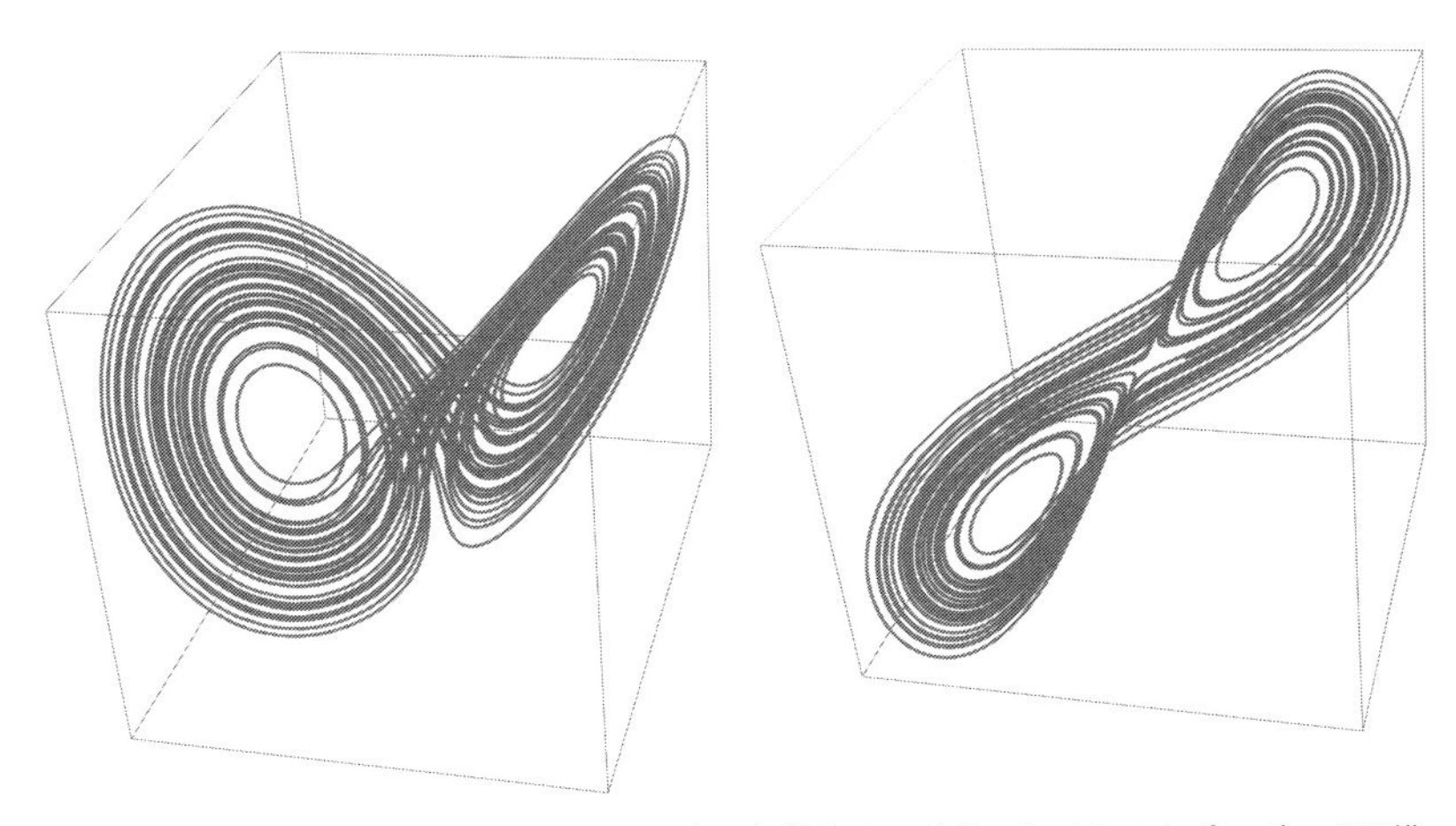

図 28　左：ローレンツ・アトラクター。右：変数を1つだけにしてそのトポロジーを再構成したもの。

ってその変化の様子をプロットすると、どんな解曲線も最終的には眼鏡のような形に沿うようになる。これをローレンツ・アトラクターという（図28左）。カオスが生じるのは、どの解曲線もこのアトラクターの上（実際にはごく近く）をなぞっていくが、解曲線ごとにそのなぞり方がまったく異なるからである。ある解曲線は、（たとえば）左側のループを6回巡ってから右側のループを7回巡る。しかしそのすぐそばの解曲線は、左側のループを8回巡ってから右側のループを3回巡るといった具合だ。そのためこれらの解曲線はほぼ同じ変数の値からスタートしたのに、そこから予測される未来は大きく違ってくる。

しかし短期的な予測はもっと信頼できる。互いに隣り合った解曲線は、初めのうちは寄り添ったままで、離れはじめるのはもっと後になってからである。そのため、真にランダムな系がいっさい予測できないのとは違い、カオス系は短期的には予測可能である。これが決定論的カオスとランダム性とを区別する隠れたパターンの一つである。

特定の数学的モデルを扱う際には、そのすべての変数が分かっているし、コンピュータを使ってその変化のしかたも計算できる。その変化を座標系の上にプロットすればアトラクターも視覚化できる。しかしカオス的かもしれない現実の系を観察する場合には、必ずしもそのような贅沢は許されない。最悪の場合には1つの変数しか測定できないかもしれない。それ以外の変数が分からなければアトラクターをプロットすることはできない。

ここでレンは持ち前の洞察力を発揮した。たった1つの測定値からアトラクターを〝再構成〟する巧妙な手法がいくつか編み出されている。その中でももっとも単純なのが、ノーマン・パッカードとフロリス・ターケンスが開発した、パッカード＝ターケンス再構成法、またはスライディング・ウインドウ再構成法と呼ばれているものである。この手法では、同じ変数をいくつかの異なる時刻に測定することで、新たな〝偽変数〟を導入する。そうして同時刻における3つの変数の代わりに、時間にして3ステップ幅の窓の中で1つだけの変数に着目する。続いてその窓を1ステップずらして同じことをおこない、このプロセスを何度も繰り返す。それをローレンツ・アトラクターに対しておこなったのが図28右である。左図とまったく同じではないが、時間ステップの選び方が相当まずくない限りトポロジーは同じで、再構成したアトラクターは実際のアトラクターを連続的に変形させた形になっている。この場合にはどちらの図も穴が2つ開いていて眼鏡のように見えるが、左図は右図をねじった形になっている。

この手法を使えばアトラクターをおおざっぱに描き出して、どのような種類のカオスが予想されるかを知ることができる。ここでレンは、問題のばねのデータにもこれと同じ手法が使えるのではないかと考えた。そこでコイルの一巻きどうしの間隔を時系列として扱い、スライディング・ウインドウ再構成法を用いて2次元プロットを描いてみた。しかし眼鏡のようなはっきりした幾何学図形にはならず、ぼんやりとした雲のような点群にしかならなかった。このことから、コイルの間隔の数列は数学的な意味でカオス的ではないかもしれないことがうかがえた。

ではこの手法は役に立たなかったのか？

けっしてそんなことはない。

レンの目を惹きつけたのは、そのぼんやりとした点群の全体的な〝形〟だった。何本もの針金のサンプルをコイリングマシンで丹念に試験していたおかげで、良いサンプル、悪いサンプル、中くらいのサンプルがどれなのかは分かっていた。再構成した点群からそのどれがどれかを見分けられたのだろうか？　一見して見分けることができた。容易に巻くことができてきわめて正確なばねになったかなり良い針金の場合、点群は小さくてほぼ円形だった。比較的容易に巻けるが、作られるばねの大きさがばらつく、許容可能な品質の針金の場合、点群はもっと大きいがそれでもだいたい円形だった。それに対して、巻いてばねを作ることのできない悪い針金の場合、点群は葉巻のように細長かったのだ。

ほかのサンプルでも同じパターンが成り立てば、コイリングマシンを使ったコストと時間のかかる試験を省略して、ぼんやりとした点群の形と大きさからその針金が良いか悪いか中くらいかを判断できる。そうすれば、コイルの巻きやすさを判定するための安価で効率的な試験法を見つけるという実用的問題は解決できる。コイルの間隔がランダムかカオス的か、あるいはその両方であるかは、実用上はどうでもいい。材料特性が長さ方向にどのようにばらついているかはおろか、どのような特性を持っているかすらも知る必要はない。そのばらつきがコイルの巻きやすさにどのように反映されるかを理解するために、弾性理論のきわめて複雑な計算をおこなって、同じく複雑な実験で検証する必要ももちろんない。スライディング・ウインドウ再構成法によって良い針金と悪い針金を見分ける方法を知っておけば済むし、さらに多くのサンプルで試験をしてみてコイリングマシンによる巻き取られ方と比較すればその方法をチェックできる。

平均や偏差などの標準的な統計値が役に立たない理由はいまや明らかだ。それらの統計値では、データの現れる順番、つまり一巻きどうしの間隔がその1つ前の間隔とどのように関連しているかが無視されている。数をぐちゃぐちゃに入れ替えたら平均や偏差は変わらないが、点群は劇的に変化する。そしてそれが良いばねを作る上で鍵となるのは間違いない。

このアイデアをさらに掘り下げるために我々は、FRACMATという品質管理マシンを作成した。金属棒に試験用の針金を巻き付けて一巻きどうしの間隔をレーザーマイクロメーターで測定し、その値をコンピュータに入力してスライディング・ウインドウ再構成法によって点群を求め、楕円で最適近似してそれが円形か葉巻型か、どれだけ大きいかを見極めることで、その針金サンプルの良し悪しを判定するマシンである。カオス理論と再構成法を、専門的な意味でカオス的ですらないと思われる問題に実用的に応用したのだ。貿易産業省からの補助金も、研究のためでなく技術移転という名目だった。我々はこの再構成法をカオス力学の数学から移転させて、おそらく非カオス的である現実の系の時系列観測値に当てはめたことになる。貿易産業省にもまさにそのように説明した。

あいまいさの数学

カオスは〝ランダム〟のしゃれた呼び名ではない。カオスは短期的には予測可能である。さいころを振る場合、いま出た目を見ても次に出る目については何も分からない。いまどの目が出たとしても、次に1、2、3、4、5、6の目が出る確率はすべて等しい（どれかの目が出やすいように錘(おもり)が仕込まれているさいころでなく、公正なさいころの場合）。カオスはそうではない。もしもさいころがカオス的だったとしたら、何らかのパターンが見られるはずだ。たとえば1の次には2か5、2の次には4か6しか出ないといった具合だ。次に出る目はある程度予想できるが、5回先や6回先にどんな目が出るかは分からない。そして離れれば離れるほど予測は不確かになっていく。

我々の2つめの研究プロジェクトDYNACONは、1つめの研究プロジェクトを進めている最中に、このようにカオスが短期的には予測可能であることを利用してコイリングマシンを制御できるかもしれないと気づいたことから生まれた。製造されつつあるばねの長さを何らかの方法で測定してその値の変化を調べ、マシンがカオス的に動作しはじめた徴候が見られたら、ばねの品質が落ちそうなのに合わせてマシンを調整できるかもしれない。製造されたばねの長さを測定して不適切なものを別の箱に選り分ける方法はすでに編み出されていたが、それだけでは不十分だ。作られた悪いばねを選り分けるだけでなく、そもそも悪いばねが作られるのを防がなければならない。完璧にではないが、大量の針金が無駄になるのを避けられるくらいには正確にである。

ほとんどの数学には正確さが肝心である。この数は2に等しく（あるいは等しくなく）、あの数は素数の集合に含まれる（あるいは含まれない）という具合だ。しかし現実の世界はもっとあいまいなことが多い。ある測定値は2に近いが、正確に2に等しくはないかもしれない。しかも同じ量を再び測定すると、結果はわずかに違うかもしれない。ある数が〝ほぼ素数〟になることはありえないが、〝ほぼ整数〟になることはもちろんありうる。たとえば1・99や2・01といった数はそう言ってかまわないだろう。1965年にロトフィ・ザデーとディーター・クラウアがそれぞれ独自に、このようなあいまいさを数学的に正確に記述するファジー集合論と呼ばれる分野と、それに関連したファジー論理という概念を打ち立てた。

従来の集合論では、対象（数など）は特定の集合に属しているかいないかのどちらかである。しかしファジー集合論では、対象がある集合にど
の程度属しているかが数値的に正確に表される。2という数はその集合に半分だけ、あるいは3分の1だけ属しているかもしれない。この値が1であればその数はこの集合に明確に属していて、0であれば明確に属していない。この値を0と1だけに限定すれば従来の集合論になる。0と1のあいだの値を認めれば、属しているかどうか、そのあいまいさの程度によって、これらの極端な場合の中間のグレーゾーンを表現できる。

すぐさま何人かの著名な数学者がこのアイデアに噛みつき、ファジー集合論は確率論に仮面をかぶせただけだとか、わざわざ数学がしゃしゃり出てこなくてもほとんどの人の論理は十分にあいまいだなどと主張した。しかしなぜ新たなアイデアをこれほど頭ごなしに否定する学者がいるのか、私には理解できない。筋の通らない理屈で否定している場合はなおさらだ。標準的な論理をファジー論理に置き換えろなどとは誰も主張していない。もう一つの武器として提案しただけだ。ファジー集合は表面的には確率に似ているが、法則も解釈も違う。ある数が確率1/2である集合に属するというのは、頻度論統計学者に言わせれば、実験を何回も繰り返すと2回に1回はその集合に属することになるという意味だ。ベイズ統計学者に言わせれば、その数がその集合に属すると信じられる程度が50％であるという意味だ。しかしファジー集合論には偶然の要素はいっさいない。その数は間違いなくその集合に属しているが、属している程度が1ではなく、正確に1/2である。論理の体裁をなしていないという批判に対して言い返すなら、ファジー論理にも正確な法則があるし、それに基づくどんな命題も、法則に従うかどうかに応じて真か偽のいずれかである。一部の人は〝ファジー〟という言葉に引きずられて、ちゃんと調べもせずに、法則自体がいいかげんできちんと定義されていないのだと決めつけてしまったのではないだろうか。けっしてそんなことはないのに。

話をさらに混乱させて申し訳ないが、ファジー集合論やファジー論理が数学にとってどれほどの価値があるかはまた別問題である。もったいぶっているが中身のない本格的な形式体系、いわゆる〝抽象的ナンセンス〟な体系を構築するのはいともたやすい。ザデーが考え出した体系も、とくにその基礎がけっして深遠でもなければ難しくもなかっただけに、そのように受け止めたくなってしまったのだろう。論より証拠とは言うが、数学の価値判断基準は何通りもあって、学問としての深遠さはそのうちの一つにすぎない。もう一つ、本書に大きく関係している基準が〝有用性〟である。そしてほとんど自明に近い数学的概念の多くが、実はとてつもなく有用である。十進法もそうだ。見事で革新的で巧妙、数学を一変させたが、深遠ではない。子供でも理解できる。

ファジー論理やファジー集合論は、少なくともリーマン予想やフェルマーの最終定理と比べれば深遠さの基準は満たしていないだろう。それでもきわめて有用であることは分かっている。観察している情報の正確さに完全には確信が持てないような状況では、決まって真価を発揮する。いまではファジー数学は、言語学や意思決定、データ解析やバイオインフォマティクスなど多様な分野で広く使われている。ほかの方法よりも優れていれば使われるし、そうでない場合は無視してしまってかまわない。

ファジー集合論の詳細については、我々の2つめの研究プロジェクトに必ずしも必要でなかったので、ここでは立ち入らないことにしよう。我々は、コイリングマシンから悪いばねが作られてくる時期を予測してマシンを調整するために何種類もの方法を試してみた。そのうちの一つが、工学者の高木(たかぎ)友博(ともひろ)〔明治大学〕と菅野(すげの)道夫(みちお)〔東京工業大学〕が開発した、高木＝菅野ファジーモデルと呼ばれているものである[58]。これを用いると、規則自体がファジーであるような系をファジー数学の形式で正確に扱うことができる。今回の場合の規則は、「現在のばねの長さの測定値（必然的にファジーである）がXであれば、Yをおこなってコイリングマシンを調整せよ」となる。またこの規則には、以前おこなった調整のほかに、針金の材料特性のばらつきに起因する変調や、マシンの工具の摩耗なども考慮される。すべてのデータがファジーだし、操作員の取る行動もファジーである。この数学的形式ではそれが自動的に考慮されて、運転中にコイリングマシンを調整できる。

我々の研究プロジェクトでは3種類の制御法を試した。初めに制御系のスイッチをオフにして、制御系の効果を評価するための基準とした。それによって得られたデータは数学モデルのさまざまなパラメータの推計にも役立った。次に、一定の数式に基づいて変化を予測する積分調節器をオンにして、一巻きごとに調整をおこなった。最後にファジー自己調整コントローラを用いて、観測されたばねの

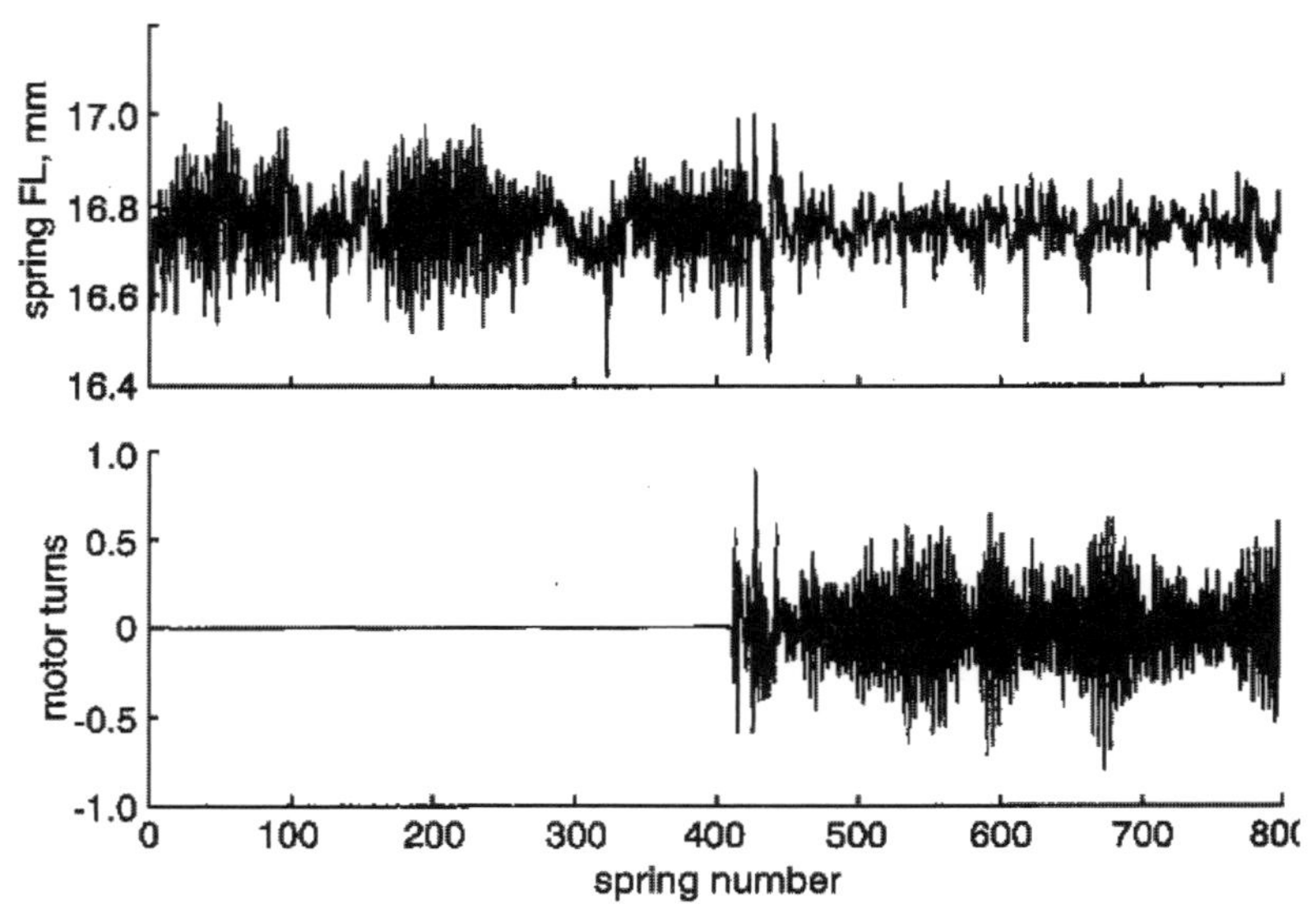

図 29　ファジー自己調整コントローラのスイッチを入れた場合の効果。ばね番号は左から右へ大きくなっている。上：ばねの測定長。下：コントローラの作動状況を制御モーターの回転数で表したもの。ばね番号 1 から 400 は制御されておらず、長さのばらつきが大きい。ばね番号 401 から 800 はコントローラをオンにして巻かれた。ばらつきが目に見えて小さくなっている。

長さに応じてその場で規則を微調整した。炭素鋼の針金で試験したところ、ばねの長さの標準偏差（測定値のばらつき）は、制御なしの場合が０・０７７、積分調節器を用いた場合が０・０６５、そしてファジー自己調整をおこなった場合は０・０３９だった。このようにファジー論理を用いた方法がもっとも優れていて、ばらつきが半分になった（図29）。

とことんまで使い倒せ

数学の基本原理にはもう一つ、何か役に立つものを見つけたらとことんまで使い倒せというものがある。価値があると証明されたアイデアが、関連してはいるが異なる場面で利用できることは多い。ＤＹＮＡＣＯＮの一環である我々の３つめの研究プロジェクトでは、

FRACMAT試験装置を改良して、ばねの製造に近いが針金でなく金属のストリップ（帯状の金属板）を用いる製造業に合わせた。

ストリップを用いた製品があなたの家にも間違いなくあるはずだ。イギリスではどんな電気プラグにも、銅の金具で留めたヒューズが収められている。その留め金具は銅の細長いストリップから作られる。ストリップを加工するマシンでは、一連の工具がストリップの通り道の中心を向いておおよそ円形に並んでいる。それらの工具はストリップを特定の位置と角度で曲げたり、穴を開けたりと、必要なさまざまな作業をおこなう。最後に完成した留め金具を切断工具で切り外し、箱の中に落とす。一般的なマシンは留め金具を毎秒10個以上作れる。

これと同じ工程で多種多様な金属片が製造されている。イギリスのとあるメーカーは吊り天井を支える留め金具の製造に特化して、毎日数十万個生産している。針金がうまく巻かれるかどうかを見極めるという問題にばねメーカーが悩まされているのと同じように、留め金具メーカーも、ストリップのサンプルが意図したとおりに曲がるかどうかを見極めるという問題を抱えている。問題の根源は似ている。ストリップにも、塑性などの材料特性に長さ方向のばらつきがあるのだ。そこで我々は、ストリップにも同じスライディング・ウインドウ再構成法を試してみたらどうかと考えた。

しかしストリップをむりやりコイルに巻くのは筋違いだ。簡単に巻ける形ではないし、留め金具の製造法とはほとんど関係ない。ここで重要となる量は、一定の力をかけたときにストリップがどれだけ曲がるかである。そこで我々はあれこれ考えた末に試験機を設計しなおして、もっとずっと単純な装置を考案した。3本のローラーのあいだにストリップを通して、中央のローラーの力でストリップを曲げるという装置である。その中央のローラーを堅いばねで少しだけ動くようにしておいて、下をストリップが通る際にどれだけ動くかを測定する。ストリップを曲げてから再び平たく伸ばすことで、曲げるのに必要な力を測定する。長さ方向に塑性のばらつきがあれば、その力もばらつくはずだ。

針金の場合は一巻きどうしの間隔をレーザーマイクロメーターで不連続に測定したが、この場合は力を連続的に測定する。またこの装置は、品質に大きく影響する表面摩擦力も測定する。しかしデータ解析のしかたはほぼ同じだ。この試験機はＦＲＡＣＭＡＴより小型で組み立ても容易、しかも非破壊的である。つまりストリップがもとの状態に戻り、必要であれば製造に使える。

チームで取り組む

では以上のプロジェクトからどんなことが分かったのか？

針金やばねの製造業界でかなりのコストカットになったらしいことから見て、このような数学的なデータ解析には金銭的な価値があることが分かった。ＦＲＡＣＭＡＴを用いるだけで針金メーカーは製造工程をある程度改良でき、それがばねメーカーの役にも立った。試験機はいまでも利用されていて、ばね技術研究所が数多くの中小企業に代わって試験をおこなう共有リソースとして活動しつづけている。

また、数学的に厳密なカオス力学系によって生成したかどうかが分からないデータでも、スライディング・ウインドウ再構成法が役に立つことが分かった。針金の材料特性は専門的な意味でカオス的にばらついているのか？　分からない。しかし新たな試験法や試験機を作る上で、それが分かっている必要はない。数学的手法は、初めにそれが編み出された特定の場面だけに限られるものではない。融通性があるのだ。

その一方で、通用している手法を新たな場面——制御法——に応用してみると、ときにはうまくいかないこともあると分かった。そうなったらうまくいく別の手法——ファジー論理——を探すしかない。

さらに、ときにはこのような応用が実にうまくいくことも分かった。もともとの使い方より優れていることもある。ストリップを試験する我々のマシンは針金も扱えるし、しかも非破壊的だ。

そして何よりも分かったのは、専門分野の大きく異なる人たちがチームを組んで共通の問題に取り組めば、一人だけでは叶えられなかったような形で問題を解決できることである。21世紀に突入して、社会からテクノロジーまであらゆるレベルで絡まり合った新たな諸問題に人類が直面している昨今、これはとても重要な教訓といえる。

第9章　任せなさい、私は変換だ

ある患者が初めての病院にやって来た。

「ここに来る前に誰かに相談したの？」と医者は尋ねた。

「村の薬屋に相談しました」

「そのバカはどんなバカなアドバイスをしたの？」

「あなたに診てもらえと言われました」

——作者不詳

本筆者がこれらの方程式にたどり着いた方法に難点がないとは言えず、それらを積分するための解析法にも、かなりの一般性とさらなる厳密さを求められる余地がある。

——1811年のパリ学会数学賞に提出されたジョゼフ・フーリエの論文に対する評価報告

体内を覗く

いまでは病院に行くとたいていスキャンを受ける。MRI、PET、超音波などいろいろな種類のスキャナーがあって、中にはリアルタイムで動画を表示するものや、コンピュータのトリック（要するに数学）を使って3次元画像を提供するものもある。こうした驚異のテクノロジーでもっとも目を見張るのが、あなたの身体の中で起こっていることを画像として見せてくれることだ。少し前までなら魔法だとあしらわれていただろう。いまでもそんなふうに思える。

　昔、といっても１８９５年以前のことだが、医者は自分の感覚を使って何の病気かを調べるしかなかった。触診で内臓の形や大きさや位置を探ったり、心音を聞いたり脈拍を感じたり、体温を見極めたり、体液を嗅いだり触ったり味をみたりしていた。しかし実際に体内がどうなっているかを知るには、切開するしかなかった。宗教指導層によって禁じられていることもあったが、戦場では医学目的とは無関係にかなり頻繁におこなわれていた。しかもその同じ宗教指導層が、異なる宗教を信じる人々の切開ならば認めることも多かった。

　新時代の始まりは１８９５年12月22日、ドイツ人物理学教授ヴィルヘルム・レントゲンが夫人の手を撮影して、指の骨が写った写真を得たときのことだった（図30）。当時のほぼあらゆる写真と同じく白黒で、しかもかなりぼやけていたが、生きている人の体内を見られるというのは前例のないことだった。しかし夫人は感心しなかった。自分の骨格の一部が写った写真を見て、「自分の死体を見ちゃった」と言ったのだ。

　レントゲンはまったくの偶然でこの発見にたどり着いた。１７８５年、ウィリアム・モーガンという名の保険計理士が、空気をある程度抜いたガラス管の中に電流を通すという実験をおこなった。すると微かな輝き(グロー)が発生し（暗くすると良く見えた）、モーガンはロンドンにある王立協会でそれを披露した。１８６９年には、最先端の分野となったこの放電管の実験をおこなっていた物理学者たちが新たなタイプの奇妙な放射の存在に気づき、ガラス管の陰極から発せられることからそれを陰極線と命名した。１８９３年に物理学教授のフェルナンド・サンフォードが〝電気写真〟に関する論文を発表した。放電管の一方の端にアルミニウム箔を貼ってそこに穴を開け、電流を流すと、微かなグローが穴を通って写真乾板に当たり、穴の形が浮かび上がったのだ。この発見は新聞でも取り上げられ、

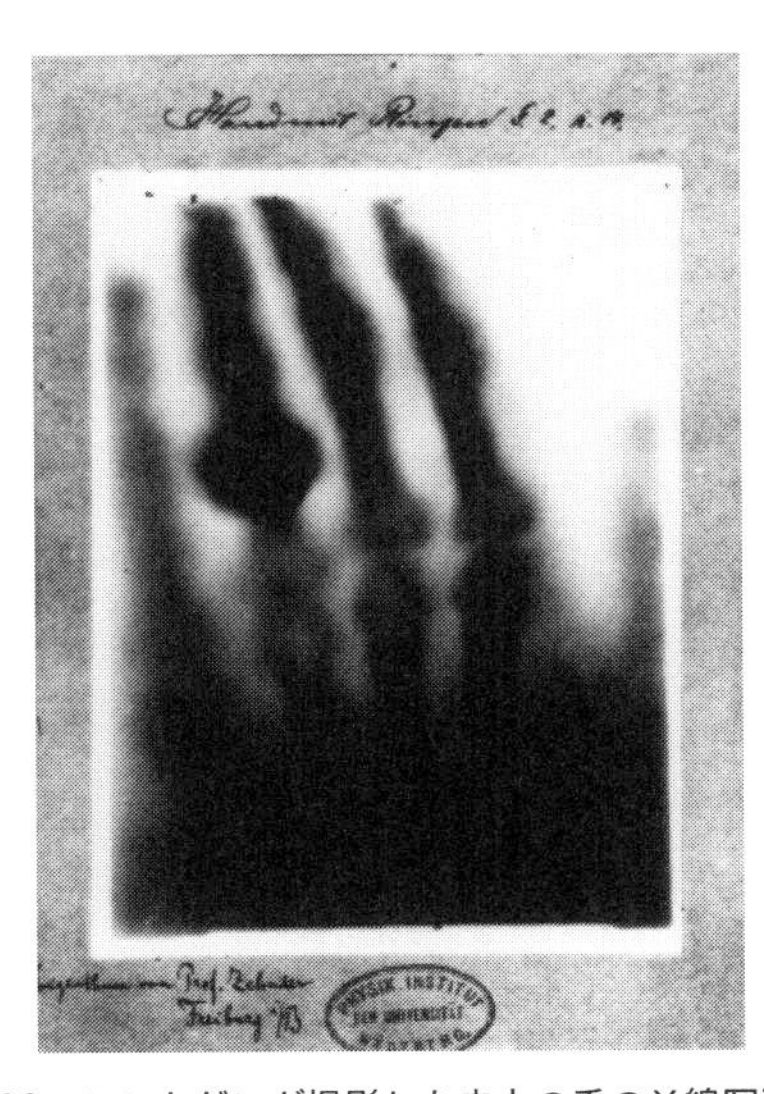

図30　レントゲンが撮影した夫人の手のX線写真。

『サンフランシスコ・イグザミナー』紙は「レンズも光も使わずに暗闇で乾板と被写体によって撮られた写真」という大見出しで伝えた。魅力的で不可解、そして一見したところ何の役にも立ちそうになかったが、物理学者は興味を惹かれ、何が起こっているのかを解明しようと研究を続けた。

そんな中でレントゲンは、この奇妙なグローは光に似ているが目に見えない何らかの放射であることに気づいた。そしてその正体が不明であることを表現するために、昔から使われていた〝X〟の文字を使って、この放射をX線と命名した。さらに、このX線が厚紙を通過することを偶然発見したらしい（実験ノートが残っていないので断言はできない）。そしてすぐさま、ほかにどんなものを通過するのだろうかと考えた。アルミニウム箔は、穴の形が写真乾板に現れるのだから明らかに通過しない。本は通過する。科学論文も通過する。そして夫人の手も通過する。こうしてX線は、生きた人の体内を探るためのかつてない覗き窓をもたらしてくれた。

レントゲンはこれが医療に利用できるとすぐさま見抜き、マスコミもこぞって宣伝した。1896年には学術誌『サイエンス』にX線に関する論文が23本も掲載され、ほかに1000本を超す科学論文でこのテーマが取り上げられた。

まもなくして、X線はすぐには害はないものの、繰り返し、または長時間当てるとやけどになったり髪が抜けたりすることが明らかとなった。一例として、頭部に銃弾を受けてヴァンダービルト大学の実験室に運び込まれた子供に、ジョン・ダニエルが1時間にわたってX線を照射した。すると3週間後、X線管を当てた部位が円形に禿げていることに気づいた。しかしこのような証拠が出てきたものの多くの医師は、X線は安全だという信念を曲げず、このような障害は紫外線かオゾンによるものだと言いつづけた。しかしそれも1905年、アメリカ人X線技師のエリザベス・フライシュマンがX線によるさまざまな障害で命を落とすまでのことだった。医療への利用は続けられたが、以前より慎重におこなわれるようになり、写真乾板の改良によって露出時間も短くなった。今日では、X線は確かに有用だが照射量を最低限に抑えなければならないとされている。しかしそのように認識されるまでにはかなりの年月がかかった。1950年代、私が10歳の頃、靴屋には、試着した靴が足に合っているかどうかを確かめるためにX線装置が置いてあったと記憶している。

X線写真には数多くの欠点があった。まずは白黒である。X線が透過しない場所は黒く、透過する場所は白く写り、中間の場所は灰色になる。あるいは、ネガにして白黒反転させた写真も多かった。さらに骨ははっきり写るが、柔らかい組織はほとんど写らない。しかし最大の欠点は、画像が2次元であることだった。X線源と写真乾板のあいだにあるすべての臓器の像が重なり合って、体内の構造を平らに押しつぶしたかのようになるのだ。もちろんいろいろな方向から何枚も撮影してもいいが、その写真を解釈するには技術と経験が必要だし、枚数が増えれば照射量も増えてしまう。

もしも何らかの方法で体内を3次元で写し出すことができれば、なんと素晴らしいことではないか。

フーリエの発見

偶然にもすでに数学者が、まさにこの問題の解決に欠かせないいくつかの発見をおこなっていた。さまざまな方向から2次元の〝押しつぶした〟画像を撮影すれば、おおもとの3次元構造を導き出せるという発見である。しかしX線や医療が念頭にあったわけではない。もともとは、波動や熱の流れに関する問題を解くために考案された手法を発展させようとしていただけだった。

この話には錚々(そうそう)たる大科学者が何人も登場する。斜面に球を転がして、一定時間後の移動距離に驚くほど単純な数学的パターンを見出したガリレオや、惑星の運動に深遠なパターンを見つけたニュートンなどである。ニュートンは、力を受ける物体の運動を表す方程式からこの両方のパターンを導き出した。不朽の名著『自然哲学の数学的諸原理(プリンキピア)』の中では昔ながらの幾何学を用いて自らの考えを説明しているが、それをもっとすっきりとした形で数学的に定式化したものは、彼のもう一つの発見である微積分に基づいている(ゴットフリート・ヴィルヘルム・ライプニッツも独自に考案した)。そのように解釈しなおすことでニュートンは、自然界の基本法則を微分方程式、つまり時間経過に伴う重要な量の変化率に関する方程式で表現できることに気づいた。速度は位置の変化率、加速度は速度の変化率である。

ガリレオの見出したパターンは、次のように加速度の概念を用いることでもっとも単純に表現できる。転がる球は一定の加速度で運動する。したがって速度は一定の割合で、いわゆる線形的に大きくなっていく。位置は一定の割合で大きくなっていく速度から求めることができ、時刻0に静止状態からスタートしたとすると、移動距離は経過時間の2乗に比例する。ニュートンはこの考え方と、万有引力は距離の2乗に反比例して作用するというもう一つの単純な法則とを組み合わせることで、惑星は楕円軌道上を運動するという結論を導き出し、以前にヨハネス・ケプラーが経験的にたどり着いた法則に説明を与えた。

ヨーロッパ大陸の数学者はこれらの発見に飛びついて、幅広い物理現象に微分方程式を当てはめた。水の波や音波は波動方程式に支配されていて、電気と磁気も重力方程式に似た独自の方程式に従う。それらの方程式の多くは〝偏微分〟方程式で、空間内での変化率と時間経過に伴う変化率とを関連づけるものである。１８１２年にフランス科学アカデミーが、熱の流れに関する問題をその年の年間賞の対象にすると発表した。熱い物体が冷えるとその熱が伝導性の物質の中を移動する。フライパンに入れた材料を加熱すると金属製の柄がすごく熱くなるのはそのためだ。フランス科学アカデミーはこの現象を数学的に記述することを懸賞問題とした。熱の分布は時間についても空間についても変化するため、その答えは偏微分方程式になるだろうと予想された。

ジョゼフ・フーリエはすでに１８０７年に熱の流れに関する論文をアカデミーに送っていたが、発表は却下されていた。そこでこの新たな挑戦を受けて熱の流れを表す偏微分方程式を導き出し、賞を獲得した。その〝熱伝導方程式〟は、ちょうど吸い取り紙にインクを1滴落としたときのように、ある場所の熱が空間内の隣り合った場所に拡散することで時間変化する様子を数学的に表している。

厄介事が起こりはじめたのは、まずは単純なケースとして金属棒の中の熱についてその方程式を解こうとしたときだった。熱の最初の分布が三角関数のサインやコサインのような形をしていると、解は単純なものになった。ここでフーリエは、もっと複雑な初期分布でもサインやコサインをたくさん組み合わせることで取り扱えると気づいた。さらに、その各項がどれだけ大きく寄与するかを求めるための積分公式も見つけた。熱の初期分布を表す関数と対象のサインまたはコサインとを掛け合わせて積分するのだ。そうしてフーリエはある大胆な主張をおこなう。いまではフーリエ級数と呼ばれているその公式を使えば、どんな初期分布についても問題を解くことができるというのだ。とくに、棒の半分が一定温度で残り半分が別の一定温度である、矩形波のような不連続な熱分布でも通用すると

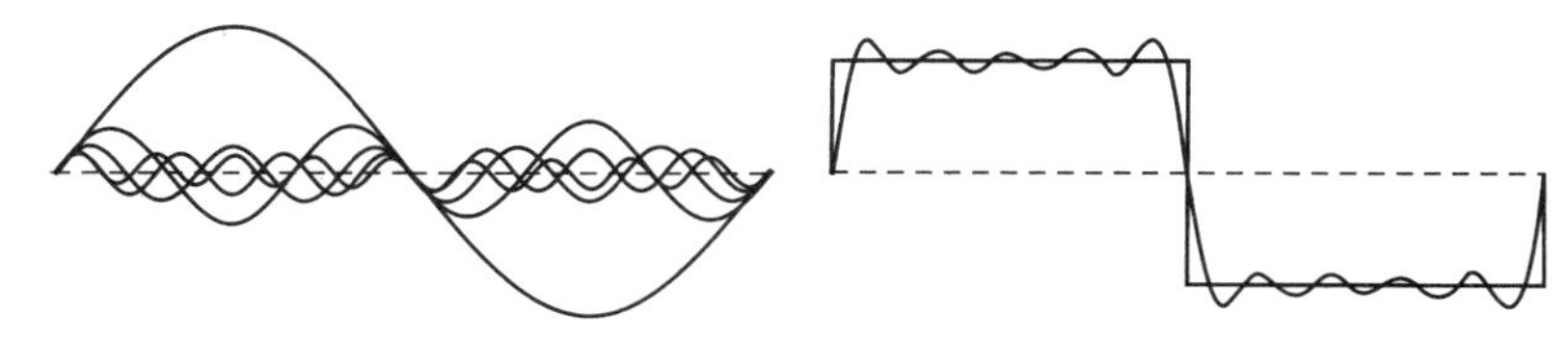

図31　サインとコサインから矩形波を作る方法。左：正弦波の各成分。右：フーリエ級数の最初の５つの項を足し合わせて矩形波を近似したもの。項を増やせば（ここには示していない）近似は良くなる。

主張した（図31）。

ところがそのせいでフーリエは、何十年も前から続いていたある論争に巻き込まれてしまう。すでに同じ問題、それどころか同じ積分公式が、波動方程式に関するオイラーやベルヌーイの研究で扱われていた。その問題では理想化したバイオリンの弦が標準的な例として用いられていたが、弦は不連続に振動させることはできない。切れてしまうからだ。そのため物理的直感から考えるに、不連続関数を用いると問題が起こりそうだし、数学的直感でも三角級数が〝収束〟するかどうかが心配になってくる。つまり、無限個の正弦波を足し合わせることが理にかなっているのかどうか、そしてもしかなっていたとしても、その和は不連続な矩形波になるのか、それとも別の関数になるのかがよく分からない。

悪口と受け取ってほしくはないが、この問題の一因は、フーリエが物理学者として考えていたのに対して、批判する人たちは数学者として考えていたことだった。物理的には矩形波は熱のモデルとして理にかなっている。ちょうどオイラーやベルヌーイがバイオリンの弦を理想化したように、金属棒を1本の線分として理想化する。その線分の半分に熱が一様に分布していて、残り半分がもっとずっと低温の状態からスタートする場合、矩形波がその自然なモデルになる。

どちらのモデルも現実世界を完全に正確に表現したものではないが、そもそも当時の力学で扱われていたのは、質点や完全弾性衝突、無限に細い剛直な棒など、理想化された物体ばかりだった。矩形波がその仲間に入らないとは思えない。しかもフーリエの導き出した解によると、不連続な部分が拡散によってすぐに滑らかになって、急ではあるが連続的な曲線になり、それが徐々に平らになっていくことで、物理的にも辻褄が合うし数学的にも不連続性が解消される。しかし残念ながらあまりにも漠然とした主張で、無限級数〔無限個の項を足し合わせた式〕が油断ならないことを知っている数学者を納得させるには至らなかった。そこでアカデミー上層部は妥協策に落ち着いた。フーリエに賞を与えるが論文は発表させないことにしたのだ。

それでもくじけないフーリエは、１８２２年に研究成果を著作『熱の解析的理論』で発表した。そして誰もが顔をしかめたことにアカデミーの幹事の座に就き、賞を取ったもとの論文を修正なしにすぐさま会報で発表した。してやったりである。

フーリエの主張によって浮かび上がってきた数学的問題の解決には、１００年ほどの歳月を要した。おおざっぱに言うとフーリエは多くの点で正しかったが、いくつか重要な点では間違っていた。彼の手法は、不連続点での振る舞いについて慎重な修正を施せば矩形波にも実際に通用した。しかしもっと複雑な初期分布にはけっして通用しなかった。完全な形で理解されたのは、もっと一般的な積分の概念が導き出されて、トポロジー的概念が集合論の言葉で表現されてからのことだった。

数学界がフーリエの主張に最終的な決着をつけるよりもずっと前に、工学者はその基本的なアイデアを取り入れて我がものにした。そして、フーリエの研究成果の核心をなすのは現在フーリエ変換と呼ばれている数学的変換であって、それを使えば、時間変化する複雑な信号をさまざまな振動数の単純な信号の組み合わせとして解釈しなおせることに気づいた。フーリエの積分公式を使うと、時間領域から振動数領域に、あるいはその逆に視点を変えることができる。しかも驚くことにどちらの領域でもほぼ同じ公式が使え、この2通りの表現法には〝双対（そうつい）性〟が成り立っている。

この双対性が成り立っているおかげで、変換を逆転させて振動数からもとの信号を復元することができる。ちょうど、コインを表から裏にひっくり返して、もう一度ひっくり返すと表になるようなものだ。工学にとってこの手法の利点は、時間領域では見つけにくい特徴が振動数領域では明瞭になることである。逆もしかりで、そのため同じデータを2つのまったく異なる方法で解析でき、一方では見過ごされる特徴がもう一方では自然と浮かび上がってくる。

たとえば高い建物が地震に襲われると、時間領域ではその揺れ方はランダムでカオス的に見える。しかし振動数領域ではいくつか特定の振動数に大きなスパイクが現れるかもしれない。それらの振動数は、地震に対してこの建物が激しく反応する共鳴振動数となっている。地震で崩れない建物を設計するには、この共鳴振動数の振動を抑える必要がある。一部の建物に用いられている現実的な方法の一つが、基礎の下のほうに、横方向にずれ動くコンクリートの土台を設置して、それで建物全体を支えるというものである。そこに巨大な錘やばねを取り付ければ横方向の運動を〝減衰〟させることができる。

もう一つの応用法は、フランシス・クリックとジェイムズ・ワトソンによるDNAの構造の解明にさかのぼる。彼らのモデルが正しいことを裏付けた重要な証拠が、DNAの結晶のX線回折（かいせつ）写真である。結晶にX線ビームを通過させると、X線が屈折したり跳ね返ったりする。これを回折という。X線の波はローレンス・ブラッグとウィリアム・ブラッグの回折法則に従っていくつか特定の角度方向で強め合い、写真上に複雑に並んだスポットとして現れる。そしてこの回折パターンは基本的に、DNA分子中での各原子の位置をフーリエ変換したものとなっている。そこで逆変換を施すと分子の形を導き出すことができる（複雑な計算だが、いまではコンピュータのおかげで当時よりもはるかに容易になっている）。先ほども言ったように、もとのデータでは見つけにくい構造的特徴が、変換を施すことではっきりと浮かび上がってくるケースが多い。この場合、クリックとワトソンはX線回折写真を見ただけで、わざわざ逆変換の計算をしなくても、DNA分子がらせん状であることをただちに見抜いた。そしてほかのアイデアを用いてこの直感を膨らませることで、かの有名な二重らせんにたどり着き、それがのちにフーリエ変換によって裏付けられたのだ。

フーリエ変換の実用的な応用法は以上の2つだけでなく、似たような応用法が数多くある。ラジオの感度を上げたり、古いレコードの傷によるノイズを除去したり、潜水艦のソナーシステムの性能と感度を向上させたり、自動車の不快な振動を設計段階で抑えたりするのにも利用されている。

気づかれたかもしれないが、いずれも熱の流れとはいっさい関係ない。まさに不合理な有効性だ。確かにおおもとの研究は物理的解釈の影響を受けたかもしれないが、重要なのは数学的構造である。同じ構造、あるいは似た構造を持つあらゆる問題に同じ手法が当てはまり、その一例が医療用スキャナーである。

数学者もフーリエ変換に興味を持ちはじめ、関数の概念を使ってそれをとらえなおすようになった。関数とは、「2乗せよ」とか「3乗根を取れ」といったように、ある数を別の数に変換するための数学的規則のことである。多項式や冪乗根、指数や対数、三角関数サイン・コサイン・タンジェントといった従来の関数もすべて含まれるが、数式では表現できないもっと複雑な〝規則〟が用いられることもある。フーリエをあれほど困らせた矩形波もその一つである。

この観点から見るとフーリエ変換は、あるタイプの関数（もともとの信号）を別のタイプの関数（振動数のリスト）に変換する操作ということになる。逆変換も同じで、もとの変換を打ち消す。それに加えて、逆変換がもとの変換とほぼ同じであるという美しい双対性が成り立っている。このような変換を正しくとらえるには、特定の性質を持った関数からなる空間、〝関数空間〟を考える。量子力学で使われるヒルベルト空間（第6章）も関数空間で、その関数の値は複素数であり、その数学的性質はフーリエ変換と密接に関係している。

数学を研究する者はみな反射神経がとても鋭い。有用で優れた特徴を持った新たな概念を誰かが考え出すと、その同じ手法を別の場面に当てはめた似たような概念がないか、すぐさま探しはじめるものだ。フーリエ変換に似た変換はほかにもあるのか？　ほかにも双対性は成り立っているのか？　純粋数学者は独自の抽象的で包括的な方法によってこのような疑問に挑むが、応用数学者（および工学者や物理学者など）はそれをどうやって使うかを考えはじめる。この場合、フーリエの巧妙な手法をきっかけにして変換や双対性の研究が活気づき、それは今日もなお枯れることなく続いている。

ラドンの考えたこと

フーリエ変換から派生した手法の中に、現代の医療用スキャナーへの扉を開いたものがあった。考案したのはヨハン・ラドン。１８８７年、オーストリア＝ハンガリー帝国に属するボヘミアのテッチェン（現在のチェコのジェチーン）で生まれた。優しくて品があり、物静かで学殖があるという評判だった。とはいえ人見知りというほどではなく、ふつうに人付き合いをした。そして多くの学者と同じく音楽が好きだった。ラジオやテレビが登場する以前の時代、人々は互いの家に集まっては一緒に音楽を楽しんでいた。ラドンはバイオリンがとてもうまく、歌も得意だった。数学者としては博士論文で変分法を研究し、そこから自然な流れで、急成長する新たな分野である関数解析へと導かれていった。ステファン・バナフ（バナッハ）をはじめとするポーランド人数学者によって拓かれたこの分野は、古典解析学の重要な概念を無限次元の関数空間によって解釈しなおすというものである。

初期の解析学は、関数の微分（変化率）や積分（グラフの下側の面積）などの計算に専念していた。しかし分野の発展とともに、微分と積分という演算の一般的性質や、関数を組み合わせたときのそれらの挙動へと関心が移っていった。２つの関数を足し合わせるとその積分はどうなるのか？　また関数の特別な性質も研究されるようになっていった。連続的（途切れがない）か？　微分可能（滑らかに変化している）か？　積分可能（面積が意味を持つ）か？　これらの性質はどのように関連し合っているか？　関数列の極限や無限級数の和を取った場合にはどうなるのか？　どのような極限や和になるのか？

バナフらはこのような一般的な問題を、〝汎関数〟を使って定式化した。関数が数を数に変換するのに対し、汎関数は関数を数または別の関数に変換する。「積分する」や「微分する」も汎関数に属する。ポーランド人数学者を始め何人もの数学者が発見した重要な手法の一つが、関数についての定理に手を加えると汎関数についての定理が得られるというものである。そうして導き出された命題は真かもしれないし偽かもしれず、どちらであるかを明らかにするのがおもしろい。このアイデアの魅力は、関数についてのかなり平凡な定理が汎関数についてのもっとずっと深遠な定理に化けるものの、多くの場合同じ単純な証明が成り立つことにある。もう一つの手法が、サインや対数などの複雑な数式をどのように積分するかといった技術的な問題をすべて無視して、基本に立ち返ることである。解析学とは実のところ何なのか？　解析学をもっとも基本まで突き詰めると、2つの数がどれだけ近いかに行き着く。それは2つの数の差で表され、数の順番に関係なく正の値とする。関数が連続的であるのは、入力する数がわずかに違うと出力もわずかしか違わない場合である。関数を微分するには、変数の値を少しだけ大きくして、その増加量に対して関数の値がどのように変化するかを見ればいい。それと同様のことを1段階上の汎関数についておこなうには、2つの関数が互いに近いとはどういう意味なのかを定義する必要がある。その方法は何通りもある。任意の点における値の差を見て、（すべての点で）それが小さいようにするという方法もある。その差の積分を小さくするという手もある。そしてその選択肢ごとに異なる〝関数空間〟が得られる。関数空間とは、特定の性質を持ったすべての関数を含んでいて、独自の〝計量〟すなわち〝ノルム〟を備えた空間である。数と関数にたとえると、関数空間は実数や複素数の集合と同様の役割を果たし、汎関数は、一つの関数空間に属する関数を別の関数空間に属する関数に変換するための規則である。フーリエ変換もとりわけ重要な汎関数の一例で、関数をフーリエ係数列に変換する。逆変換はその反対で、数列を関数に変換する。

この視点からとらえると、古典解析学の大部分が突如として関数解析の具体例として片付いてしまう。一つまたは複数の実数や複素数を変数とする関数は、実数の集合や複素数の集合、またはそれらの数の組からなる有限次元ベクトル空間というかなり単純な空間上での、かなり単純な汎関数として考えることができる。3つの変数を持つ関数は、実数のすべての3つ組からなる空間上で定義された汎関数にすぎない。〝積分する〟などのもっと難解な汎関数も、(たとえば)3次元空間から実数へのすべての連続関数からなり、「関数値どうしの差の2乗の積分」という計量を持つ空間上で定義される。おもな違いは空間にある。実数や3次元空間は有限次元だが、すべての連続関数からなる空間は無限次元である。関数解析は通常の解析に似ているが、ただし無限次元空間上でおこなわれるのだ。

この時期に生まれたもう一つの革新的な概念も、この枠組みにぴたりと当てはまった。アンリ・ルベーグが導入した、もっと包括的で扱いやすい新たな積分の理論、〝測度論〟である。測度とは面積や体積に似た量で、何らかの空間内の点の集合に一つの数を対応させる。きわめて複雑な集合であっても成り立つが、ただしあまりにも複雑だとルベーグの測度の概念すらも当てはめられない。

ラドンの博士論文のテーマだった変分法も、それが最適な性質を持った関数(数ではない)を探す方法であることが分かれば、立派な汎関数として認められる。そのため、ラドンが古典的な変分法から関数解析の分野に研究を広げたのも当然の成り行きだった。それは大いに功を奏し、測度論や関数解析におけるいくつもの重要な概念や定理に彼の名前がつけられている。

その一つが1917年に思いついたラドン変換。関数解析の視点から見るとフーリエ変換の親戚のようなものである。まず平面上の画像を、さまざまな濃さの灰色で塗られた領域からなる白黒写真として考える。灰色の濃さは0(黒)から1(白)までの実数で表すことができる。この画像をある方向に押しつぶして明暗を表す数を足し合わせると、もとの画像の投影像が得られる。ラドン変換を施すと、あらゆる方向でそのように押しつぶしたすべての投影像が得られる。ここでとても重要なのが、その逆変換によって投影像からもとの画像を再構成できることである。

ラドンは知られている限り純粋に数学的な理由から、この変換について研究した。それに関する論文には応用法に関する言及はいっさいなく、応用にもっとも近いと言えるのは、数理物理学、具体的に言うと電気や磁気や重力の共通基盤であるポテンシャル論との関係について簡単に触れているだけである。もっとずっと興味を持っていたのは、数学的性質とさらなる一般化だったようだ。のちの研究でラドンは3次元の場合、つまり空間内での明暗の分布をあらゆる平面に押しつぶすという場合について考察し、そのもとの分布を再構成するための公式も発見した。さらに別の人たちがそれをもっと高次元へ一般化した。もしかしたらラドンがこの研究を始めたきっかけは、X線によって人体の中の臓器や骨の分布がまさに投影されて、X線の透過性の違いを〝明暗〟として解釈できることだったのかもしれない。しかしラドンのこの発見が応用されて、人体の内部をまるで魔法のように探れる装置が開発されるまでには、１００年ほどの歳月を要することとなる。

スキャンから再現する

ＣＡＴ（コンピュータ断層撮影）スキャナー――今日ではＣＴスキャナーと呼ばれることが多い――では、Ｘ線を使って人体内部の3次元画像を描き出す。それをコンピュータに保存して操作することで、骨や筋肉の形を見たり腫瘍を発見したりできる。ほかにも超音波などを用いたさまざまな種類のスキャナーが広く用いられている。では切開せずにどうやって人体内部を探るのか？　Ｘ線が軟らかい組織を容易に透過して、骨などの硬い組織を透過しにくいことは誰でも知っている。しかしＸ線写真を見ても、ある一定方向から見たときの組織の平均密度しか分からない。それを3次元画像に変換するにはどうすればいいのか？　ラドンの論文の冒頭にこの問題の解決法が示されている。

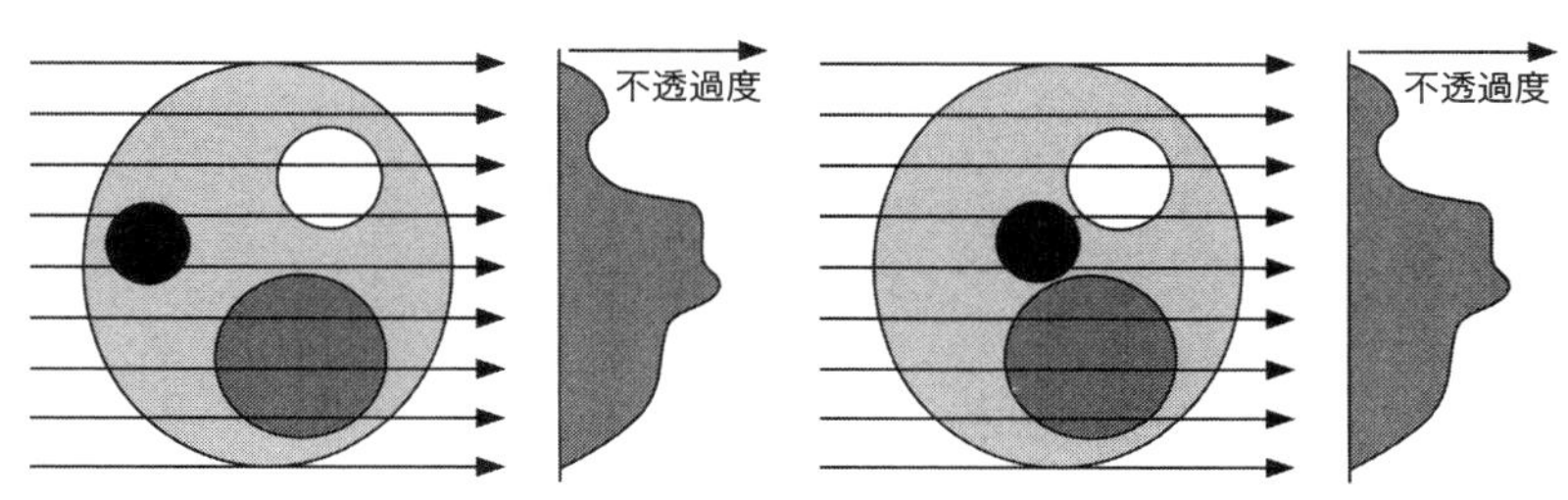

図 32　色が濃い領域ほど不透明である。左：1方向だけから人体をスキャンすると、その方向のみにおけるX線の不透過度のグラフが得られる。右：人体内の配置が違っていても同じグラフが得られる。

xとyの2つの変数を持ち適切な正則性条件を満たす関数――平面上での〝点関数〟$f(P)$――を任意の直線gに沿って積分すると、積分値$F(g)$として〝線関数〟が得られる。本論文のパートAでは、この線形関数変換の逆変換の問題を解く。すなわち次のような疑問に答える。適切な正則性条件を満たすすべての線関数を、このような方法で構築したものとみなすことはできるのか？　もしそうだとしたら、fはFから一意に知ることができるのか？　そしてfはどのようにすれば計算できるのか？

この疑問に対してラドンが出した答え、すなわち逆ラドン変換の公式を用いると、すべての方向における投影像から人体内部の組織の配置、もっと正確に言うとX線の不透過度を再構成できる。そのからくりを理解するためにまずは、人体を1回だけスキャン（投影）するとどのような結果が得られるかを考えよう。そのスキャンは人体の2次元切断面に沿っておこなうとする。図32左の模式図は、さまざまな不透過度の臓器を含む人体のある切断面に、X線の平行ビームが通過した際の様子である。ビームが臓器を通過すると、反対側から出てくるX線の強度が変化する。透過しにくい臓器がビーム上にあると強度は小さくなる。観測された

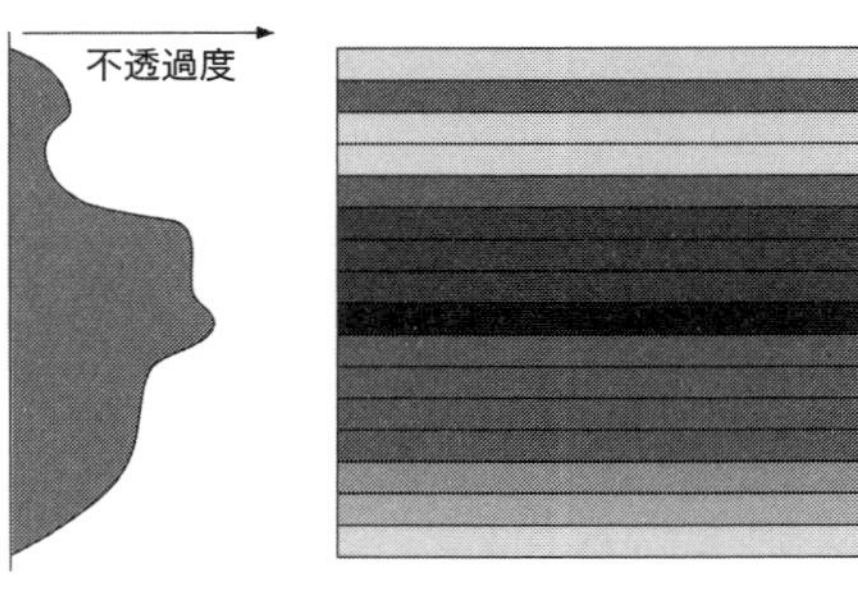

図 33　不透過度のグラフを、X線ビームの方向に沿った一連の灰色の帯に変換する。

強度とビームの位置との関係はグラフに表すことができる。

このようにして得られる1枚の画像は、人体内部の濃淡分布をビームの方向に向かって平らに押しつぶしたものに相当する。専門的に言うと、その方向における濃淡分布の投影像である。当然ながらこのような投影像が1枚だけでは、臓器の配置を正確に知ることはできない。たとえば図32左の黒い臓器をビーム方向に移動させても投影像は変わらない（図32右）。しかしそれと垂直な方向からもう一度スキャンすれば、黒い臓器が移動することで不透過度のグラフにはっきりと影響が現れる。直感的に考えると、角度を少しずつずらしながらいろいろな方向からスキャンを繰り返せば、臓器や組織の空間的位置に関する情報がさらに多く得られるだろう。しかしその情報だけで位置を正確に求められるのだろうか？

そこでラドンは、あらゆる方向から見た切断面における不透過度のグラフが得られれば、組織や臓器による2次元の濃淡分布を正確に導き出せることを証明した。実はそれは、逆投影と呼ばれるきわめて単純な方法でおこなうことができる。濃淡分布を投影方向に沿って均一に広げる。すると灰色の帯が並んだ四角形の領域ができる（図33）。グラフの値が大きい場所では、それに対応する帯の色を濃くする。直感的に言うと、投影像からでは各臓器がどこにあるかが分からないので、帯全体にわたって均一に灰色を塗るということだ。

この操作を、スキャンしたすべての方向についておこなう。逆ラ

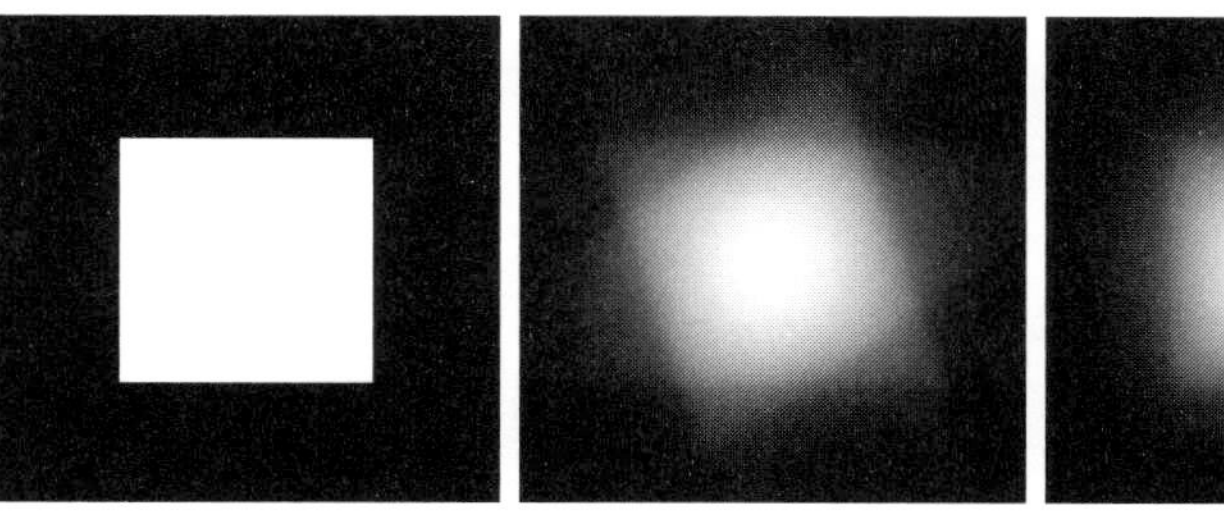

図 34　左：もとの正方形。中央：5 通りの方向から逆投影したもの。右：100 通りの方向から逆投影したもの。

ドン変換の公式によると、それらの帯の画像をそれに対応する角度で傾けて重ね合わせ、各点で灰色の濃さの値を足し合わせると（さらにスケールを調整すると）、もともとの臓器の配置を再構成できる。図34は、正方形を5通りおよび100通りの方向から逆投影して再構成した結果を表している。逆投影する方向が多いほど良い結果が得られる。

1枚の切断面について組織の分布を再構成できたら、切断面を少しだけずらして同じことをおこなう。そしてそれを何度も繰り返せば、人体を仮想的にパンのスライスのように切り分けたことになる。そのスライスをコンピュータの中で〝積み重ねて〟組み合わせると、組織の完全な3次元分布が得られる。このように一連の2次元断面図から3次元構造を求める方法をトモグラフィーといい、昆虫や植物など厚みのある物体の内部を顕微鏡で調べるために昔から使われている。その物体を樹脂の中に埋め込んで、ミクロトーム（ギリシア語で「小さい」を意味するmikrosと、同じく「切る」を意味するtemnein に由来する）という小型のベーコンスライサーのような装置でごく薄い薄片に切り分ける。CTスキャナーにも同じ発想が用いられているが、ただしX線と数学的トリックによって切り分けていく。

得られた3次元データを後処理したりさまざまな情報を引き出したりするのは、通常の数学的手法でおこなうことができる。まったく異なる方向の切断面における組織の形を見たり、特定の種類の組織だけを表示したり、筋肉や臓器や骨を色分けしたりもできる。お好みのオプション機能を追加することもできる。そこでおもに用いられる標準的な画像処理法は、突き詰めれば3次元座標幾何学に基づいている。

しかし実際にはここまで単純ではない。連続的に方向を変えながら無限回スキャンすることは不可能で、間隔は狭いが不連続な方向から有限回スキャンするしかない。それを考慮に入れて数学のほうにも手を加えなければならない。また、不連続な方向から見ることに由来するアーチファクト〔測定操作や計算に由来する実在しない特徴〕を避けるために、データをふるい分けなければならない。しかし基本的な要点は、初のスキャナーが発明される50年以上前にラドンが考え出したそのままである。初の実用的なスキャナーは1971年にイギリス人電気工学者のゴッドフリー・ハウンズフィールドによって開発された。その動作理論は南アフリカ出身のアメリカ人物理学者アラン・コーマックが1956年から57年にかけて導き出し、63年から64年に発表した。そのときコーマックはラドンの研究に気づいておらず、必要な事柄を自力で導き出したが、のちにラドンの論文を見つけてそこにもっと包括的な結論が示されていることを知った。ハウンズフィールドとコーマックはこのコンピュータ断層撮影法の開発によって、1979年にノーベル生理学・医学賞を受賞した。そのマシンの開発費用は300ドルだったが、今日の商用CTスキャナーは一台150万ドル以上する。

スキャナーは医療以外にも使われている。エジプト学者も、ミイラの内部を包帯をほどかずに探るために日常的にスキャナーを用い、骨格や残った内臓を調べて骨折やさまざまな病気の跡を探したり、宗教的な装飾品を見つけ出したりしている。多くの博物館ではタッチスクリーン上にバーチャルなミイラが表示されていて、見学者が亜麻布(あまぬの)の包帯、皮膚、筋肉と順番に剝いでいって、最後に骨だけにすることができる。すべてコンピュータに組み込まれた、3次元幾何学、画像処理、画像表示法といった数学に基づいている。

スキャナーにはこのほかにもいろいろなタイプのものがある。超音波スキャナーには音波が用いられている。陽電子放射トモグラフィー（ＰＥＴ）では、体内に注入した放射性物質から発せられる素粒子を検出する。原子核の磁気効果を検出する磁気共鳴画像法（ＭＲＩ）はかつては核磁気共鳴法（ＮＭＲ）と呼ばれていたが、メーカーの広報部門が、一般の人は〝核〟という言葉を原爆や原発と結びつけて恐怖を感じるのではないかと心配して改められた。どのタイプのスキャナーにも数学にまつわるそれぞれ独自の歴史がある。

第10章　はいチーズ！

カメラの役割はただ一つ、写真を撮る邪魔をさせないことである。
——ケン・ロックウェル「カメラは何でもいい」

画像の圧縮

世界中で毎年およそ1兆枚もの写真がインターネットにアップロードされている。休日の自撮りや赤ん坊の写真、口に出すのもはばかられるようなものを含めさまざまな写真をみんながどうしても見たがっていると、誰もが勘違いしすぎだ。すばやく簡単に撮れるし、誰しもカメラ付き携帯電話を持っている。カメラの設計と製造にも膨大な数学が使われている。神業のようなテクノロジーであるちっぽけな高精度レンズには、曲面による光の屈折に関するきわめて高度な数理物理学が用いられている。この章では今日の写真技術のさまざまな側面のうち1つだけに焦点を当てたい。画像圧縮である。デジタルカメラは、専用機であれ携帯電話に搭載されているものであれ、高精細な画像をバイナリーファイルとして保存する。しかしメモリーカードには実際の容量よりも多くの情報を保存できるようだ。どうしたらこんなにたくさんの高精細写真を小さなコンピュータファイルに収められるのだろうか？

写真の画像には余計な情報が大量に含まれていて、それがなくても画質は損なわれない。そこで数学的手法を用いれば、入念に構築された体系的な方法でその余計な情報を取り除くことができる。比較的最近まで全自動式デジタルカメラでもっとも一般的に用いられていて、いまでも広く普及しているJPEGファイルフォーマットでは、5種類の数学的変換を順番におこなう。それらの変換には離散フーリエ解析や代数学や符号理論が関わっている。いずれもカメラのソフトウエアに組み込まれていて、データは圧縮されたのちにメモリーカードに書き出される。

ただし当然もっと好ましいのは、カメラが実際に撮影した画像であるRAWデータのほうだ。メモリーカードの容量がどんどん大きくなっていて、いまでは必ずしもファイルを圧縮しなくても済むようになっている。しかし以前なら3・2MBで済んでいたのが、その10倍のサイズのファイルを操作しなければならず、クラウドにアップロードする時間も長くなる。その手間を掛けるべきかどうかは、自分がどんな立場の人間でどんな写真がほしいかによる。プロのカメラマンならば必須だろう。しかし私のように旅行先で気軽に撮るだけだったら、2MBのJPEGファイルでもすごくいいトラの写真が撮れるだろう。

画像圧縮はもっと幅広いデータ圧縮という分野の大きな部分を占めていて、ハードウエアが大きく進歩していながらもいまだにきわめて重要である。次世代のインターネットが10倍高速になって通信容量が大幅に増えるたびに、それまでよりはるかに大量のデータを必要とする新たなデータフォーマット（たとえば超高精細3次元動画）が開発されて振り出しに戻ってしまうのだ。

場合によっては信号チャネルから1バイトでも多く容量を確保しなければならないこともある。2004年1月4日、火星表面に何かが落ちてきてバウンドした。マーズ・エクスプロレーション・ローバーA、またの名をスピリットが、梱包用シートのような宇宙仕様の膨らんだ風船に包まれて27回バウンドしたのだ。最先端の着陸技術である。全般的なチェックとさまざまな初期化を終えて火星表面の探査に出発すると、まもなくして姉妹機オポチュニティーも到着した。この2機のローバーは大成功を収め、膨大なデータを送信してきた。そのとき数学者のフィリップ・デイヴィスは、このミッションにはすさまじい量の数学が欠かせないが、「世間の人々はそれにほとんど気づいていない」と指摘した。実は気づいていないのは世間の人だけではなかった。2007年、デンマーク人ポスドク数学者のウッフェ・ヤンクヴィストとビョルン・タルボが、マーズ・ローバー計画を裏で支える数学を解き明かすために、取材でパサデナのジェット推進研究所を訪れた。すると次のようにあしらわれてしまう。

「数学なんて使ってないよ。抽象代数学とか群論とか、そんなものはいっさい使ってないね」

そこで納得できないデンマーク人の一人が訊いた。

「通信路の符号化には？」

「そんなものに抽象代数学を使うのかい？」

「リード＝ソロモン・コードはガロア体に基づいています」

「初耳だなあ」

それどころかNASAの宇宙ミッションでは、送信中にどうしても避けられないエラーを修正できるようデータを圧縮してコード化するために、きわめて高度な数学が使われている。地球から10億キロも離れた場所で電球1個ほどの出力の送信機を使っているのだから当然だ（ある程度の対策として、マーズ・オデッセイやマーズ・グローバル・サーベイヤーなどの火星周回衛星でデータを中継している）。しかしほとんどのエンジニアはそんな知識を必要としていないので、実際に知らない。宇宙関連でも数学はみんなに誤解されているのだ。

冗長性を活用する

Eメールや写真、動画やテイラー・スウィフトのアルバムなど、あなたのコンピュータに入っているデータはすべて、0と1の二進数（〝ビット〟）の列としてメモリーに保存されている。8ビットで1バイト、104万8576バイトで1メガバイト（MB）という。一般的な低解像度の写真1枚でおよそ2MBだ。デジタルデータはすべてビット列の形式だが、アプリケーションごとにフォーマットが異なるため、データの持つ意味はアプリケーションによって違う。どのデータタイプにも数学的構造が隠れているし、ファイルサイズよりも処理のしやすさのほうが重視される場合も多い。そのような処理しやすい形のデータには、実際の情報の中身に必要な量よりも多くのビットが含まれていることがある。それを冗長性といい、それを取り除けばデータを圧縮できる。

英語の書き言葉（および話し言葉）はかなり冗長である。その証拠に、先ほど出てきたあるフレーズから5文字おきに消去してみよう。

surr_unde_by_nfla_able ball_ons_ike_ome_ort_f co_mic
（宇宙仕様の膨らんだ風船に包まれて）

さほど考えたり手を動かしたりしなくてもきっと意味は分かるだろう。残っている情報だけからもとのフレーズ全体を再構成できる。

とはいえ、インク節約だからといって5文字ごとに全部消すのなんてやめてくれと出版社を説きつければ、そのほうがずっと目に優しい本になるだろう。習ったとおりの正しい綴りのほうが脳は処理しやすい。しかしアプリでビット列を処理するのでなく、そのデータを誰かに送信したい場合には、ビット列が短ければ短いほうが効率が良い。情報理論の黎明期、クロード・シャノンなどの開拓者は、冗長性に着目すれば少ない数のビットで信号をコード化できると気づいた。それどころかシャノンは、ある量の冗長性があった場合に信号をどこまで短くコード化できるかを導き出すための公式まで証明した。

冗長性はとても重要で、冗長でないメッセージは情報を失わずに圧縮することができない。単純に数を数えることでそれを証明できる。たとえば 1001110101 のような長さ10のビット列からなるメッセージを考えよう。長さ10のビット列はちょうど1024通りある。この10ビットのデータを8ビットに圧縮したい。長さ8のビット列はちょうど256通りあるので、メッセージの種類は圧縮したビット列の4倍になってしまう。したがって、すべての10ビット列に8ビット列を割り当てて、10ビット列が違えば8ビット列も必ず違うようにすることはできない。すべての10ビット列が互いに等しい確率で現れる場合、どのような巧妙な方法を使ってもこの限界を回避するのは不可能だ。しかしいくつかの10ビット列がきわめて頻繁に現れて、いくつかの10ビット列がごく稀にしか現れない場合には、頻繁に現れるメッセージに短い（たとえば長さ6の）ビット列を割り当てて、稀にしか現れないメッセージに長い（たとえば長さ12の）ビット列を割り当てるようなコードを選べばいい。12ビット列は大量にあるので足りなくなることはない。稀なメッセージが現れたら2ビット長くして、よくあるメッセージが現れたら4ビット短くする。適切な確率を割り当てれば、増える分よりも多くのビットを減らせる。

このような手法をきっかけに、符号理論と呼ばれる大きな数学分野が成長した。その大部分はいまの説明よりもはるかに難解で、コードの多くは抽象代数学のさまざまな性質を使って定義されている。それも当然で、第5章で説明したとおりコードも詰まるところ数学的な関数であって、とりわけ数論的関数が役に立つ。第5章ではその目的はセキュリティーで、ここではデータ圧縮だが、基本的なポイントは同じだ。代数学は〝構造〟を扱う学問だし、冗長性も構造の一側面である。

データ圧縮、さらに画像圧縮では、冗長性を活用したコードによって特定のタイプのデータを短くする。圧縮法の中には、圧縮したデータからもとの情報を正確に再構成できる〝無損失（ロスレス）〟

のものもある。それに対し、データの一部が失われて、再構成してももとのデータの近似しか得られないような圧縮法もある。たとえば銀行残高などには向かないが、画像の場合はそれで十分なことが多い。その際のポイントは、たとえ近似であっても人間の目にはもとの画像とそっくりに見えるようにすることである。そうすれば、不可逆的に失われた情報もそもそもたいして問題にはならない。

現実世界の画像のほとんどは冗長である。休日のスナップ写真にはほぼ一様な色合いの青空が大きく四角に写っているので、すべて同じ値を含んだ大量のピクセルの代わりに、その長方形の2つの隅の座標と、「この領域をあの色合いの青色で塗れ」という短いコードを使えば済む。この方法は無損失である。実際に用いられている方式とは違うが、無損失圧縮が可能である理由は分かったと思う。

JPEGのしくみ

私は時代遅れの人間で、何と10年ほど前の写真技術を使っている。恥ずかしい限りだ！　スマホをときどきカメラとして使うくらいには技術に強いが、反射的に使えるほどではないので、インドの国立公園にトラを見に行くなど本格的な観光旅行のときには小型の全自動デジタルカメラを持っていく。そのカメラはIMG_0209.JPGといった名前の画像ファイルを生成する。JPGという識別子は、このファイルがJPEG（Joint Photographic Experts Group（共同写真専門家グループ）の頭文字）形式であることを表していて、どのデータ圧縮システムが用いられているかを指定している。JPEGは工業規格の一つだが、何年にもわたって改良が重ねられてきて、いまでは何種類かの形式に分かれている。
JPEG形式[59]では少なくとも5つのステップが用いられ、その多くで前のステップのデータ（ステップ1ではもとのRAWデータ）がさらに圧縮される。次の圧縮のために再コード化するステップもある。デジタル画像はピクセルと呼ばれる何百万個もの小さな正方形（画素）から構成されている。色
RAWデータではすべてのピクセルに色合いと明るさの両方を表すビット列が割り振られている。色

合いと明るさは、赤・緑・青の3つの成分の比として一緒に表現されている。3つの成分がすべて小さいと薄い色に、大きいと濃い色になる。それらの数は、人間の脳による画像認識のしかたにもっと良く対応した3つの数に変換できる。1つめの数である輝度は全体的な明るさを表し、黒から灰色、白になるにつれて値が大きくなる。色の情報を削ぎ落とせば、昔ながらの白黒写真（実際にはさまざまな濃さの灰色からなる写真）になる。あとの2つの数は色度と呼ばれ、輝度と青の光量との差、および赤の光量との差を表す。

赤をR、緑をG、青をBと記号で表せば、もとのR、G、Bの値が、輝度R+G+Bと2つの色度(R+G+B)−B=R+Gおよび(R+G+B)−R=G+Bに変換される。R+G+BとR+GとG+Bが分かればR、G、Bを計算できるので、このステップは無損失である。

次のステップ2は無損失ではない。ここでは色度のデータを、解像度を下げて小さな値に切り詰める。このステップだけでデータファイルの大きさが半分になる。このようにしてもかまわないのは、カメラの〝視覚〟に比べて人間の視覚系が明るさに対しては敏感だが、色の違いに対しては鈍感だからである。

ステップ3がもっとも数学的である。ここでは、第9章で医療用スキャナーとの関係で説明したフーリエ変換のデジタルバージョンを使って、輝度の情報を圧縮する。もともとのフーリエ変換は信号をその振動数成分に、あるいはその逆に変換するが、ここではそれに手を加えてグレースケールの画像を扱えるようにしている。グレースケール画像を単純なデジタル形式で表現し、その画像を8×8ピクセルの小さなブロックに分割する。一つ一つのピクセルは64通りの輝度の値を持つ。フーリエ変換のデジタルバージョンである離散コサイン変換では、この8×8のグレースケール画像を、図35に挙げた64種類の基本画像に係数を掛けて足し合わせたものとして表現する。その係数がそれぞれの基本画像の〝振幅〟となる。これらの基本画像はさまざまな幅の縞模様やチェス盤のように見える。8

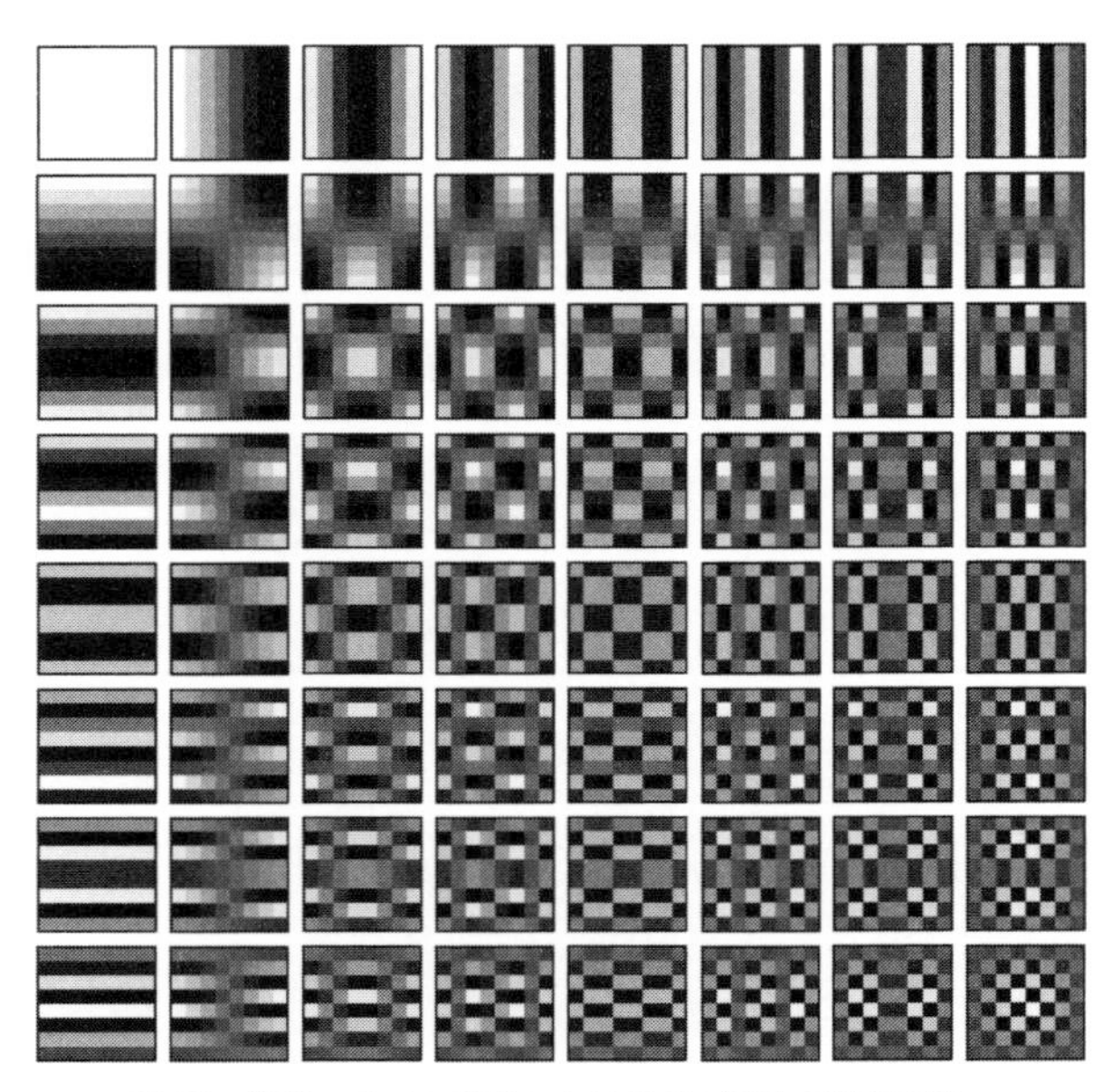

図35　離散コサイン変換における64通りの基本画像。

×8ピクセルのブロックは必ずこの方法で表現できるので、このステップも無損失である。それぞれの基本画像は、横軸x、縦軸yがそれぞれ0から7までの値を取るとして、さまざまな整数mとnに対して$\cos mx \cos ny$を不連続に表したものとなっている。

離散フーリエ変換は無損失だが、ステップ4の準備という意味合いがある。ステップ4も、人間の視覚の鈍感さに由来する冗長性を利用している。画像の中の大きい領域にわたって明るさや色合いが変化していると、我々はそれに気づく。しかし小さい領域の中で変化していると、視覚系がそれを均してしまって我々にはその平均しか見えない。印刷された画像は、白い紙の上に打った黒い点のパターンによってさまざまな濃さの灰色を表現しているが、それでも離れて見れば何が写っているか認識できる。人間の視覚系がこのような特徴を持っているために、きわめて細かい縞模様はあまり重要でなく、その振幅は低い精度で記録してもかまわない。

ステップ5では、64通りの基本画像をより効率的に記録するための、〝ハフマン符号〟と呼ばれる技術的な手法を用いる。１９５１年にデイヴィッド・ハフマンがまだ学生のときに考案した手法である。ハフマンはもっとも効率の良い二進コードに関する期末レポートを書こうとしていたが、既存のどんなコードについてもそれが最適であることを証明できなかった。そしてあきらめかけたそのとき、新たなコード化の方法を考えついて、それが最適であることを証明したのだ。おおざっぱに言うと、一連の記号を二進列で表し、それを辞書として使ってメッセージをコード化する。このとき、コード化したメッセージの長さができるだけ短くなるようにしなければならない。

例としてアルファベットの各文字を考えよう。アルファベットは26文字なので、A＝00001, B＝00010というように長さ5のビット列を割り当てることができる。5ビット必要なのは、4ビット列が16種類しかないからだ。しかしこれでは、Zのように稀にしか現れない文字がEのように頻出する文字と同じ個数のビットを使うことになるため非効率である。それよりも、Eには0や1のような短いビット列を割り当てて、出現頻度の低い文字になるにつれて徐々にビット列を長くしていったほうがいい。しかしそれだとコード列の長さがまちまちになるため、ビット列をどこで区切って文字ごとに分けるかを受け手に知らせるための情報がさらに必要となる。各コード列の先頭に接頭符号（プリフィックス）を付け加えてもいいが、ハフマン符号では接頭符号は必要ない。各コード列がもっと長いいずれかのコード列の先頭には現れないようになっているからだ。もしそうでないと、そのコード列がどこで終わるかが分からなくなってしまう。Zのような稀な文字を表すのに必要なビット数は増えてしまうが、それは稀にしか現れないため、Eを表すビット列が短くなる分でそれを十二分に補える。そして典型的なメッセージの全体の長さは短くなる。

ハフマン符号ではこのために〝木〟を使う。木とは閉じたループのない一種のグラフ〔グラフ理論に

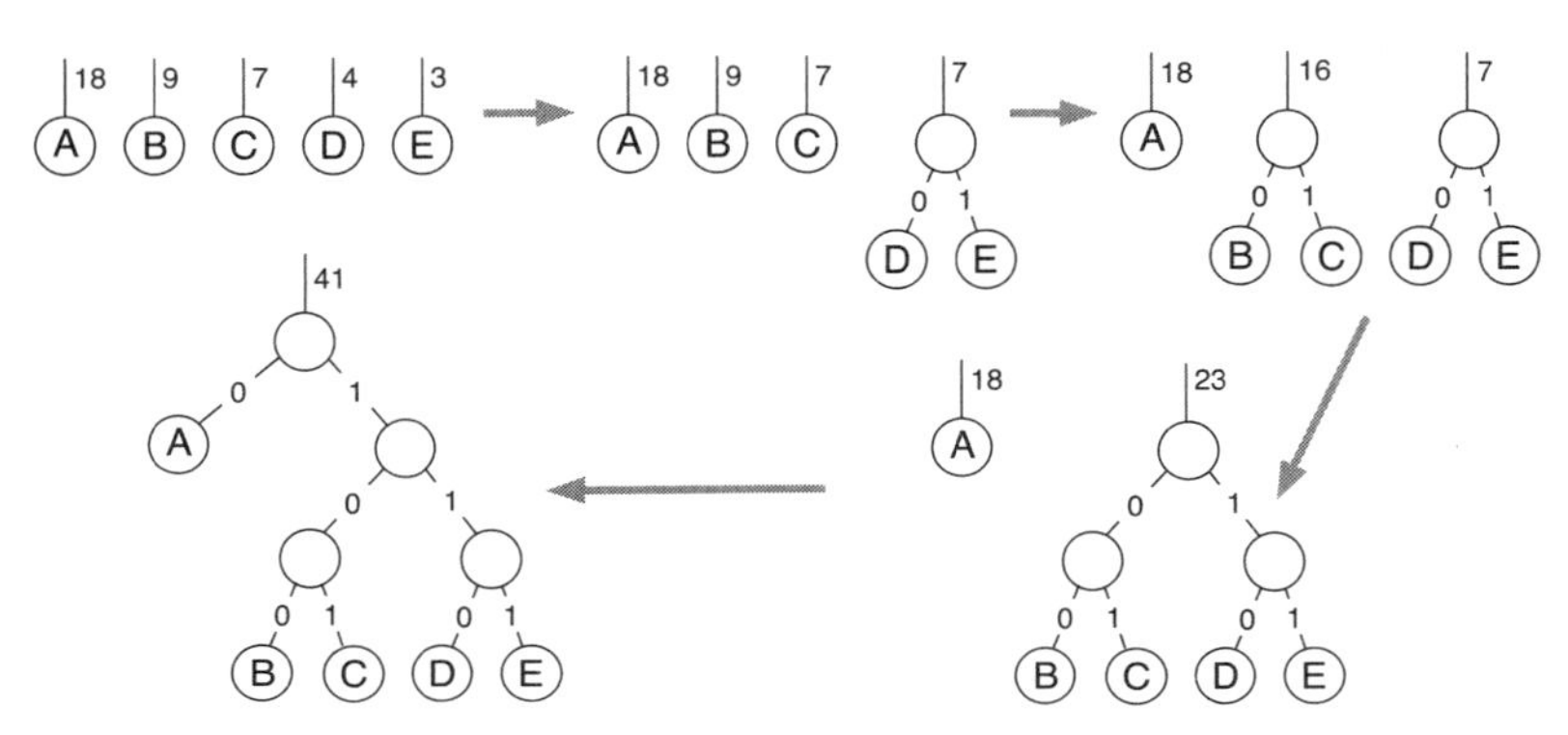

図 36　ハフマン符号の作り方。

おける概念）のことで、１つ前の決定に基づいてイエス／ノーの決定が下される戦略全体を表現できることから、コンピュータ科学ではとても馴染み深いものである。この木の葉が文字A、B、C、……に対応し、それぞれの葉からは0と1のビットに対応する2本の枝が伸びている。それぞれの葉には、それに対応する文字の出現頻度を表す、重みと呼ばれる数が割り振られている。木を作っていくには、もっとも出現頻度の低い2つの葉を新たな〝母〟でつなぎ、もとの葉を〝娘〟にするというステップを繰り返していく。母の葉に割り振る重みの値は、2つの娘の重みの和とする。このプロセスを、すべての文字がつながるまで続ける。そして各記号に至る経路を逆にたどりながら、その記号に対応するコード列を読み取っていく。

例として図36左上には、A、B、C、D、Eの5つの文字と、それぞれの出現頻度を表す18、9、7、4、3という数が記されている。もっとも出現頻度の低い2つの文字はDとEである。図36中央上に示した第2段階では、この2つの文字をつないで母の葉（文字はない）を作り、その重みを4＋3＝7と計算して、DとEは娘になる。これらの文字につながる2本の枝には0と1というラベルをつける。このプロセスを繰り返していって、すべての文字がつながるようにする

(図36左下)。そうしたら、木を下っていく経路に沿ってコード列を読み取っていく。Aには、0とラベルをつけた1本の枝でたどり着ける。Bには100という経路で、Cには101という経路で、Dには110という経路で、Eには111という経路でたどり着ける。ここで注目してほしいのが、もっとも出現頻度の高いAの経路が短くて、もっと出現頻度の低い文字ではもっと長いことである。この代わりに固定長のコードを使うと、2ビット列が4種類しかないため、5種類の文字を表すのに少なくとも3ビットが必要となる。ハフマン符号の場合にはもっとも長いビット列は3ビットだが、もっとも出現頻度の高いビット列が1ビットなので、平均ではこちらのほうが効率が良い。しかもこの手順では、ある文字に至る経路は必ずその文字で終わっていて、別の文字に続いていくことがないため、接頭符号を用いる必要がない。さらに、もっとも出現頻度の低い文字からスタートするため、もっとも出現頻度の高い文字にもっとも短い経路が割り当てられる。とても巧妙なアイデアだし、プログラムにするのも容易だし、一度理解してしまえば概念的にもとても単純だ。

カメラがJPEGファイルを生成するときには、撮影するやいなや内蔵の電子回路がこれらの計算をすべて瞬時におこなう。この圧縮プロセスは無損失ではないが、ほとんどの人はけっして気づかない。そもそもコンピュータの画面やプリントアウトした紙は、念入りに調整しない限り完全に正確な色あいや明るさにはならない。もとの画像と圧縮後の画像を直接見比べればもっと違いが分かるが、ファイルサイズをもとの10%に圧縮しただけでは専門家でないと気づかない。一般の人だと約3%にまで圧縮してようやく気づく。そのためJPEGでは同じメモリーカードにRAWデータの10倍の画像を保存できる。舞台裏で瞬時におこなわれているこの複雑な5ステップの手順がその魔法の秘訣で、そこには少なくとも5つの異なる数学分野が用いられているのだ。

フラクタルに目をつける

１９８０年代後半にこれとは別の画像圧縮法がフラクタル幾何学から生まれた。第3章で述べたとおりフラクタルとは、海岸線や雲のようにあらゆるスケールで細かい構造を持った幾何学図形のことである。どんなフラクタルに対しても、それがどのくらいでこぼこでくねくねしているかを表す、フラクタル次元という数がある。一般的にフラクタル次元は整数ではない。フラクタルの中でも数学的に扱いやすい有用なタイプのものとして、小さな部分を適切に拡大するともっと大きい部分とそっくりに見える、自己相似と呼ばれる性質を持つものがある。その典型的な例がシダの葉で、葉全体が何十枚ものもっと小さい葉からできており、その一枚一枚が葉全体を小さくしたように見える（図37）。自己相似的なフラクタルは、反復関数系（ＩＦＳ）と呼ばれる数学形式で表現できる。これは、全体のコピーをどのように縮小し、それをどのように組み合わせて全体を構成するかを示した一連の規則のことである。その規則からフラクタル自体を再構成できるし、フラクタル次元を与える公式もある。

１９８７年、フラクタルに魅了された数学者のマイケル・バーンズリーが、この性質をもとにすれば画像圧縮法を作れるかもしれないと気づいた。膨大なデータを使ってシダの葉の細部に至るまでコード化する代わりに、それに対応する反復関数系をコード化すれば、必要なデータははるかに少なくて済む。そしてソフトウエアを使えば、その反復関数系からシダの画像を再構成できる。そこでバーンズリーはアラン・スローンと組んでイテレイテッド・システムズという会社を立ち上げ、20件を超す特許を取得した。そして１９９２年にこの会社がブレークスルーを成し遂げる。画像上でわずかに大きい領域の縮小版とみなせる小さな領域を探して、適切な反復関数系を自動的に見つける手法を開発したのだ。画像全体をカバーするには大量のタイル（小領域）が必要だが、この手法は完全に汎用的で、見るからに自己相似的な画像だけでなくどんな画像にも適用できる。このフラクタル画像圧縮法はさまざまな理由からＪＰＥＧほどには成功していないが、いくつもの実用的な応用法に使われて

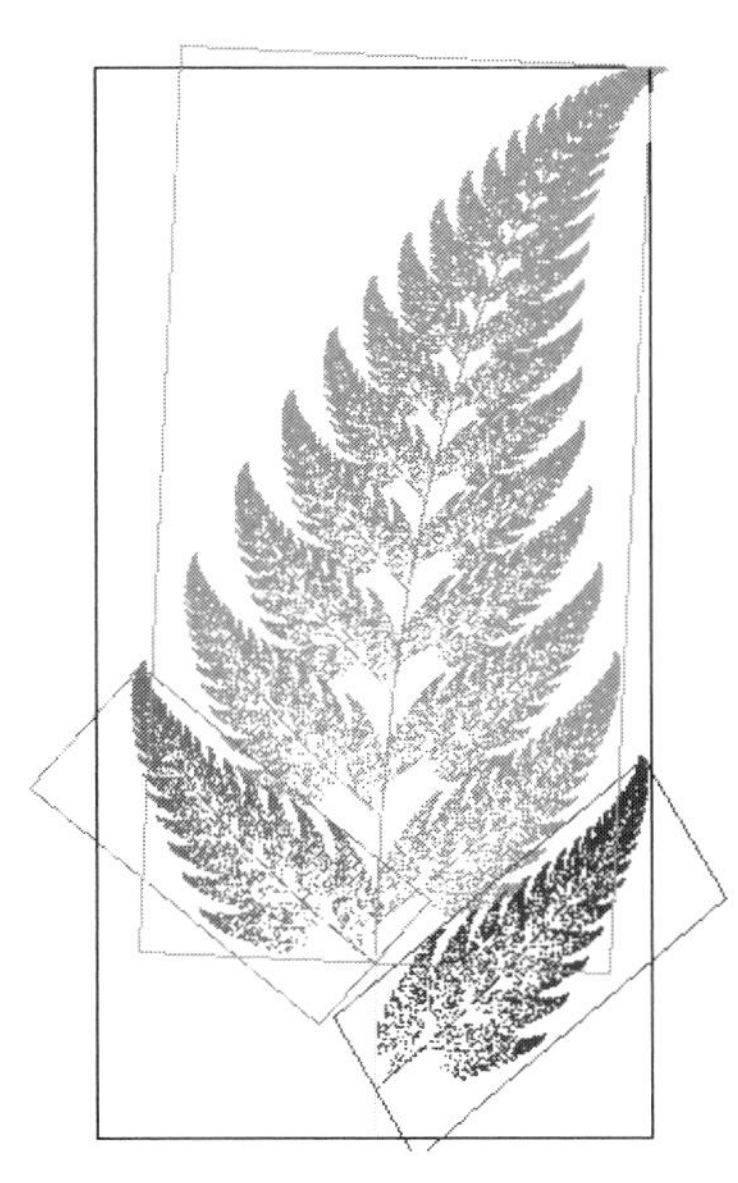

図 37　全体の３つのコピーからなるフラクタルのシダの葉。

いる。おそらくもっとも成功した例がマイクロソフトのデジタル百科事典『エンカルタ』で、おもな画像はすべて反復関数系を使って圧縮されている。

１９９０年代にバーンズリーらの会社はこの手法を動画圧縮に拡張しようと努力を重ねたが、当時はコンピュータの処理速度とメモリーが十分でなかったため実を結ばなかった。１分の動画を圧縮するのに15時間もかかってしまったのだ。しかしいまでは状況が様変わりしていて、圧縮比２００：１のフラクタル動画圧縮を１フレームあたり約１分でおこなえるようになっている。しかしコンピュータパワーの向上によってほかにいくつもの手法が可能となり、ここのところフラクタル動画圧縮法には目が向けられなくなっている。だがその基本的アイデアはしばらくのあいだ役に立っていたし、いまだに魅力的な可能性を秘めている。

目を細めて見る

人間は画質の悪い画像を判読するためのとても奇妙な技を持っている。目を細めて見るのだ。とくに少しぼやけた画像やモザイク状のコンピュータ画像の場合、この方法を使うと何の画像かを判断できることが多いというのは何とも驚きだ。図38は、１９７３年にベル研究所のレオン・ハーモンが人間の知覚とコンピュータのパターン認識に関する論文のために作成した、２７０個の白・黒・灰色の正方形からなる有名な絵である。誰だか分かるだろうか？　じっと見つめていると何となくエイブラハム・リンカーンだと分かってくるが、目を細めると確かにリンカーンに見える。

誰でもそう見えるし、うまくいくのも分かっているが、実はとんでもないことだ。見えにくくするとどうして画質の悪い画像が良く見えるようになるのだろうか？　その答えの一つは心理学に関係している。目を細めると脳の視覚処理系が〝低画質モード〟に入って、質の悪いデータを処理できるよう進化した特別な画像処理アルゴリズムが働き出すのだろう。しかしもう一つの答えとして、矛盾しているように聞こえるかもしれないが、目を細めることが一種の前処理ステップとして作用して、画像を有用な形できれいにしてくれるのだ。たとえばこのリンカーンの写真の場合、モザイクの境界線がぼやけて、灰色のブロックが積み重なったようには見えなくなってくる。

いまから40年ほど前に数学者は、人間が目を細めて見ることに相当する正確で汎用的な手法について研究を始めた。ウェーブレット解析と呼ばれるものである。この手法は画像だけでなく数値データにも使うことができるし、もともとはある特定の空間的スケールにおける構造を抽出するために開発された。ウェーブレット解析を使うと、何本もの複雑な形の木や藪（やぶ）からなる森を、その一本一本を気にせずに見つけ出すことができる。

当初、研究の後押しとなったのは、もっぱら理論的な問題だった。ウェーブレット解析は流体の乱流などの科学理論を検証するのに適していたのだ。しかしその後、きわめて現実的ないくつかの応用

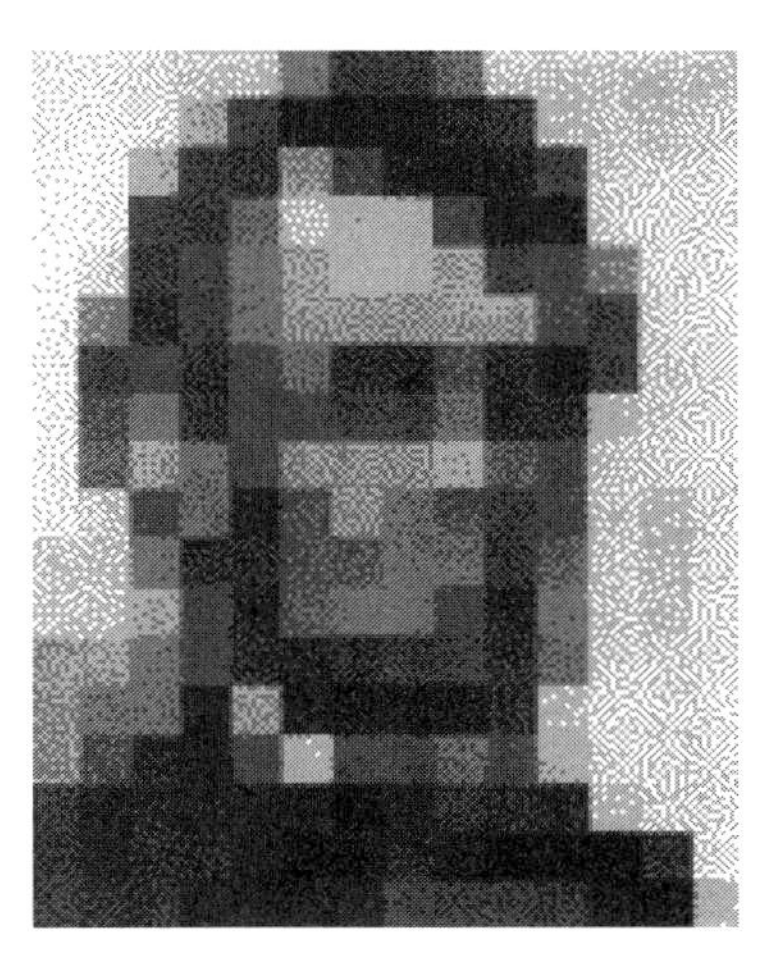

図 38　これは誰だ？　目を細めて見てほしい。

法に使われるようになる。アメリカ連邦捜査局（FBI）がウェーブレット解析を使って指紋データをより低コストで保存するようになり、ほかの国々の法執行機関もそれに倣(なら)いはじめた。ウェーブレット解析は画像解析だけでなく、画像圧縮にも使えるのだ。

JPEG形式では、人間の視覚にとってあまり重要でない情報を切り捨てることで画像を圧縮する。しかし、どのビットが重要でないかがはっきりと分かるような形で情報が表現されていることはめったにない。たとえば、かなり汚れた紙に描いた絵を友人にEメールで送信したいとしよう。紙には絵そのものとともに、小さな黒いしみがたくさんある。あなたや私が見ればしみは重要でないと即座に分かるが、スキャナーには判断できない。紙を帯状にスキャンして、白と黒の長いビット列として画像を表現するだけであって、どの黒い点が絵に欠かせない部分でどれがただのしみかを見分けることはできない。〝しみ〟の中には、遠くにいるウシの目やヒョウの斑点を表しているものもあるかもしれない。

最大の問題は、スキャナーの信号による画像データが、不必要なしみを容易に認識して削除できるようには表現されていないことである。しかしデータを表現する方法はほかにもある。フーリエ変換を施すと曲線が振幅と振動数のリストに変換され、同じ情報が異なる形でコード化される。データを異なる形で表現すると、ある表現法では難しいかまたは不可能だった操作が、もう一方の表現法では容易になる場合がある。たとえば通話の音声をフーリエ変換して、人間の耳には聞こえない高い振動数や低い振動数のフーリエ成分を持つ信号部分を除去する。そしてそれを逆変換すれば、人間が聞く限りもとの音声とまったく同じ音声が得られる。すると同じ通信チャネルでもっとたくさんの音声を送信できる。しかしフーリエ変換していないもとの信号では、〝振動数〟が明瞭な特徴として現れていないため、直接これをおこなうことはできない。

　目的によってはフーリエ変換にも一つ欠点がある。サインとコサインの成分が永遠に続いてしまうのだ。フーリエ変換はコンパクトな信号を表現するのが苦手である。1回だけのパルスは信号としては単純だが、それをある程度リアルに再現するにはサインやコサインを何百通りも使わなければならない。パルスの形を再現すること自体は問題ないが、それ以外の部分を0にするのが難しい。サインやコサインは曲がりくねった尾を無限に伸ばしていて、その不必要な部分を打ち消すには次々に高い振動数のサインやコサインを必死で足し合わせていかなければならない。そうして最終的には、もとのパルスよりも変換した信号のほうが複雑で、より多くのデータが必要になってしまうのだ。

　そこでウェーブレット解析では、パルスを基本成分として使うことでこの問題を解決する。とはいっても容易なことではなく、単純なパルスではどうにもならないが、数学者にとっては取っかかりは明らかだ。ある特定の形のパルスを母ウェーブレットとして選び、それをさまざまな位置にずらしたり拡大・縮小したりすることで、娘ウェーブレット（さらに孫ウェーブレット、曾孫（ひまご）ウェーブレット……）を生成する（図39）。一般的な関数を表現するには、各スケールのウェーブレットに適切な係数を掛けて足し合わせる。フーリエ変換の基本となるサインとコサインの曲線が〝母正弦波〟で、そ

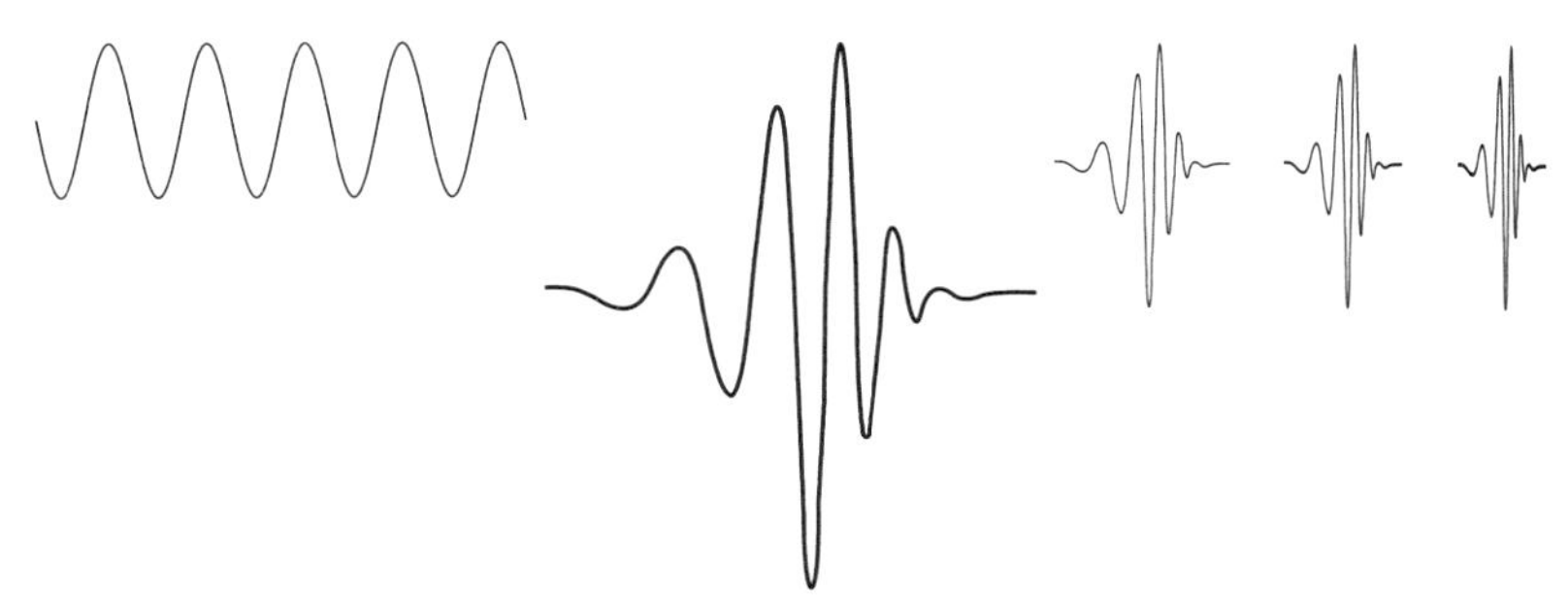

図 39　左：サイン曲線は永遠に続く。中央：ウェーブレットは局在している。右：さらに３世代のウェーブレット。

れ以外の振動数のサインとコサインが娘正弦波であるのと同じだ。

ウェーブレットはパルス状のデータを効率的に表現できるように作られている。さらに娘ウェーブレットや孫ウェーブレットが母ウェーブレットを拡大・縮小しただけのものなので、ある特定のスケールだけに注目することができる。小さいスケールの構造を消去したければ、ウェーブレット変換を施して曾孫ウェーブレットをすべて取り除けばいい。ヒョウの画像をウェーブレット変換するとしよう。いくつかの大きなウェーブレットが胴体を、もっと小さいウェーブレットが目や鼻や斑点を、微小なウェーブレットが毛に対応する。ヒョウに見えるようにしたままでこのデータを圧縮するために、毛一本一本は重要でないと判断したら、曾孫ウェーブレットを削除すればいい。それでも斑点は残るし、やはりヒョウに見える。フーリエ変換ではこのように簡単にはできないし、そもそもできるとも限らない。

ウェーブレット解析を構築するのに必要な数学的道具のほとんどは、バナフの切り拓いた関数解析の分野に50年以上前から抽象的な形で存在していた。ウェーブレット解析が世に知られるようになると、それを理解して有効な手法に発展させるために必要なのが、まさに関数解析の深遠な手法であることが明らかとなった。関数解析の手法を活かすための最大の条件が、良い形の母ウェーブレットを選ぶことだった。求められる条件は、すべての娘ウェーブレットが母ウェーブレットと数学的に独立していて、母と娘によってコード化される情報が重なり合っていないことと、余計な娘があってはならないことである。関数解析の言葉を使えば、母と娘が直交していなければならないのだ。

１９８０年代初めに地球物理学者のジャン・モーレと数理物理学者のアレクサンダー・グロスマンが、ふさわしい母ウェーブレットを考え出した。そして１９８５年に数学者のイヴ・マイヤーがそのモーレとグロスマンのウェーブレットを改良した。この分野を爆発的に発展させたのは、１９８７年のイングリッド・ドブシーによる発見である。それまでの母ウェーブレットはちょうどパルスのような見た目ではあったものの、いずれもごく細い尾を無限に遠くまで引いていた。しかしドブシーの作ったウェーブレットはいっさい尾を引いておらず、ある区間の外では正確に０である。ドブシーの母ウェーブレットは正真正銘のパルスで、有限の範囲内に完全に閉じ込められている。

指紋を保存する

ウェーブレットはいわば数学的なズームレンズのように作用して、特定のスケールを占めるデータの特徴に焦点を絞ってくれる。この能力はデータの解析だけでなく圧縮にも使える。コンピュータがウェーブレット変換によって画像を〝目を細めて見て〟、不必要な解像度の特徴を削除するのだ。ＦＢＩは１９９３年にこの方法を選んだ。当時の指紋データベースには紙のカードにインクで押した２億件の記録が収められており、その画像をデジタル化してコンピュータに保存することで最新式のデータベースを構築することになった。当然その利点は、犯罪現場で見つかった指紋と合致するものをすばやく見つけ出せることである。

一般的な画像を十分な解像度で記録すると、指紋カード1枚ごとに10メガバイトのファイルが作られる。FBIのデータベースでは2000テラバイトのメモリーが占められてしまう。しかも毎日3万枚以上の新たな指紋カードが届くので、必要な保存容量は日に2兆4000億ビットずつ増えていく。そのためどうしてもデータを圧縮する必要があった。そこでFBIはまずJPEGを試してみたが、休日のスナップ写真と違って指紋の場合は〝圧縮比〟(元のデータと圧縮したデータとのサイズ比)が約10：1になると役に立たないことが分かった。復元すると8×8のブロックの境界線が残って〝ブロックノイズ〟が発生し、要求を満たせない画像になってしまったのだ。圧縮比を10：1以上にできなければ、FBIにとっては当然役に立たない。ブロックノイズは美的に問題があるというだけでなく、一致する指紋を探すアルゴリズムの能力を大幅に奪ってしまう。フーリエ変換に基づくそれ以外の手法でも厄介なノイズが現れ、それはいずれも、フーリエ変換に用いるサインとコサインが無限に長い〝尾〟を持っているという問題に由来する。そこでFBIのトム・ホッパーとロスアラモス国立研究所のジョナサン・ブラッドリーおよびクリス・ブリスローンは、デジタル化した指紋記録を、ウェーブレット／スカラー量子化(WSQ)と呼ばれる手法を使ってコード化することにした。

WSQでは、基本画像に分割することで冗長な情報を取り除くのではなく、画像全体にわたる細かい特徴、すなわち目視で指紋の形を認識する際に必要のない細かい特徴を削除する。FBIのテストでは、ウェーブレットを用いた3種類の手法すべてが、JPEGなどフーリエ変換に基づく手法よりも高い性能を発揮した。そしてその中でもWSQがもっとも実用的な手法として浮上してきた。圧縮比を少なくとも15：1まで引き上げることができ、メモリーコストを93％削減できたのだ(図40)。いまではWSQは指紋画像の交換や保存のための標準的手法となっている。アメリカのほとんどの法執行機関はWSQを用いて500ピクセル／インチの指紋画像を圧縮している。もっと高解像度の指紋画像にはJPEGが用いられている。[60]

ウェーブレット解析はあらゆるところで使われはじめている。デニス・ヒーリーの研究チームは、

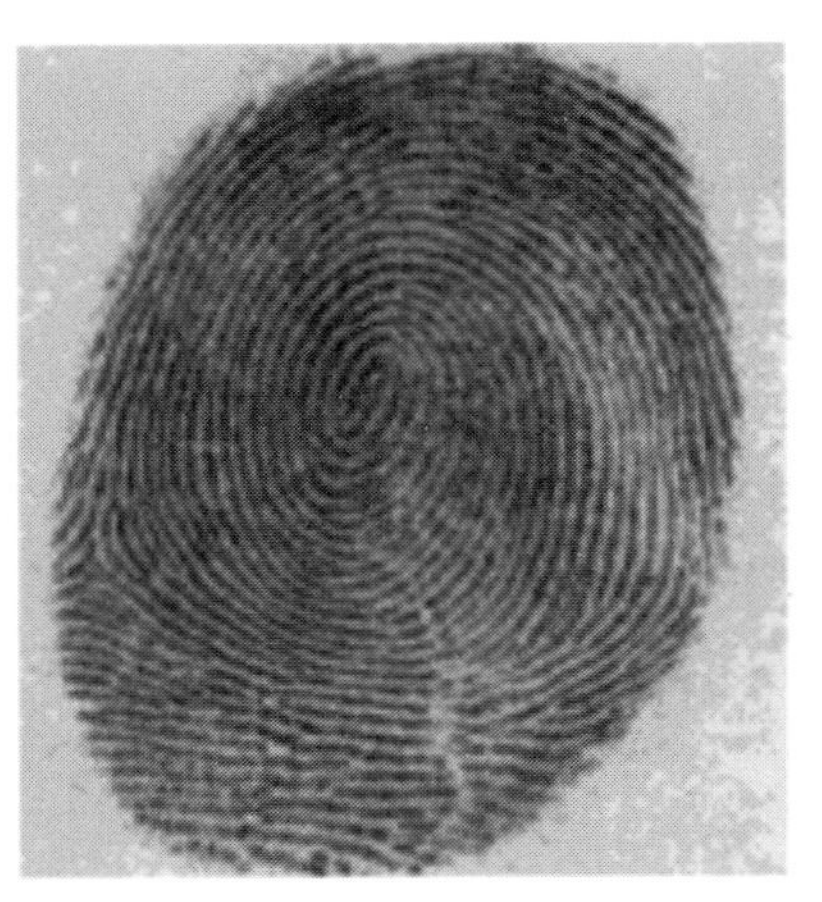
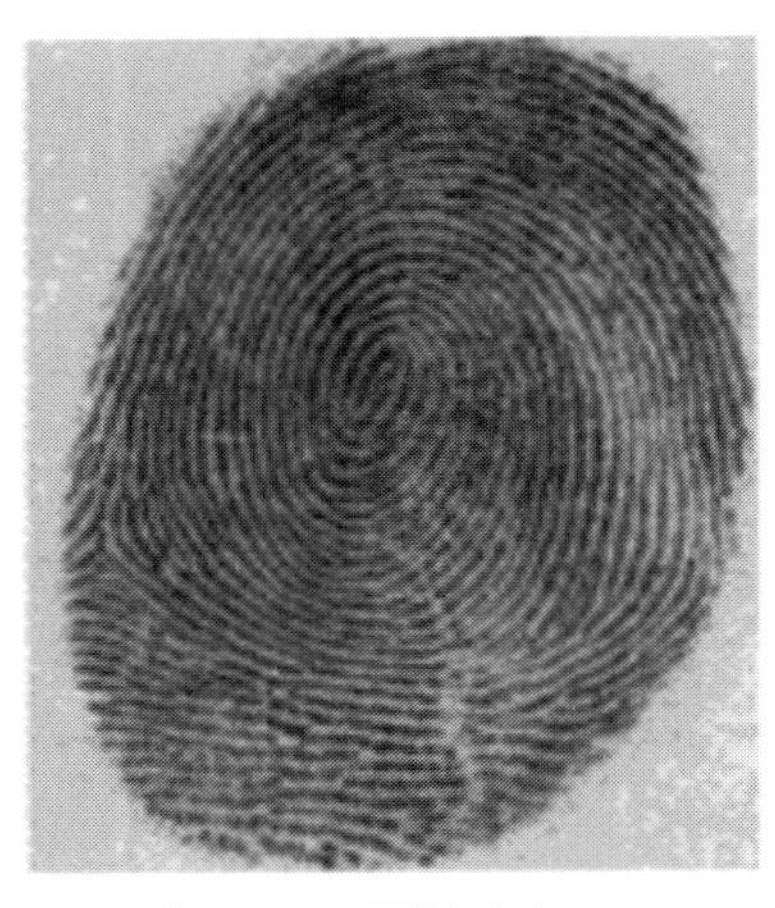

図 40　指紋。左：もとの画像。右：データサイズを 1/26 に圧縮したもの。

ウェーブレットを用いた画像強調法をＣＴやＰＥＴやＭＲＩに応用している。またウェーブレットを利用して、最初にスキャナーでデータを取得する際の戦略を改良している。ロナルド・コイフマンとヴィクター・ヴィッカーハウザーは、録音された音声から不要なノイズを除去するためにウェーブレットを用いた。その一つの成功例が、ヨハネス・ブラームスが自身作曲の『ハンガリー舞曲』を自ら演奏したものである。１８８９年に蠟管に録音されたがその一部が融けてしまい、78回転のレコードに再録音された。コイフマンはそのレコードのラジオ放送に目をつけたが、ノイズにかき消されてほぼ聴き取れなくなっていた。そこでウェーブレット変換によってノイズを取り除いたところ、ブラームスが何を演奏しているのか聴き取れるようになった。完璧ではないが聴けるくらいにはなった。

いまから40年前、関数解析は抽象数学の難解な一分野にすぎず、もっぱら理論物理学にしか応用されていなかった。しかしウェーブレットの登場によってそれが一変した。いまや関数解析は、特別な特徴を持った新たなタイプのウェーブレットを考案して応用科学や工学に活かすための礎となっている。犯罪抑止や医療、次世代のデジタルミュージックなど、ウェーブレットは今日の我々の生活に見えざる影響を与えている。近い将来には世界を席巻することだろう。

第11章　まだ近くじゃないの？

千里の道も一歩から。

――老子『道徳経』

魔法のナビ

車を運転する親なら誰しもこんな経験があるはずだ。家族で５００キロ離れたおばあちゃんの家に向かっている。6時間かかる。子供たちは後部座席だ。すると30分しか走っていないのに、悲しそうな叫び声が聞こえてくる。「まだ近くじゃないの?」（Are we nearly there yet?）

大西洋の向こう側の連中に言ってやりたいことがある。彼らは「まだ着かないの?」（Are we there yet?）という言い方が正しいと思い込んでいるようだ。アメリカではそうらしいが、そんなはずはない。この言い回しは明らかに勘違いなのだから。この質問に対する答えはいつでもはっきりしている。もう着いているのであればこんなことは訊かないし、まだ着いていないのであれば的外れだ。でも長旅では決まって、子供がぐずると優しい（あるいはいらいらした）親は安心させようとする。「もう近くだからね」。まだ5時間かかるとしてもそう声を掛ける。するとしばらくは我慢してくれる。それでも何度も旅行していると、子供は期待でなく失望のそぶりを見せるようになる。「まだ近くじゃないの？」窓の外を見ても分からないのだから、この聞き方は意味がある。もちろん目印を知らなければの話だが。うちで飼っていたネコもそうだった。

まだ近くじゃないの？　いまどこにいるの？　20年前だったら地図と、地図を読み取る高い技術、そして助手席にナビゲーターが必要だった。しかし今日では魔法のエレクトロニクスにいっさい任せられる。衛星ナビゲーションシステムを見ればいい。確かに荒野のど真ん中に連れていかれてしまうこともある。先日、ナビに導かれて川に落ちてしまった車もあった。ナビだけでなく道路も見ていなければならない。しかしそれでも道を間違えることがある。去年、民宿を探していた私はある邸宅の敷地に迷い込んでしまった。私道のような公道と公道のような私道をナビが見分けられなかったからだ。

衛星ナビゲーションはまるで魔法のようだ。車内のスクリーンに地図の一部が表示され、現在地が正確に示される。車を走らせると地図が移動して、車のマークがつねに正しい位置に来る。進んでいる方角も、いま走っている道路の名前や番号も分かる。渋滞が発生していたら知らせてくれる。目的地も走行スピードも、制限速度をオーバーしたかどうかも、オービスの場所も、到着までにかかる時間も教えてくれる。子供にナビの見方を教えれば二度とあんなだだはこねないはずだ。

偉大なSF作家で未来学者のアーサー・C・クラークは、「十分に進歩した技術は魔法と見分けがつかない」と述べた。同じくSF作家のグレゴリー・ベンフォードはこの言葉をひねって、「魔法と見分けがつく技術は十分に進歩していない」と言っている。衛星ナビゲーションも十分に進歩しているが、魔法ではない。ではどういうしくみなのだろうか？

ナビが目的地を知っているのは、あなたが設定したからだ。スクリーン上の文字や数字にタッチすればいい。これは分かりやすい。そして分かりやすいのはこれだけだ。それ以外の魔法は、何機もの人工衛星や電波信号、コードや疑似乱数、膨大で巧妙なコンピュータ処理といった高度な技術に頼っている。もっとも速い、あるいはもっとも安い、あるいはもっとも環境に優しいルートはアルゴリズムが見つけてくれる。基礎物理学も欠かせない。軌道力学はニュートンの万有引力の法則に基づいていて、アインシュタインの特殊相対論と一般相対論の両方によってさらに改良されている。宇宙では人工衛星が周回しながら同期信号を送信している。そして地上ではちっぽけなコンピュータチップ1個の中でほぼすべてがおこなわれている。それに加えて、地図などを保存するメモリーチップが必要だ。

そうしたことがいっさい目に入らないから、代わりに魔法だと思ってしまうのだ。

言うまでもなくこの魔法の大部分は数学的なもので、かなりの量の物理学や化学、材料科学や工学はもちろん、さまざまな数学を大量に必要とする。ユーザーの中には精神治療を受けたほうがいい人もいるかもしれないが……。

人工衛星の製造と設計、そしてそれを宇宙に打ち上げるのに必要な技術を無視したとしても、衛星ナビゲーションには少なくとも7つの数学分野が使われていて、それらがないと機能しない。思いつくままに挙げると次のとおりだ。

- 衛星を軌道に投入するための打ち上げロケットの軌道を計算する。
- 地上を十分にカバーできるように軌道を設定する。どの地点からもつねに少なくとも3機、できれば4機以上の衛星が見えていなければならない。
- 疑似乱数発生器で信号を発生させ、各衛星までの距離を高精度で測定できるようにする。
- 三角法と軌道データから現在地を割り出す。
- 衛星の高速運動が時間の進み方に与える影響を特殊相対論の方程式を使って補正する。
- 地球の重力が時間の進み方に与える影響を一般相対論の方程式を使って補正する。
- 時間、距離、環境負荷など、設定した基準のもとで最適なルートを、巡回セールスマン問題に似た問題を解くことで見つけ出す。
この中でもとくに驚くようないくつかの話に絞った上で、ここから数ページでもっと詳しく説明していこう。

現在地を知るには

衛星ナビゲーションに欠かせないきわめて精確な同期信号は、高精度の原子時計によって生成されて何機もの特別な軌道周回衛星から送信される。セシウム時計自体の精度は10^{14}分の5、1日あたり4ナノ秒である。位置の誤差に換算すると1日約1メートル。この変動（ドリフト）を補正するために地上局から定期的にリセットを掛けている。誤差の原因はほかにもあって、それについてはのちほど再び取り上げる。

現在ではいくつもの衛星ナビゲーションシステムが稼働しているが、ここでは最初に完成してもっとも広く使われているグローバル・ポジショニング・システム（ＧＰＳ）に話を絞ることにしよう。計画が始まったのは１９７３年、アメリカ国防省の指揮のもと進められた。このシステムの中核をなすのが軌道周回衛星で、当初は24機、現在は31機ある。プロトタイプの1号機が１９７８年に打ち上げられ、１９９３年に全機の運用が開始された。当初は軍事利用に限定されていたが、１９８３年にロナルド・レーガン大統領の命令によって低解像度なら民間人も利用できるようになった。ＧＰＳは改良が進められているし、現在ではいくつもの国が独自の衛星測位システムを稼働させている。その皮切りがロシアのグローバル・ナビゲーション衛星システム（ＧＬＯＮＡＳＳ）で、誤差は2メートル未満。２０１８年には中国が北斗衛星導航系統というナビゲーションシステムの運用を開始した。ＥＵのシステムはガリレオという。ＥＵから離脱したイギリスはガリレオにも参加しないだろうが、思慮分別よりも国の威信を優先するイギリス政府は独自のシステムを開発して稼働させると発表している。インドもNavIC（ナヴァイシー）というシステムを構築しているし、日本も準天頂衛星システム（QZSS、〝みちびき〟）を構築中で、2023年にGPSへの依存状態から脱却する予定である。

GPSは運用上、宇宙（人工衛星）、コントロール（地上局）、ユーザー（車に乗っているあなた）という3つの〝セグメント〟から構成されている。人工衛星は同期信号を送信する。コントロールセグメントは衛星の軌道と時計の精度を監視して、必要に応じて軌道修正や時計のリセットの指令を送信する。ユーザーの携帯電話には小型の低電力受信機が搭載されていて、アプリに現在位置を知らせる。

GPS衛星をまとめて〝コンステレーション（星座）〟と呼ぶことが多い。夜空に輝く星の並びを表す伝統的な言葉だ。当初からあるGPSコンステレーションは24機の人工衛星から構成されていて、各衛星は地上2万200キロメートル、地球中心から2万6600キロメートルのほぼ円形の軌道を周回している（図41）。その後に追加された衛星はシステムの信頼性と精度を高めるためのもので、基本的な考え方には関係ないのでここでは無視する。軌道は6通りで、赤道と55°の角度で交わる平面上にあり、赤道のまわりに等間隔に配置されている。各軌道上では4機の衛星が等間隔で周回していて、つねに追いかけあっている。軌道半径は、各衛星が11時間58分ごとに同じ位置に戻ってくるよう数学的に決められている。そのため空のほぼ同じ位置に一日2回現れるが、その位置は徐々にずれていく。

続いての数学的特徴が、その軌道の形状である。衛星と軌道がこのように配置されていることで、地球上のどの地点からでもつねに衛星が6機以上見えている（信号を受信できる）。その6機がどの衛星であるかは地点によるし、地球が自転して衛星が軌道を周回するため、時間が経つにつれて入れ替わっていく。

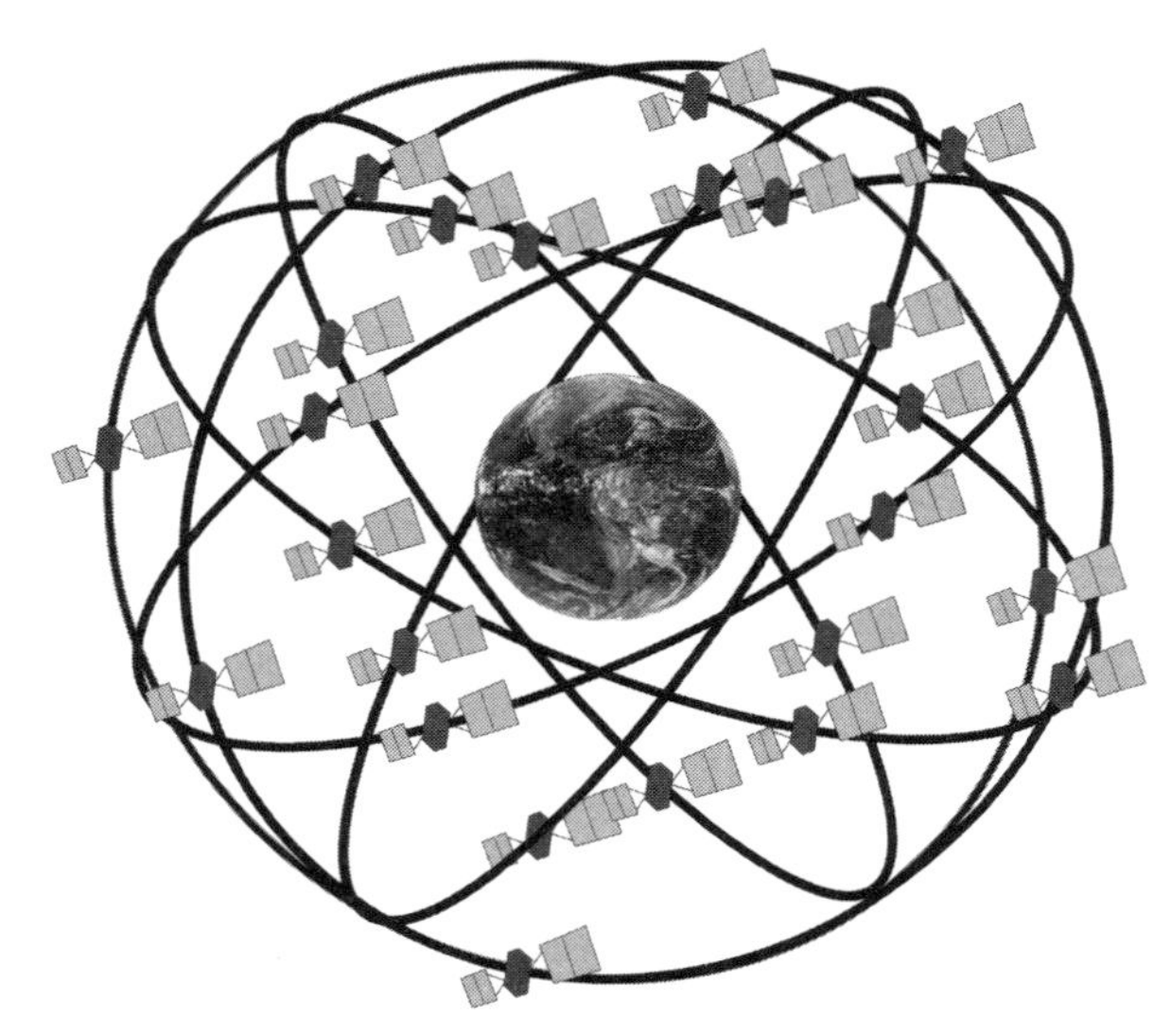

図41　当初からあるGPSコンステレーションは24機の衛星から構成されていて、4機ずつ6通りの軌道を周回している。

GPSはユーザーが衛星にいっさい情報を送信せずに済むように作られている。代わりにユーザーは、見えるすべての衛星から送信される同期信号を受信する受信機を備えている。その受信機が同期データを処理して現在地をはじき出す。その基本原理は単純なので、最初に見ていくことにしよう。そしてその後に、現実世界で機能させるのに必要ないくつかの付加機構を取り上げることにする。

まずは衛星を1機だけ考えよう。その衛星が同期信号を送信し、あなたの受信機はその信号に基づいて、この瞬間にその衛星がどれだけ遠くにあるかを計算する（どのようにして計算するかはのちほど説明する）。たとえば2万1000キロメートルだったとしよう。この情報によってあなたの現在地は、衛星を中心とする半径2万1000キロメートルの球面上にあることが分かる。これだけではほとんど役に立たないが、同時刻にほかにも5機以上の衛星が見えている。それらを衛星2、衛星3、……衛星6と呼ぶことにしよう。各衛星の送信する同期信号をあなたの受信機が同時に受信すると、それぞれの信号に基づいてあなたの現在地は、各衛星を中心とする別々の球面上にあることになる（それらを球面2、球面3、……球面6と呼ぶことにする）。衛星2からの信号と衛星1からの信号を組み合わせれば、あなたの現在地は球面1と球面2の交線、つまり円周上に来る。衛星3に基づく球面3と球面1との交線は別の円周を作る。この2つの円周は、3つの球面がすべて交差する2つの地点で交わる。そして衛星4に基づく球面4を用いれば、この2地点のうちどちらが正しい現在地かをほぼ判別できる。

完璧な世界ならこれで一件落着で、衛星5と6は不要だろう。しかし現実にはそう簡単にはいかない。あらゆるものに誤差が付きまとうからだ。地球の大気によって信号が減衰したり、電気的干渉が起こったりするかもしれない。そのためあなたの現在地は、問題の球面上でなくその近くにあるということになる。あなたの位置は、その球面を含む、ある程度の厚みを持った球殻の中にあるということだ。したがって4機の衛星と4つの信号だけではある程度の精度でしか現在地を特定できず、完璧ではない。そこでGPSでは、もっと精度を上げるために追加の衛星を用いる。それによって、厚みを持った球殻がさらに小さい領域に切り分けられる。この段階ではほとんどの場合、あなたの位置を特定する各方程式は、誤差を無視すれば互いに辻褄が合っていない。しかし統計学の昔ながらの手法を拝借すれば、誤差の合計を最小化することであなたの位置をできるだけ精度良く推計できる。その手法を最小二乗法といい、ガウスが1795年に編み出した。

ポイントは、あなたのGPS受信機が比較的単純な一連の幾何学的計算を体系的におこなうだけで、あなたの位置をできるだけ精度良く推計できるという点である。それを地上の細かい起伏と比較すれば標高まではじき出せる。標高は緯度・経度よりも精度が低い場合が多い。

ランダムに見える

「同期信号を送信する」と聞くと単純に思えるかもしれないが、そんなことはない。雷鳴が聞こえたら嵐が近づいていることは分かるが、雷鳴だけではどれだけ近いかは分からない。雷鳴の前に稲光も見えれば、光は音よりも速く伝わるので、その2つの信号の時間差から稲光がどれだけ遠くで光ったかを推計できる。おおざっぱに言って1キロメートルあたり3秒だ。しかし音の伝わる速さは大気の状態によって変わるので、この法則は完全に正確ではない。

GPSでは音波を2つめの信号として使うわけにはいかない。理由は明らかで、音波はあまりにも遅すぎるし、そもそも宇宙空間は真空だから音は伝わらない。しかし、互いに関連した2つの信号を比較して時間差を算出するという基本的アイデアは、方向性としては正しい。それぞれの衛星は0と1からなるパルス列を送信していて、そのパルス列はかなり長い時間が経たないと繰り返しが起こらないようにできている。そこでGPS受信機は、衛星から受信したパルス列を、受信機内で発生させた同じ並びのパルス列と比較する。衛星からの信号は、衛星から受信機まではるばる進んでこなければならないために遅れる。そこで2つの信号を突き合わせて、一方をどれだけずらせば合致するかを調べることで、時間の遅れを導き出すことができる。

0と1の代わりに本書の文章の一部を使ったほうが分かりやすいだろう。

衛星から受信した信号が次のようなものだったとしよう。

2つの信号を突き合わせて、一方をどれだけずらせば

それと同時に受信機内で発生させた参照信号は次のようなものだったとする。

一方をどれだけずらせば合致するかを調べることで

そこで受信機内の信号をずらして2つの文章が合致するようにすると、次のようになる。

2つの信号を突き合わせて、**一方をどれだけずらせば**
一方をどれだけずらせば合致するかを調べることで

こうすれば、衛星からの信号は受信機内の信号より13文字遅れて届いていることが分かる。

残った課題は、適切なビット列を生成することである。ごく稀にしか繰り返しが起こらない0と1の列を生成する方法として単純なのは、コインを何百万回も投げて、表を0、裏を1として記録していくというものだ。0と1はそれぞれ確率2分の1で現れるので、たとえば長さ50の特定のビット列が現れる確率は2^{50}分の1、およそ1000兆分の1である。平均的には約1000兆ステップでようやく繰り返しが発生する。このような信号を、1000兆ステップよりずっと短い分だけずれた信号と比較すれば、ぴたりと合致する〝正しい〟ずれは一通りに定まる。

しかしコンピュータはコイントスが得意でない。きちんと定められた命令に従うし、それを誤差なしに精確にこなすことが本分である。だが幸いにも、実際には決定論的な手順でありながら、統計学的な意味でランダムに見えるビット列を生成する明確な数学的プロセスが存在する。そのような手法を疑似乱数発生器という。これがGPSに組み込まれた3つめの数学的要素である。

実際には、疑似乱数発生器からのビット列をGPSに必要なデータと組み合わせて、変調という操作をおこなっている。衛星はそのデータを1秒間に50ビットという比較的低速で送信する。この信号と、疑似乱数発生器から発生する、1秒間に100万〝チップ〟以上というもっと高速なビット列とを組み合わせる。チップはビットに似ているが、0と1でなく+1と−1という値を取る。物理的には強度が+1または−1の矩形波パルスである。〝変調〟とは、もとのデータ列とこのチップの値とを瞬間ごとに掛け合わせるということである。データのほうがきわめてゆっくりと変化するため、〝ずらして合致させる〟という手法は十分に通用するが、完全に同じ場合もあれば正負が反転している場合もある。そこで相関を調べる統計的手法を使い、信号をずらしていって相関が十分に高くなるようにする。

GPSではもう一つ別の疑似乱数を使って同じことを繰り返し、先ほどの10倍の速さで信号をさらに変調している。遅いほうの信号をC／Aコードといい、民間に開放されている。速いほうの信号であるPコードは軍事利用に限定されている。暗号化されていて、繰り返しの周期も7日と長い。

疑似乱数発生器は多くの場合、有限体上での多項式などの抽象代数、またはある数を法とする整数などの数論に基づいている。後者の例の中でも単純なのが、線形合同法である。まず法 m と、m を法とする2つの数 a と b、および初期値 x_1 を選ぶ。そしてそれに続く数 $x_2, x_3, x_4, \dots$ を次の式で定義する。

$$x_{n+1} = ax_n + b \pmod m$$

つまり現在の数 x_n に定数 a を掛け、それを一定量 b だけずらす。すると数列の次の数が求められる。そしてこれを繰り返す。たとえば $m=17, a=3, b=5, x_1=1$ とすると、次のような数列になる。

1, 8, 12, 7, 9, 15, 16, 2, 11, 4, 0, 5, 3, 14, 13, 10,

そしてこれを果てしなく繰り返す。一見したところ明らかなパターンはいっさいない。もちろん実際には m をもっとずっと大きくする。繰り返しの周期を長くするとともにランダムさの統計検定をパスできるようにするには、いくつかの数学的条件を満たす必要がある。たとえば、m を法とするすべての数が平均的に同じ頻度で現れていなければならない。つまり出力を二進数に変換したときに、ある程度の長さまでのすべてのビット列の出現頻度が等しくなることが求められる。

線形合同法は単純すぎて安全性が低いため、もっと複雑に手を加えた方法がいくつか考え出されている。その一例が、１９９７年に松本眞（まつもとまこと）〔広島大学〕が考案したメルセンヌ・ツイスターである。マイクロソフトのExcelなど何十もの標準的なソフトウエアに採用されているため、使っている人も多いはずだ。メルセンヌ・ツイスターは、数学的に単純に扱える素数と、コンピュータによる取り扱いが容易な二進法とを組み合わせたものである。2^p-1（pは素数）という形の素数、たとえば $31=2^5-1$ や $131071=2^{17}-1$ のことを、メルセンヌ素数という。メルセンヌ素数はかなり少なく、無限個存在するかどうかすらも分かっていない。２０２１年１月の時点で51個しか知られておらず、最大のものは $2^{82589933}-1$ である。

右の２つのメルセンヌ素数を二進数で表すと、

$$31=11111 \quad 131071=11111111111111111$$

というように、1が5個、あるいは17個繰り返される。そのためデジタルコンピュータで簡単に計算できる。メルセンヌ・ツイスターではきわめて大きいメルセンヌ素数、通常は $2^{19937}-1$ に基づいて、線形合同法における数の代わりに、０と１という２つの要素からなる有限体上での行列を用いる。この手法は長さ６２３までのビット列について統計検定を満たす。

ＧＰＳ信号にはもっとずっと低い周波数の信号も含まれていて、それによって衛星の軌道や時計の補正値など、システムの状態に影響を与えるいくつかの因子に関する情報を伝えている。かなり複雑に聞こえるだろうしそのとおり複雑だが、現代の電子回路ならきわめて複雑な命令でも確実に処理できる。複雑になっていることにはれっきとした理由がある。どこか関係のないところからやって来た信号がそのような複雑なパターンを取る可能性はきわめて低いので、受信機がたまたま別のランダムな信号を追跡してしまうような事態を避けられる。また各衛星にそれぞれ独自の疑似乱数コードがあてがわれているため、受信機がある衛星からの信号を別の衛星からのものと取り違える恐れはない。さらなる利点として、すべての衛星が同じ周波数で送信しても混信しないため、どんどん混み合っていく周波数帯を広く占有せずに済む。またとくに軍事作戦において、敵がシステムに干渉したり偽の信号を送信したりできなくなっている。しかもアメリカ国防省がＧＰＳの疑似乱数コードを管理していて、ＧＰＳへのアクセスをコントロールできる。

相対論で補正

時間の誤差の原因は原子時計のドリフトのほかにも、衛星の軌道の形や大きさが計画からわずかにずれていることなどいくつもある。そこで地上局から衛星経由でユーザーに補正値を送信することで、システム全体をアメリカ海軍天文台の基準時計に同期させている。しかし数学的にもっとも大きな影響をおよぼすのは、相対論的な遅れである。そのため由緒あるニュートン物理学の代わりに、アインシュタインの相対論が必要となる[61]。

１９０５年にアインシュタインが「運動する物体の電気力学について」という論文を発表した。ニュートン力学とマクスウェルの電磁気方程式との関係について考察して、この２つの理論が互いに相容れないことを発見したのだ。その問題のおおもとは、電磁波の伝わる速さ（光の速さ）が静止した座標系で一定であるだけでなく、運動する座標系でも一定の値を取ることである。走っている車から懐中電灯を照らすと、その車が止まっていたときと同じ速さで光子が飛んでいくのだ。

それに対してニュートン物理学では、車の速さと光の速さが足し合わされることになる。そこでアインシュタインは、光の速さが絶対に一定になるようにニュートンの運動の法則を修正し、とくに相対運動を表す式に手を加えるよう提唱した。そのためこの理論には相対論という呼び名がつけられたが、その主眼は光の速さが相対的でないという点なので、少々誤解を招きやすい。さらにアインシュタインはこの理論体系に重力を含めるべく何年も努力を重ね、1915年にようやく成功した。互いに関連しているがはっきりと異なるこの2つの理論は、それぞれ特殊相対論と一般相対論と呼ばれるようになった。

本書は相対論の教科書ではないので、いくつか重要な特徴だけをざっと紹介しておおざっぱなイメージをつかんでもらうことにしよう。哲学的な詳細に立ち入る余裕はないし、たとえあったとしても脇道に逸れてしまうので、かなり単純化した説明で勘弁してほしい。

特殊相対論では、一定速度で運動するどんな座標系でも光の速さが同じ値になるように運動方程式を修正する。そのために用いるのは、オランダ人物理学者のヘンドリック・ローレンツが導き出した、互いに異なる座標系における位置と時間の違いを記述するローレンツ変換である。特殊相対論からは、ニュートン物理学の観点から見るときわめて奇妙な予測がいくつも導き出される。まず、どんなものも光より速く運動することはできない。また、物体の長さは速さが増すにつれて短くなり、光の速さに近づくにつれていくらでも縮んでいく。それと同時に主観的な時間の流れが非常に遅くなり、質量が際限なく増えていく。乱暴に言うと、光の速さでは物体の（運動方向の）長さが0になり、時間が止まり、質量が無限大になるのだ。

一般相対論でもこれらの要素は同じだが、そこにさらに重力が組み込まれる。しかしニュートンのモデルと違って重力は力ではなく、空間の3つの次元と時間の1つの次元を数学的に組み合わせた、4次元時空の湾曲によって生じる効果にほかならない。恒星など何らかの質量のそばでは時空は歪んでいて、4次元で見るといわばくぼんでいる。そのそばを通過する光線や粒子は、その湾曲に沿って直線から外れていく。それによって、あたかも恒星と粒子のあいだに引力が作用しているように感じてしまうのだ。

特殊相対論も一般相対論も高精度な実験で十分に裏付けられている。かなり奇妙な特徴を備えてはいるものの、これまでに物理学で発見された現実のモデルの中でももっとも優れている。そのためGPSの数学にも、衛星の運動速度と地球の重力の両方に由来する相対論効果を組み込まなければならず、そうでないとGPSは使い物にならない。逆にそれを補正したGPSが正しく機能していることこそが、特殊相対論と一般相対論両方の有効性を十分に物語っている。

たいていのGPSユーザーは地上のある場所に留まっているか、またはゆっくりと、たとえばレーシングカーよりは遅い速さで動いている。そのためGPSの設計者は、地球の自転速度を一定と仮定した上で、地球に完全に固定された座標系に基づいて衛星の軌道に関する情報を送信することにした。地球の形状（ジオイドという）は、わずかに扁平（へんぺい）になった回転楕円体で近似される。

あなたが車で走っていて衛星が頭上を飛び交っていると、衛星はもちろんあなたに対して運動している。特殊相対論によると、あなたから見て衛星の時計は地上の基準時計よりもゆっくりと時を刻んでいるように見えるだろう。実際に衛星の時計は、相対論的な時間の遅れによって1日約7マイクロ秒遅れる。それに加えて、衛星軌道上での見かけの重力は地上よりも弱い。一般相対論の表現によると、衛星近傍の時空はあなたの車の近傍に比べて平らで、湾曲が小さい。この効果によって衛星の時計は地上の時計よりも速く進む。一般相対論から予測すると、衛星の時計は地上の時計に比べて1日45マイクロ秒速く進むことになる。相反するこれらの効果を足し合わせると、衛星の時計は地上の時計に比べて1日あたり45－7＝38マイクロ秒ほど速く進む。2分も経てばその誤差が顕著になってきて、1日経つとあなたの位置は正しい位置から約10キロメートルもずれてしまう。ナビは1日もせずにあなたを違う町へ、1週間で違う郡へ、そして1か月で違う国へ連れていってしまうのだ。

GPS計画に携わった技術者や科学者は当初、相対論効果が実際に問題になるかどうか確信が持てなかった。衛星の公転速度は人間の基準から見れば速いが、光の速さに比べたらきわめて遅い。地球の重力も宇宙の感覚で言えばごく弱い。それでも開発者たちは、これらの効果の大きさを推計しようと最善を尽くした。１９７７年、初のプロトタイプの原子時計が軌道上に打ち上げられても、これらの効果がどれだけ大きいか、プラスなのかマイナスなのかはっきりせず、中には相対論的補正などいっさい必要ないと考える人もいた。そこで技術者は相対論効果が必要になった場合に備えて、地上からの信号によって周波数を変えることでその効果を打ち消すための回路を時計に組み込んだ。そして最初の3週間にわたってその回路をオフにして時計の周波数を測定したところ、地上の時計に比べて1兆分の４４２・5だけ高いことが分かった。一般相対論による予測値は1兆分の４４６・5、ほぼ一致した。

広がるＧＰＳの利用

ＧＰＳの用途は、現在地の特定（自家用車や商用車、ハイカーなど）や、そもそもこのシステムの開発につながった軍事利用のほかにもいくつもある。その中のいくつかを紹介しよう。

車が故障してアプリでロードサービスを呼ぶときに、わざわざあなたが現在地を知らせる必要はない。ＧＰＳが代わりにやってくれるからだ。ＧＰＳはまた、自動車の盗難を防いだり、地図作成や測量をおこなったり、ペットや高齢者家族を見守ったり、芸術作品を安全に保管したりするのにも使われている。主要な用途としては、船舶や航空機のナビゲーション、海運会社による船団の追跡なども含まれる。いまではほとんどの携帯電話にＧＰＳ受信機が組み込まれているので、写真に撮影場所をタグ付けしたり、なくしたり盗まれたりした携帯電話のありかを突き止めたり、タクシーを呼んだりすることもできる。ＧＰＳとGoogleマップのようなオンライン地図サービスとを組み合わせれば、地図上に現在地を自動的に表示できる。農業従事者は無人のトラクターを操縦できるし、銀行は現金輸送を監視できるし、旅行者は預けた手荷物を追跡できる。科学者は絶滅危惧動物の動きを監視したり、石油流出などの環境災害を探知したりできる。

ＧＰＳなしで我々はやっていけるのだろうか？　ちょっとした数学的魔法によって革新的な（そして高価な）テクノロジーが可能となり、我々の生活は一変した。その変化の速さには目を見張るばかりだ。

第12章　北極の氷をイジングする

グリーンランドの氷床はこれまで考えられていたよりもはるかに速いスピードで融けていて、何億もの人々を洪水の脅威にさらし、取り返しのつかない気候危機の到来をはるかに早めている。グリーンランドの氷は１９９０年代の7倍のスピードで減少していて、その規模とスピードは予測をはるかに上回っている。

――『ガーディアン』紙、２０１９年12月

気候変動は現実である

いやいや、アイシング（icing）じゃなくて〝イジング（Ising）〟だ。誤植ではない。下手なだじゃれだ。

地球は温暖化が進んでいて危険な状態にあり、それは我々のせいだ。何千人もの気候科学の専門家が何百もの数学的モデルを走らせて何十年も前から予測していることだし、同じく有能な気象学者がその重要な結論のほとんどを観測によって裏付けている。詳細についてはいまだ明らかでない点がいくつもあるが、人為的な気候変動が実際に起こっていることを示す証拠は増えつづけている。それなのに、フェイクニュースをばら撒いて「何も心配いらない」と人々に信じ込ませようとする連中がいる。本書の残り全部を使ってそいつらをこき下ろし、彼らがいかに愚かであるかを力説してもいいくらいだ。しかしフォークシンガーのアーロ・ガスリーが『アリスのレストラン』の中盤で歌っている

ように、私はそれについて話すためにここにやって来たのではない。ほかに大勢の人が私よりもはるかに雄弁に語ってくれているし、一握りの超富裕層に地球の運命が託される前に必死で気候変動を食い止めようとしている。

気候変動はそもそも統計学的な現象なので、一つ一つの出来事はときどき起こりうる例外的なものとして片付けてしまうこともできる。表が４回中３回出るように細工したコインでも、１回投げただけでは公正なコインと同じように表と裏のどちらかが出る。それだけでは違いは分からない。公正なコインでも３回か４回連続で表が出ることはときどきある。しかし１００回投げて表が80回、裏が20回だったら、そのコインが公正でないことはかなり確実だ。

気候もそれと似ている。気候と気象は違う。気象は時間単位や日単位の変化のことを指すが、気候はたとえば30年間の移動平均で、地球の気候はさらに地球全体の平均である。地球規模で長期的に大きく変化するのが気候変動である。世界の気温に関する良質の記録をおよそ１７０年前までさかのぼると、暑かったトップ18の年のうち17例は２０００年以降に起こっている。けっして偶然ではない。

気候が統計学的な現象であるだけに、容易に否定論を囃(はや)し立てることができてしまう。地球の変化を早送りすることはできないので、気候科学者は数学的モデルに頼って未来を予測し、気候の変化の速さを推定し、その変化の影響を導き出し、人類が一致団結すれば何ができるかを探るしかない。初期のモデルはかなり荒削りで、そこから導き出される予測が気に食わなければ難癖をつけることもできたが、いまから振り返るとそのようなモデルですら世界の気温上昇のスピードなど多くの数値をかなり正確に言い当てている。そのようなモデルが何十年もかけて改良され、いまでは過去50年におよぶ気温の予測値が実際の気温とかなり細かく一致している。気候変動の影響でどれだけの量の氷が融けるかはそこまで明らかになっていないし、現状では少なく見積もりすぎているようだ。そこに関わるメカニズムはあまり深く解明されていないし、何十年ものあいだ科学者は、取り越し苦労だと受け取られないようずっとプレッシャーを感じてきた。

　本書ではここまで、数学が舞台裏で人知れず我々の日常生活にどんな影響をおよぼしているかに話を絞ってきた。科学、とくに理論科学への数々の重要な応用についてはわざと取り上げなかった。しかし気候変動はまさに我々の日常生活に影響を与えている。２０２０年初めにかつてない森林火災に見舞われたオーストラリアの人々に聞いてみてほしい。世界中の熱波の記録に当たってみると、１００年に一度といわれる洪水がいまでは5年か10年ごとに起こっている。不思議なことに極端な寒波も時折訪れている。地球温暖化によってかなり気温が下がる地域があるというのも直感に反するが、簡単に説明できる。地球温暖化は、大気や海洋や陸地に入ってくる平均の熱エネルギーに関する話だ。あらゆる地点で一様に暑くなるなどとは誰も言っていない。

　地球全体の熱エネルギーが増えるにつれて平均からのゆらぎが大きくなり、そのゆらぎは正常より高温側に振れることもあれば低温側に振れることもある。そして全体的には高温側へのゆらぎのほうが優勢である。ある地点で突然寒くなったからといって、地球温暖化がでっち上げである証拠にはならない。あなたの町が通常より10℃寒くなっても、ほかに11の町で１℃暑くなれば、地球の平均気温は上昇したことになる。今日あなたの町が通常より10℃寒くなっても、ほかの11の日に１℃暑くなれば、ほかに何も変わらない限り地球の平均気温は上昇したことになる。それどころかあなたの町の平均気温も上昇したことになる。

　突然寒くなったことにはすぐに気づくが、それを埋め合わせるような変化は小さすぎたり、月日をあけて起こったり、どこか別のところで起こったりするため、我々の意識にはなかなか上らない。近年ヨーロッパや北アメリカで異常な寒波が起こっているのは、ジェット気流が北極の冷たい空気を通常よりもずっと南に押し下げているからだ。このため、通常なら北極の氷冠の上を循環していた冷たい空気が、海洋やグリーンランド、カナダ北部やロシアの上空にまで広がっている。そもそもその冷たい空気はなぜ南に下りてきたのか？　北極の空気が通常よりもかなり高温になって、冷たい空気を押しやってしまったからである。平均的に見れば北極全体は温暖化しているのだ。

　気候モデリングにはかなりの数学が使われていて、それだけで一冊の本になってしまうくらいだが、ここではそれについて説明するつもりはない。アーロと同じように、説明したい事柄のための舞台を設定するだけに留めよう。

氷の上の池

世界中で氷が融けている。例外的に氷の量が増えている場所もいくつかあるが、それ以外の至るところで急速に減っている。氷河が後退し、両極の氷冠が縮小している。それによって数十億の人が水不足の危機にさらされているし、現状を食い止めなければ海面上昇によって5億人以上が住むところを奪われることになる。そのためほぼあらゆる人にとって、氷の融解に関する物理や数学が突如として個人レベルで大きな関心事となっている。

　氷の融解については科学的に多くのことが分かっている。これは水が沸騰して水蒸気になるのと同じく、物質の状態の変化、いわゆる相転移（そうてんい）の典型的な例である。水はさまざまな状態を取る。固体にも液体にも気体にもなる〔固体にもいろいろな相がある〕。どの状態を取るかはおもに温度と圧力で決まる。大気圧下では、十分に冷たくなると固体の氷になる。氷が温められて融点を超えると液体の水になる。さらに沸点まで温められると気体の水蒸気になる。現在のところ氷には18の相があることが知られていて、その中でももっとも新しい〝スクエアアイス〟は２０１４年に発見された〔２０２１年には20番目の氷の相が日本の研究グループによって発見された〕。常圧で存在する相は３つ、それ以外はもっとずっと高圧でしか存在しない。

　氷に関する知見のほとんどは、比較的少量を用いた実験室での実験から得られている。しかし今日、

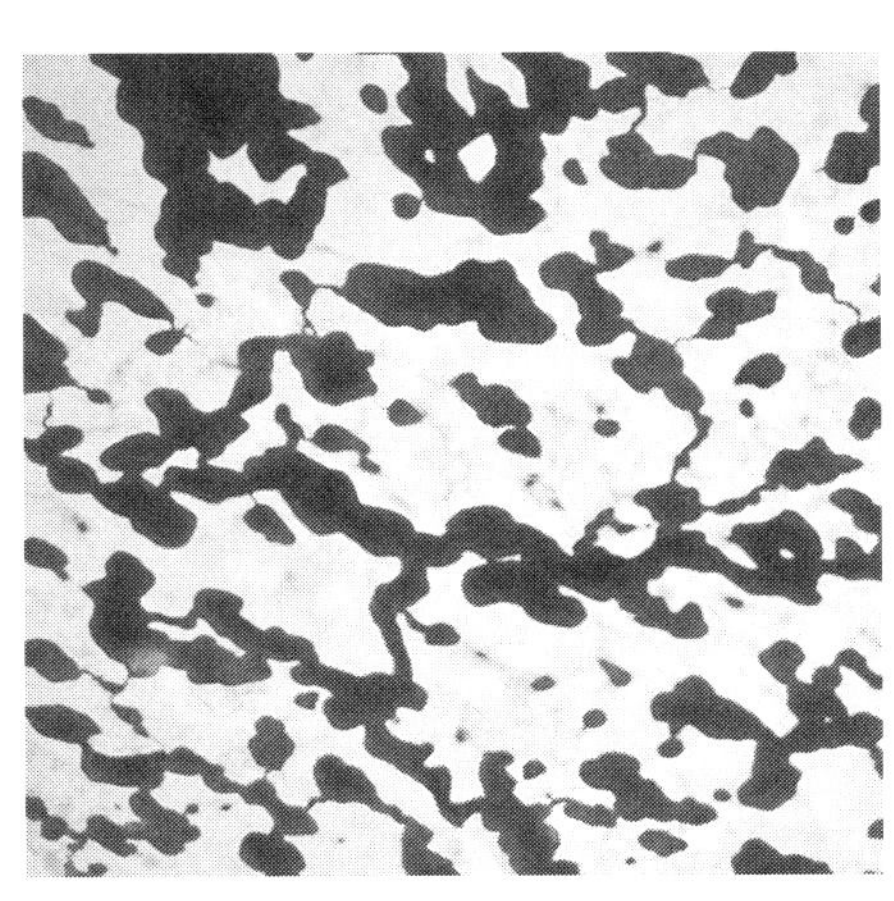

図 42　北極の白い氷の上で青いメルトポンドが際立っている。なぜこのような複雑なパターンを作るのか？

氷の融解に関してすぐにでも明らかにする必要があるのは、自然環境におけるきわめて大量の場合である。それを明らかにする方法は2通りあって、それらは互いに絡み合っている。実際の現象を観測・測定するという方法と、その基礎をなす物理の理論的モデルを組み立てるという方法である。深く解明するにはこの2つを組み合わせることが重要だ。

両極の氷、とくに海氷（海水が凍ってできた氷）が融けつつあることを示す証拠の一つが、メルトポンド（氷が融けてできた池）の形成である。氷の表面が融けはじめると、真っ白な、または塵で灰色がかった氷のあちこちに、青い小さな水たまりができる。その水たまりには液体の水が溜まっていて、氷と違って青いため、太陽光を反射せずに吸収する。とくに赤外線はその水たまりを氷よりも速く温めるため、水たまりは大きくなっていく。大きくなるにつれて合体しあってさらに大きな水たまりになり、やがて池と呼べる大きさになる。それがメルトポンドで、複雑に入り組んだ形をしている。いくつもの水たまりが細い水路でつながっていたり、奇妙な菌類か何かのように枝分かれして広がっていたりする

（図42）。

　このメルトポンドの成長を司る物理が、温められた海氷の挙動を理解する上で重要な事柄の一つである。とくに北極の海氷ではまさにメルトポンドが大きくなっている。気候変動の影響を解き明かす上では、地球温暖化に伴って海氷にどのようなことが起こるかがきわめて重要である。その謎の解明を目指して数学者が氷の融解に関するいくつものモデルを研究するというのは自然な流れで、実際に研究が進められている。それ自体はさして驚くことではない。しかし驚かされるのは、現在研究されているそのようなモデルの一つが氷の融解とはいっさい無関係であることだ。それは磁気に関するモデルで、１９２０年にさかのぼる。磁性体は独特な相転移を示し、とくにかなり高温になると本来の磁性を失う。

　そのモデルは長いあいだ相転移研究の広告塔として知られてきた。数学者や物理学者が何らかの概念を命名する際には、頭の中でその概念ともっとも強く結びつけられている人物の名前をつけるもので、その人物が実際の考案者と違っていることも多い。このモデルはドイツ人物理学者のヴィルヘルム・レンツによって考案されたが、誰もがイジングモデルと呼んでいる。レンツはエルンスト・イジングという名前の博士課程の学生に、このモデルを解いて磁気相転移が起こることを証明するという研究テーマを与えた。するとイジングはそのモデルを解き、磁気相転移が起こらないことを証明した。それでもこの研究が引き金となって数理物理学全体が活気づき、磁石に関する理解が大きく進んだのだった。

　そしていまでは氷の融解に関する理解も進んでいる。

磁石の不思議

いまでは磁石はあまりにも身近で、そのからくりについて考えることはめったにない。磁石は冷蔵庫の扉にプラスチックのブタを留めたり（我が家ではそうしている）、携帯電話のカバーを閉じたり、素粒子に質量を与えているあの有名なヒッグスボソンを検出したりするのに使われている（かなり大きい磁石を使う）。日常の用途としてはほかに、コンピュータのハードディスク、自動車のパワーウインドウを昇降させる電気モーター、あるいはギガワット規模の電力の発電機などがある。磁石はこのように至るところに使われていながらも、きわめて謎めいた存在で、目に見えない何らかの力場（りきば）を介して引き合ったり斥け合ったりする。もっとも単純で馴染み深い棒磁石は、両端にN極とS極という2つの極がある。N極とS極は引き合うが、N極とN極、S極とS極は斥け合う。強力な小型磁石の同じ極どうしを近づけようとすると、押し返してくる力を感じる。違う極どうしを引き離そうとすると、くっつき合おうとする力を感じる。このように磁石は、互いに接触していないのに影響をおよぼし合う。まさに〝遠隔作用〟だ。磁石を使えば、列車のような大きな物体でも浮揚させることができる。そして不思議なことに、その力場はまったく目に見えないのだ。

人類は少なくとも２５００年前から磁石の存在を知っていた。酸化鉄の一種である磁鉄鉱（じてっこう）という鉱物として天然に産出するものである。磁鉄鉱の小さな塊である天然磁石（ロードストーン）は鉄を引き寄せるし、糸で吊したり水に浮かべた木切れの上に載せたりすればコンパスになる。12世紀頃から天然磁石は航海によく使われていた。磁気を帯びるとそれが永続的に保たれるこのような物質のことを強磁性体といい、鉄・ニッケル・コバルトの合金がその多くを占める。半永久的に磁気を帯びているものもあれば、磁気を帯びてもすぐに失ってしまうものもある。

科学者が磁石に真剣に興味を持ちはじめたのは、１８２０年にデンマーク人物理学者のハンス・クリスティアン・エルステッドが磁気と電気のあいだにある関係が成り立つことを発見したときだった。電流が磁場を発生させることを明らかにしたのだ。それを受けて、１８２５年にイギリス人科学者のウィリアム・スタージョンが電磁石を発明した。電磁気学の歴史はあまりにも幅広くて詳しくは説明できないが、大きく前進したのはマイケル・ファラデーの実験による。それをもとにジェイムズ・クラーク・マクスウェルが、電場と磁場、そしてそれらの関係を表す方程式を導き出した。その方程式を用いると、電場の変化が磁場を生み出し、磁場の変化が電場を生み出す様子を正確に知ることができる。そして電場と磁場は、光の速さで伝わる電磁波を生み出す。実は光はそのような電磁波の一種である。電波、X線、マイクロ波も電磁波だ。

強磁性体の不可解な性質の一つが、加熱したときの挙動である。キュリー温度と呼ばれる臨界温度が存在し、強磁性体をそのキュリー温度より高温に熱すると磁場が消失する。それだけでなく、この変化が突然起こる。温度がキュリー温度に近づくと磁場の強さが急激に下がりはじめ、キュリー温度に近づけば近づくほどその下がり方が速くなるのだ。物理学ではこのようなタイプの挙動を2次相転移と呼ぶ。ここで大きな問題が、なぜそのようなことが起こるのかである。

その重要な手掛かりとなったのが、ごく小さい電荷を帯びた素粒子、電子の発見である。電流は電子の群れが運動していることにほかならない。原子は陽子と中性子からなる原子核を持っていて、そのまわりを電子が雲のように取り囲んでいる。この電子の個数と配置がその原子の化学的性質を決めている。また電子はスピンと呼ばれる性質も持っている。スピンは量子的な性質で、実際に電子が自転(スピン)しているわけではないが、角運動量と共通点が多い。角運動量とは、古典物理学における自転する物体の性質を数学的にもったいぶって表現した言葉で、自転の勢いと自転の方向、つまりどの軸を中心に回転しているかを表している。

このスピンによって電子は磁場を発生させていることが、実験で明らかになった。量子力学によると、奇妙なことに電子のスピンはどんな軸に沿って測定しても必ず〝上〟か〝下〟になる。おおざっぱに言うとこれは、ちっぽけな磁石がN極を上、S極を下へ向けているか、あるいはその逆であるかに相当する。測定をする前は、この上と下のあらゆる組み合わせを同時に取ることができる。要するに同時にいろいろな軸を中心として回転しているのだが、ある軸を選んでそれを中心とするスピンを測定すると、必ず上か下か、どちらか一方の結果が得られる。奇妙な話だし、古典物理学における自転とはまったく違う。

電子のスピンと磁場の関係が分かっても、加熱された磁石がなぜどのようにして磁性を失うのかを説明するにはまだほど遠い。磁気を帯びる前の強磁性体では電子のスピンがランダムな方向を向いていて、それぞれの微小な磁場が打ち消し合っている。しかし電磁石を使ったり別の永久磁石を近づけたりして強磁性体を磁化させると、電子のスピンが同じ方向に揃う。そしてそれらが互いに強め合って、検出可能なマクロスケールの磁場を生み出す。そのままにしておくとこの電子スピンの整列状態が維持され、永久磁石でありつづける。

しかしそれを加熱すると熱エネルギーによって電子が揺さぶられ、一部のスピンが反転する。互いに逆方向の磁場は弱め合うため、全体の磁場が弱くなる。これで磁場の消失をおおざっぱには説明できるが、なぜ急激な相転移が起こるのか、なぜつねに決まった温度で起こるのかは説明できない。

そこにレンツが登場する。彼はある単純な数学的モデルを思いついた。電子がずらりと並んでいて、その各電子が隣の電子に、互いのスピンの向きに応じた影響をおよぼすというモデルである。各電子は空間内のある点、通常は大きなチェス盤のような規則的な格子の交点に固定されている。そして+1（スピンが上を向いている）か−1（スピンが下を向いている）のいずれか一方の状態を取っている。どの瞬間にもこの格子は+1と−1からなるパターンで覆われている。チェス盤にたとえれば、一つ一つのマス目が黒（スピンが上）または白（スピンが下）のどちらかになっている。量子状態はある程度ランダムなので、少なくとも原理的には白黒のどんなパターンも生じる可能性があるが、中には取りやすいパターンとそうでないパターンがある。

博士課程の学生というのは指導教授がやりたくない計算や実験をやってくれる頼もしい存在で、レンツもイジングにこのモデルを解いてみるよう指示した。ここでの〝解く〟という言葉の意味はなかなか分かりづらい。スピンが反転する具体的な様子や、個々のパターンを導き出すのではない。取りうるすべてのパターンの確率分布を計算して、その分布が温度や外部磁場によってどのように影響されるかをはじき出すという意味である。この確率分布とは、あるパターンがどのくらい現れやすいかを表す数学的道具、多くの場合は数式のことを指す。

レンツはイジングに、「博士号を取りたければ言われたとおりのことをやりなさい」と命じた。あるいは少なくとも、「最善を尽くしなさい」と言った。指導教授は学生にあまりにも難しすぎる課題を与えることがある。そもそも学生にある問題を解けと指示するのは、指導教授がその答えを知らないからだし、解くのがどんなに難しいかも直感で何となく把握しているだけだからだ。

ともかくイジングはレンツのモデルを解くという課題に取り組みはじめた。

学生が挑んだ問題

博士課程の学生を受け持つ教授が身につけていて、学生にそれとなく教える標準的なトリックがいくつかある。本当に賢い学生なら自分で見つけるし、指導教授が思いつきもしなかったようなアイデアを考えつくこともある。奇妙だが多くの場合に通用するトリックの一つが、要素の個数が膨大な場合、その個数を無限大にすると問題が簡単になるというものである。たとえば現実的な大きさの強磁性体の塊を表現した、大きいが有限の大きさのチェス盤を用いたイジングモデルを理解したければ、無限に大きいチェス盤で考えたほうが数学的に都合が良い。なぜなら、有限のチェス盤には縁があって、その縁のところのマス目と中央部のマス目が異なるせいで計算が複雑になるからだ。対称性があれば計算が簡単だが、この縁のせいで電子の配置の対称性が崩れてしまう。しかし無限の大きさのチェス盤には縁はない。

このチェス盤のイメージは、数学者や物理学者が2次元格子と呼ぶものに相当する。〝格子〟とは、チェス盤のマス目のような基本単位がきわめて規則的に並んでいるという意味で、この場合には隣どうしのマス目が縦横完璧に揃っている。数学的な格子はどんな次元数も取りうるが、物理的な格子はたいてい1次元、2次元、3次元である。中でも物理学にとってもっとも重要なのは3次元格子、つまり、倉庫にぎっしりと積み上げられた段ボールのように、すべて同じ平行六面体が無限に並んだものである。いまの場合は、立方対称性を持った食塩などの結晶の中に並んだ原子のように、電子が空間中にずらりと並んでいる。

数学者や数理物理学者は、もっと単純だが現実味の薄いモデルからスタートすることがかなり多い。数直線上の整数のように、直線上に電子が等間隔に並んだ1次元格子である。あまり物理的ではないが、もっとも単純な設定のもとで考えを膨らませるには都合が良い。格子の次元数が増えると数学的にも複雑になっていく。たとえば直線上の結晶格子（空間群）は1種類しかないが、平面上では17種類、3次元空間では何と230種類もある。そこでレンツはイジングに、このようなモデルの挙動を明らかにするという問題を課した上で、1次元格子に対象を絞れと的確に指示した。するとイジングはそのようなすべてのモデルについて大きな成果を上げ、いまではそれらはイジングモデルと呼ばれている。

イジングモデルは磁気を対象としているが、その構造や考え方は熱力学に属する。熱力学は古典物理学に端を発していて、気体の温度や圧力などの量を扱う。1905年頃、原子の存在や、原子が組み合わさって分子が作られることをようやく確信するようになった物理学者は、温度や圧力といった変数が統計的平均値であることに気づいた。容易に測定できるそれらの〝マクロ〟な量は、もっとずっと小さい〝ミクロ〟なスケールで起こる出来事によって生み出される。ちなみにその出来事を顕微鏡で実際に見ることはできない。今日では原子一個一個をとらえられる顕微鏡が存在するが、原子が動いていない場合に限られる。気体の場合、膨大な数の分子が飛び交って、ときどき衝突しては互いにはじき飛ばしたりしている。その衝突によって運動がランダムになっている。

熱はエネルギーの一形態で、分子の運動によって生じる。分子の運動が速いほどその気体は高温になり、温度が上がる。温度は熱とは異なり、熱の量でなくその質の尺度である。分子の位置および運動速度とこの熱力学的平均値とのあいだには数学的な関係がある。その関係を扱う統計力学と呼ばれる分野では、マクロな変数をミクロな変数に基づいて計算し、とくに相転移を重要な現象として扱う。たとえば氷が融けるときに水分子の挙動はどのように変化するか？　それと物質の温度はどのような関係にあるのか？

モデルを〝解く〟

イジングが取り組んだ問題もそれと似ているが、水分子の代わりに電子スピンを対象とし、加熱したときの氷から水への変化の代わりに、磁気の消失の様子を解析する。レンツが設定したがいまではイジングモデルと呼ばれているモデルは、できる限り単純にできている。数学ではよくあるように、このモデルは確かに単純だが、それを解くのはけっして容易ではない。

前に述べたとおり、イジングモデルを〝解く〟というのは、ずらりと並んだ微小磁石の統計的性質が温度によってどのように変化するかを計算するという意味である。それを突き詰めると系の全エネルギーを求めることに行き着き、そのエネルギーは磁気のパターン、すなわち上と下のスピン、チェス盤の黒と白のマス目の個数と並び方によって決まる。物理系はもっともエネルギーの低い状態を取りたがる。ニュートンの伝説のリンゴが落下するのもそのためで、地上に向かって落下するにつれて重力ポテンシャルエネルギーが小さくなる。そこでニュートンは天才ぶりを発揮して、同じ理屈が月にも当てはまると気づいた。月はつねに落下しつづけているが、同時に横方向に運動しているので地球に衝突することはない。ニュートンは適切な計算をおこなって、このどちらの運動も同じ重力によって定量的に説明できることを示したのだ。

ともかく、スピンを持った電子という微小磁石は、全体のエネルギーをできるだけ小さくしようとする。しかしそのやり方と最終的にたどり着く状態は、物質の温度によって異なる。ミクロなスケールで見ると熱は、分子や電子がランダムに揺れ動くことで生じるエネルギーにほかならない。物質が高温であればあるほど、分子や電子は激しく揺れ動いている。磁石の中ではこのランダムな運動によってスピンの正確なパターンがつねに変化していて、そのためこのモデルを〝解く〟と、特定のパターンでなく統計的な確率分布が導き出される。しかしもっとも高い確率で生じるパターンはどれもほぼ同じように見えるので、ある温度での典型的なパターンがどのようなものかは考えることができる。

イジングモデルの重要な要素が電子どうしの相互作用を規定する数学的規則で、それによってあらゆるパターンのエネルギーが決定される。このモデルでは単純化のために、各電子はすぐ隣の電子としか相互作用しないと仮定されている。強磁性相互作用の場合、隣の電子のスピンが同じ向きだとそのエネルギー的な寄与は負になる。反強磁性的相互作用では、隣の電子のスピンが同じ向きだとそのエネルギー的な寄与は正になる。これに加えて、各電子と外部磁場との相互作用もエネルギーに寄与する。単純化したモデルでは、隣り合った電子どうしの相互作用の強さをすべて同じにして、外部磁場は0に設定する。

ここで数学的に明らかにしなければならないのが、あるパターンにおいて1つのマス目が黒から白へ、白から黒へ変わったときに、エネルギーがどのように変化するかである。つまり、どこかの位置にある1個の電子が+1（黒）と-1（白）のあいだで反転するということだ。反転して全エネルギーが増加する場合もあれば、減少する場合もある。全エネルギーを減少させるような反転のほうが起こりやすいが、熱によってランダムに揺れ動いているため、全エネルギーを増加させるような反転が絶対に起こらないわけではない。ここで直感的に考えると、スピンのパターンはもっともエネルギーの低い何らかの状態に落ち着いていくと予想される。強磁性体の場合はそれによってすべての電子のスピンが同じ向きを取るはずだが、それにはあまりにも長い時間がかかるため、実際には完全にそのような状態にはならない。ある程度の温度では、ほぼ完全にスピンの揃った領域がいくつか生じて、石を不揃いに敷きつめた舗道のような白黒のまだら模様が現れる。そこから温度が上がるとランダムな運動によってスピン間の相互作用がかき消され、まだら模様がどんどん小さくなっていく。そうして隣どうしのスピンの関係性が失われると、パターンはカオス的になって、細かく見れば白と黒が混ざっているが全体的には灰色に見えるようになる。温度が下がるとまだら模様が大きくなっていき、もっと秩序立ったパターンになる。どれか一つのパターンに落ち着くことはけっしてなく、つねにランダムに変化している。しかし温度が一定であれば、そのパターンの統計学的特徴は一つに落ち着く。

物理学者がもっとも興味を惹かれるのは、白黒のまだら模様である秩序状態からランダムな灰色のカオス状態への変化、すなわち相転移である。磁性を持った状態から持っていない状態への強磁性相転移の実験をおこなうと、キュリー温度以下では磁性のパターンはまだら模様であることが分かる。まだらの大きさは一つ一つ異なるが、ある典型的な大きさ（〝長さスケール〟）の前後に集中しており、温度が上がるにつれてその長さスケールが小さくなっていく。一方、キュリー温度より上ではまだら模様は見られず、2種類のスピンが混ざり合っている。物理学者が興奮を覚えるのは、ちょうどキュリー温度で何が起こるかである。このときにはさまざまな大きさのまだらが存在するが、支配的な長さスケールはない。あらゆるスケールで細かい構造を持つフラクタルのパターンになるのだ。そのパターンの一部をクローズアップしてもパターン全体と同じ統計学的特徴を示すため、パターンだけを見てまだらの大きさを判断することはできない。そのため、もはやはっきりした長さスケールは存在しない。しかし相転移の最中にパターンが変化する速さは数値的に表すことができて、それを臨界指数という。臨界指数は実験によってきわめて精確に測定できるため、これを使えば理論モデルを厳格に検証できる。正しい臨界指数を与えるモデルを導き出すことが理論家の大目標である。

　コンピュータシミュレーションではイジングモデルを正確に〝解く〟ことはできない。その統計学的特徴を表す数式を導き出して、それが正しいことを数学的に厳密に証明することはできない。現代の数式処理システムを使えばその数式を推定することはできるかもしれないが、それでも証明は必要だ。昔ながらのコンピュータシミュレーションからは、モデルが現実と合致する、または合致しないことを示す確実な証拠が得られるにすぎない。そのため数理物理学者（および物理学寄りの数学者、これは純粋に数学の問題だが物理学に端を発しているので）の最終目標は、イジングモデルにおけるスピンのパターンの統計学的特徴、とくにキュリー温度を超えたときのその変化のしかたを正確に導き出すことである。とくにイジングモデルで相転移が起こることを証明し、臨界指数と、相転移温度でもっとも現れやすいフラクタル的パターンによってその相転移を特徴づけることを目指す。

1次元でだめなら2次元で

　ここから話はもっと専門的になっていくが、細かい点にはこだわらずに大まかな考え方を理解してもらえればと思う。とりあえず話を信じて流れに身を任せてほしい。

　熱力学でもっとも重要な数学的道具が、〝分配関数〟と呼ばれるものである。これは、系の状態と温度によって決まるある数式を、その系のすべての状態について足し合わせたものである。正確に言うと、ある状態のエネルギーにマイナスの符号をつけて温度で割り、その指数を取って、それをすべての状態について足し合わせる。[62] 物理的にとらえれば、エネルギーの低い状態のほうがその和に大きく寄与するため、分配関数はもっとも取りやすい状態に支配される、つまりそこにピークを持つ。

　通常の熱力学変数はすべて分配関数から適切な操作によって導き出せるため、この分配関数を計算することが熱力学的モデルを〝解く〟ための最良の方法である。イジングはその解を見つけるために、自由エネルギーの式[63]と磁化の式[64]を導き出した。目を見張る式だが、イジングは大きく肩を落としたに違いない。せっかくうまい計算をしたのに、外部磁場がなければ物質は磁場を持たないという結論にたどり着いてしまったからだ。しかもどんな温度でもそうだった。そのためこのモデルでは相転移も起こらなければ、強磁性体が持つはずの自発磁化も生じない。

　そこですぐに、このような否定的な結果が得られたのはモデルが単純すぎたからではないかと考えられるようになった。とくにその疑いの矛先は格子の次元性に向けられた。次元が1つだけだと現実的な結果が得られないのだろう。そこで当然ながら2次元格子で同じ計算をするというのが次のステップになるが、その計算はかなり難しく、イジングの手法では歯が立たなかった。数々の進展によってそのような計算をもっと体系的かつ単純にこなせるようになった末の1944年、ようやくラルス・オンサーガーが2次元のイジングモデルを解いた。数学的な離れ業で、複雑だが明確な答えが得られた。ただし外部磁場が0であるという仮定はいまだに必要だった。

　その式によると相転移は確かに起こって、$2k_B^{-1}J/\log(1+\sqrt{2})$という臨界温度以下で内部磁場が生じる（$k_B$は熱力学のボルツマン定数、$J$はスピン間の相互作用の強さ）。臨界温度に近づくと、相転移に特徴的な現象として、実際の温度と臨界温度との差の対数に比例して比熱が無限大に発散する。のちの研究によって臨界指数も導き出されている。

氷が融けるモデル

　電子のスピンや磁石に関するここまでの話はあくまでも長い余談だったが、それが北極の氷の上にできたメルトポンドとどう関係しているというのだろうか？　氷の融解も相転移だが、氷は磁石ではないし、融けるときにスピンが反転するわけでもない。役に立つような関係性なんてあるのだろうか？

ある数学を生み出すきっかけとなった特定の物理的解釈にその数学を縛り付けてしまえば、「そんな関係性なんてありえない」という答えになるだろう。しかし実際にはそうでないこともある。まさにここに、数学の不合理な有効性の謎が潜んでいる。自然から着想を得ているのだから有効なのは当然だと主張する人がいるが、そういう人は、この有効性が不合理であるという面を忘れてしまっている。

この手の融通性、つまりある数学的概念が一つの応用分野から一見それと無関係な分野に足を広げる可能性があることを見破る上で、往々にして最初の手掛かりとなるのが、数式やグラフ、数や図が思いがけず似ていることである。多くの場合そのような類似性は単なる見せかけや偶然にすぎず、思わせぶりだが中身はない。そもそもグラフや図なんてあまりにもたくさんあるのだから。

しかしときには、実際に深遠な関係性の手掛かりになっていることもある。

この章の最後にようやく紹介する研究は、まさにそのようにして始まった。いまから10年ほど前、ケネス・ゴールデンという数学者が北極の海氷の写真を眺めていて、キュリー温度での相転移間近における電子スピンのまだら模様と不気味なほど似ていることに気づいた。そして、イジングモデルを転用すればメルトポンドの形成と発達の様子に光を当てられるのではないかと思った。そこで氷のモデルに合わせてスケールを大幅に拡大し、微小な電子スピンの向きの代わりに、海氷表面の約1メートル四方の領域が凍っているか融けているかを考えた。

このアイデアがれっきとした数学にまとまるにはしばらく時間がかかったが、最終的にゴールデンは大気科学者のコート・ストロングとともに、気候変動が海氷におよぼす影響を表す新たなモデルを導き出した。そしてイジングモデルに基づくシミュレーションの結果（図43）を、メルトポンドの画像解析を専門とする同僚に見せたところ、その同僚はそれを実際のメルトポンドの画像だと勘違いし

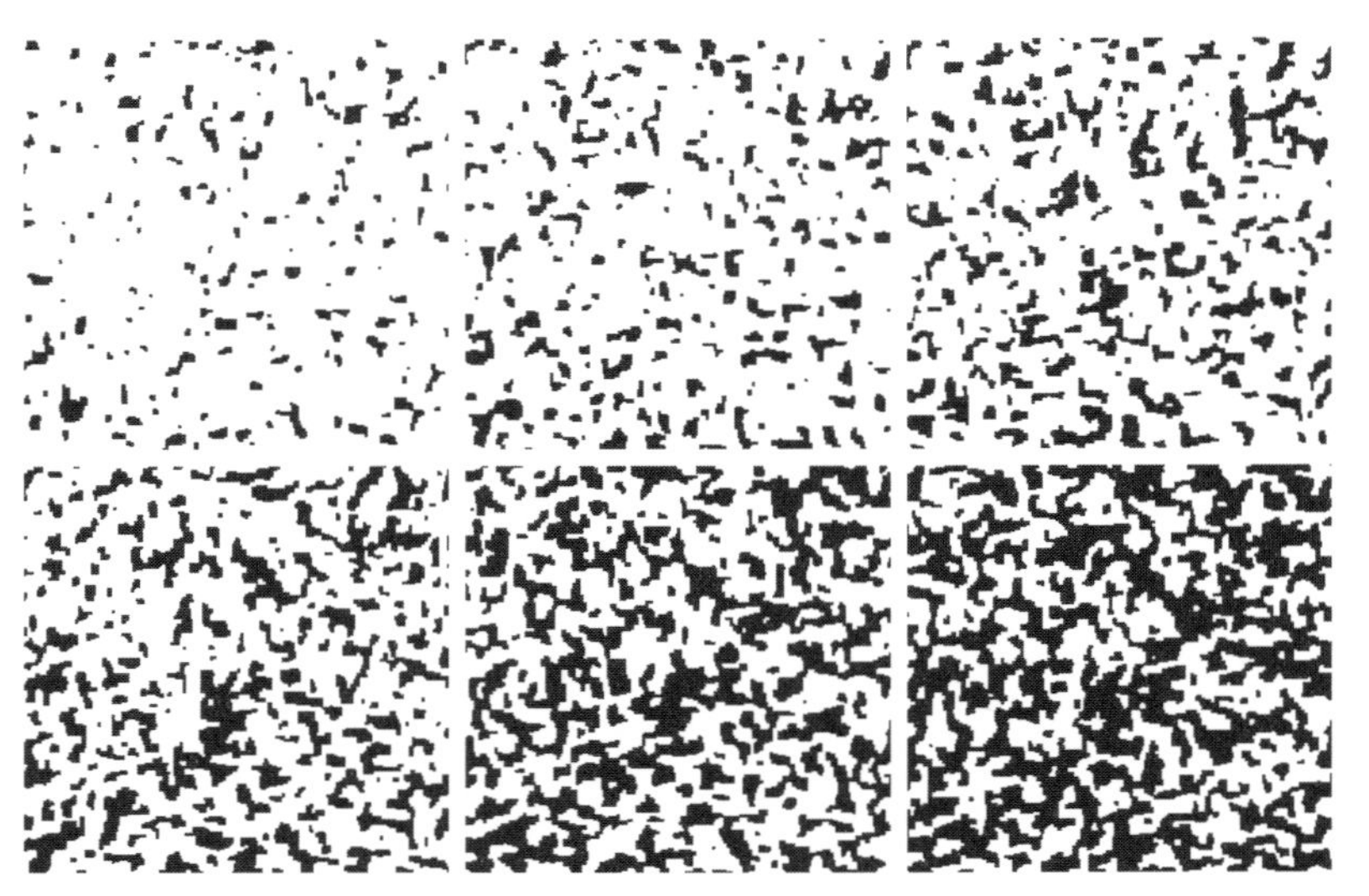

図 43 イジングモデルに基づくメルトポンドの発達のシミュレーション。

た。さらにその画像の統計学的特徴、たとえばメルトポンドの面積と外周との比（境界がどれだけくねくねしているかを表す尺度）を詳しく解析したところ、その値は実際のメルトポンドときわめて良く一致した。

メルトポンドの幾何学的特徴は海氷表面や海洋表層で起こる重要なプロセスに影響を与えるため、気候研究にとって大きな意味を持っている。たとえば氷の融解に伴って氷のアルベド（光や放射熱の反射量）がどのように変化するかや、流氷がどのように割れるか、大きさがどのように変化するかに影響を与える。さらに海氷下の明るさのパターンにも影響を与え、それが藻類の光合成や微生物の生態系にも作用をおよぼす。

考えられるモデルの中でも実際の条件にかなうのは、２つの主要な観測結果と合致するものだけである。１９９８年のＳＨＥＢＡ（北極海表面熱収支観測プロジェクト）において、ヘリから撮影した写真に基づいてメルトポンドの大きさが測定された。観測されたメルトポンドの大きさの確率分布は冪乗則に従う。面積Aのメルトポンドが見つかる確率はA^kにおおよそ比例し、kの値は面積10平方メートルから100平方メートルのメルトポンドにわたって約−1.5と一定である。このような分布はフラクタルの存在をうかがわせることが多い。そしてこのデータと、2005年のHOTRAX（ヒーリー＝オーデン北極横断遠征隊）の観測結果によって、メルトポンドが成長して合体するにつれてフラクタル構造へ相転移し、単純な形から、空間充填曲線のような境界を持つ自己相似的な形へと変化することが明らかとなっている。その境界線のフラクタル次元、つまり面積と外周との比は、約100平方メートルという臨界面積で1から約2へと変化する。これによってメルトポンドの幅や深さの変化の様子が影響を受け、メルトポンドが成長する場所である水＝氷界面の大きさ、ひいては氷の融ける速さが変わってくる。

観測された指数kの大きさは−1.58±0.03で、SHEBAにおける−1.5という値とよく一致している。HOTRAXが観測したフラクタル次元の変化はパーコレーションモデル〔ネットワーク理論を用いたモデル〕で理論的に計算でき、約2という値が実際には91/48＝1.896であることが分かる。イジングモデルによる数値シミュレーションでもこれにきわめて近いフラクタル次元の値が得られる。[65]

この研究の興味深い特徴の一つが、このモデルが数メートルというかなり小さい長さスケールでも通用することである。ほとんどの気候モデルの長さスケールは数キロメートルなので、このようなモデルはまったく新たな機軸といえる。いまだかなり荒削りな段階で、氷の融解の物理や太陽光の吸収と放射、さらには風などの要素を組み込んで発展させる必要がある。しかし観測結果と数学的モデルを比較するための新たな手段にはなりそうだし、メルトポンドがあのようにフラクタル的な入り組んだ形を作る理由も説明できるようになりつつある。メルトポンドの基礎的な物理を表現した初の数学的なモデルでもある。

この章の冒頭で引用した『ガーディアン』紙の記事は、それに続いてぞっとするような未来像を描き出している。近年になって北極の氷の融解が加速していることが、数学的モデルでなく観測結果から示されていて、２１００年までに海面が2/3メートル上昇するという。これはＩＰＣＣ（気候変動に関する政府間パネル）による以前の予測よりも7センチメートル大きい。毎年およそ4億人が洪水の危険にさらされることになり、ＩＰＣＣによる以前の予測である3億６０００万人よりも10％多い。海面上昇によって高潮も激しくなり、沿岸部にさらなる被害をおよぼす。１９９０年代、グリーンランドでは毎年３３０億トンの氷が失われていた。それがここ10年では年間２５４０億トンに増えていて、１９９2年以降で合計3兆８０００億トンの氷が失われたことになる。そのうちの約半分は、氷河が以前よりも速く流れて、海に達したところで壊れたことによる。残り半分はおもに表面で融解することによる。そのためメルトポンドの物理はいまや誰にとっても死活問題である。

イジングモデルとさらに正確に突き合わせられるようになれば、何世代にもわたる数理物理学者が苦労を重ねて編み出してきたイジングモデルに関する強力な手法を、メルトポンドに残らず当てはめることができる。とくにフラクタル幾何学とのつながりは、メルトポンドの複雑な構造についてまったく新たな知見を与えてくれる。何よりもイジングの逸話と北極の氷の融解は、数学の不合理な有効性を見事に物語る例となっている。１００年前、強磁性相転移に関するレンツのモデルが気候変動や北極の氷の消失と何か関係があるなどと、いったい誰が予想できただろうか？

第13章　トポロジー学者を呼べ

トポロジー的性質は強固である。構成要素や穴の個数は小さな測定誤差で変わるようなものではない。それが応用においてきわめて重要である。

——ロバート・グライスト『初等応用トポロジー』

穴を見つける

柔らかい幾何学とも呼ばれるトポロジーは、もともと純粋数学の中でもきわめて抽象的な分野だった。この分野について聞いたことのあるおおかたの人はいまでもそう考えているが、いまやそんな状況も変わりつつある。〝応用トポロジー〟と呼ばれるような分野が存在するなんてとうてい思えない。まるでブタに歌を教えるようなものだ。ブタがうまく歌うどころか、そもそも歌っただけでも驚きだろう。この見立てはブタには当てはまるが、トポロジーに関しては間違っている。21世紀に入って応用トポロジーは大きく前進しはじめ、現実世界におけるいくつもの重要な問題を解決している。しばらく前から誰にも気づかれないまま進歩を重ねてきて、いまでは応用数学の新たな一分野とみなしてもかまわない段階に達している。トポロジーの分野の端々がとりとめもなくいくつか応用されているだけではない。応用範囲も幅広いし、用いられるトポロジーの道具もこの分野のかなりの範囲におよんでいて、以下のようにきわめて高度で抽象的なものもある。組み紐、ヴィートリス＝リップス複体、ベクトル場、ホモロジー、コホモロジー、ホモトピー、モース理論、レフシェッツ数、束、層、圏、余極限。

それには理由がある。〝一体性〟である。トポロジー自体はわずか１００年あまりで、ちょっとした興味の対象から完全に一貫した研究分野へと成長した。いまでは数学全体を支える大黒柱の一本となっている。そして純粋数学が進歩すると、いずれは応用数学がそれを追いかけていくものだ（逆の場合もあるが）。

トポロジーでは、連続的な変換のもとで図形がどのように変形していくか、とくにどのような特徴が保たれるかを研究する。トポロジー的構造の例として馴染み深いのが、ねじれていて片面しかないメビウスの帯である。80年ほどのあいだ数学者は純粋な興味からトポロジーを研究していて、応用のことなど念頭になかった。この分野はどんどん抽象的になっていき、トポロジー的図形の穴の個数を数えるといったことのために、ホモロジーやコホモロジーと呼ばれる難解な代数構造が考案された。かなり浮世離れしていて実用になるようには思えなかった。

恐れを知らない数学者は、高度な数学的思考にとって中心的役割を担うトポロジーの研究を続けた。コンピュータが強力になると、きわめて複雑な図形を研究するために、トポロジー的概念を電子的に表現する方法を探しはじめた。しかしコンピュータでそのような計算をするには、そもそもの方法論に手を加えるしかなかった。そうして、デジタル的に穴を見つける手法である〝パーシステントホモロジー〟が生まれた。

穴を見つけるなんて、一見したところ現実世界からかけ離れた問題のように思える。しかしトポロジーは、防犯センサーのネットワークに関するいくつかの問題を解決するのに理想的な道具である。森に囲まれた極秘の政府機関にテロリストや泥棒が目をつけたとしよう。やつらが近づいてきたことを感知するために、森にいくつかモーションセンサーを設置したい。どうすればもっとも効率的に設置できるだろうか？　センサーが届かずに悪人がかいくぐれるような穴がないかどうか、どうやったら確かめられるだろうか？
穴だって？　よし！　トポロジー学者を呼べ。

トポロジーのおもちゃ

初めてトポロジーを学ぶときに教わる基本的な図形がいくつかある。とても単純に見えるが奇妙な〝おもちゃ〟である。異様なものもあれば奇妙奇天烈なものもある。しかし奇妙なのにもわけがある。偉大な数学者ヒルベルトは次のように言った。「数学を研究するコツは、一般的なケースのエッセンスをすべて含んだ特別なケースを見つけ出すことである」。うまいおもちゃを選べば新たな分野が開けるのだ。

図44の上の2つのおもちゃは、細長く切った紙の端と端をつないで作ることができる。何も考えずにつなぐと円筒形の帯ができる。もっとひねくれた方法としては、一方の端を180度ひねってからつなぐ。するとメビウスの帯というものができる。1858年にこれを思いついたアウグスト・フェルディナント・メビウスにちなんだ名前だが、それ以前にガウスの教え子ヨハン・ベネディクト・リスティングも考えついていた。〝トポロジー〟という呼び名は1847年にリスティングが初めて発表したが、そもそも未来を見据えてこの新たな分野にリスティングを携わらせたのはガウスである。

円筒形の帯には、円形の縁が2本と面が2つある。内側を赤に、外側を青に塗っても、赤と青が重なり合うことはない。トポロジーで重要となるのは、図形を連続的に変形させても保たれるような性質である。一部を引き伸ばしたり縮めたりひねったりするのはかまわないが、切ったり破いたりしてはならない。ただし後でつなぎ合わせればかまわない。図の円筒形の帯は幅が均一だが、それはトポロジー的性質ではない。連続変形によって幅を変えられるからだ。似たような理由から、縁が円であ

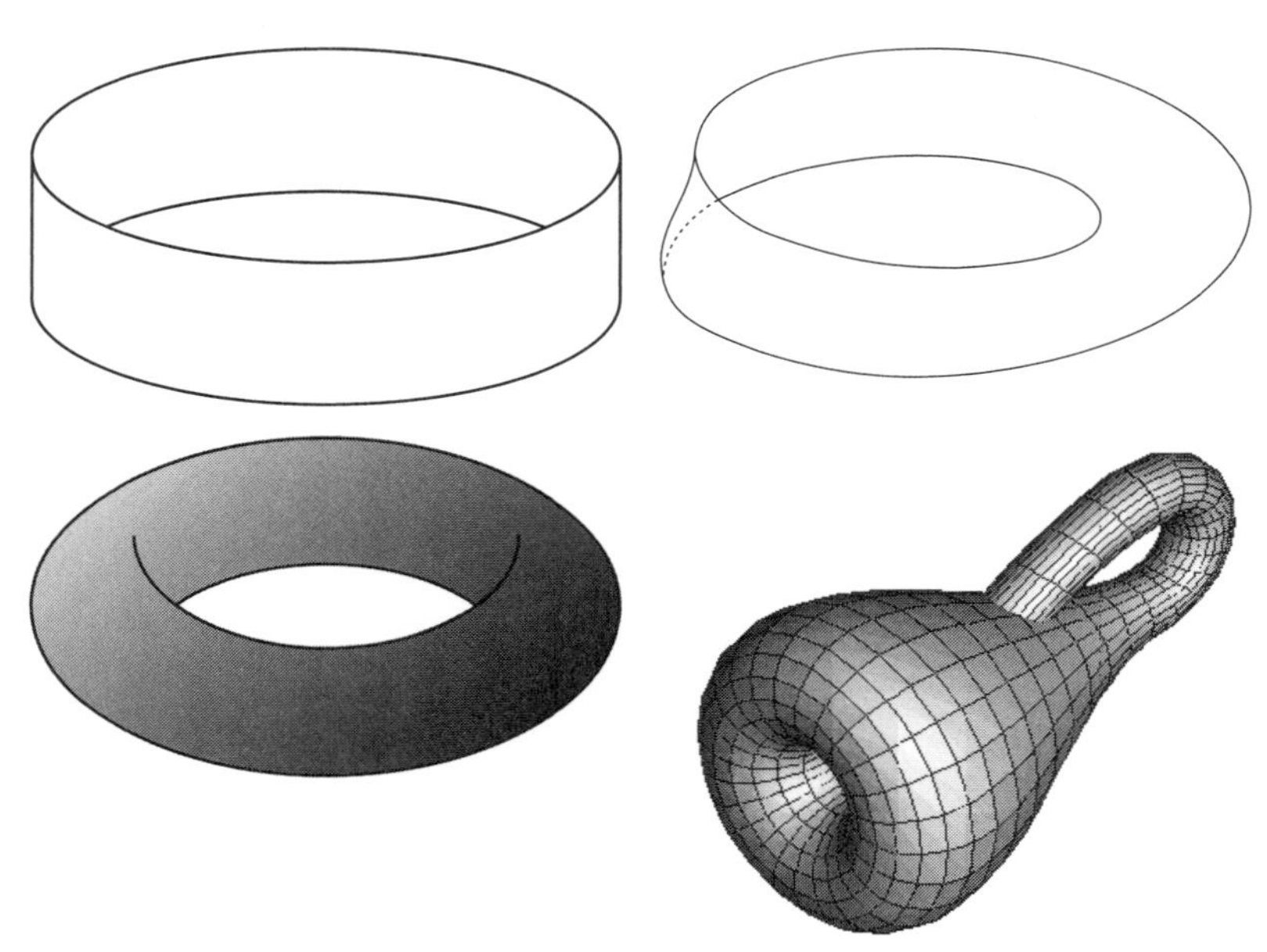

図44　左上：円筒　右上：メビウスの帯　左下：トーラス　右下：クラインの壺。

ることもトポロジー的性質ではない。しかし縁が存在するとか、別々の縁が2本あるとか、面が2つあるとかというのは、すべてトポロジー的性質である。

変形したときに同じものとみなされる図形の集まりには特別な呼び名があって、それを位相空間という。実際の定義はきわめて抽象的で専門的なので、ここではもっとおおざっぱなイメージを用いることにしよう。ここからの説明はもっと正確に表現することもできるし、きちんと証明することもできる。

トポロジー的性質を使えば、円筒をメビウスの帯に変形できないことを証明できる。どちらも細長い紙の端と端をつなぐことで作れるが、位相空間としては互いに異なる。なぜなら、メビウスの帯には縁が1本しかないし、面も1つしかないからである。その縁に沿って指を滑らせていくと、180度ひねってあるせいで上の縁から下の縁に移り、2周してようやく出発地点に戻ってくる。ある場所から面を赤に塗っていって1周すると、やはり180度ひねってあるせいで、すでに塗った面の裏側を塗っていることに気づかされる。このためメビウスの帯は円筒と異なるトポロジー的性質を持っている。

図44の左下の図形は穴あきのドーナツのように見える。数学ではこの図形は、ドーナツの中身でなく表面だけを指してトーラスという。その意味では浮き輪のほうが近いだろう。トーラスには穴が1つある。その穴に指を通したり、浮き輪の場合には身体全体を通したりできる。しかしその穴は表面自体に開いているのではない。もしも表面に開いていたら浮き輪はしぼんであなたは溺れてしまうだろう。この穴は、表面が存在していない場所に開いている。別におかしくはない。マンホールに潜って光ファイバーを設置している作業員も地面のない場所にいるのだから。しかしマンホールには縁があるが、トーラスでは縁がないのに穴が開いている。トーラスも円筒と同じく面を2つ持っている。図で見える面と、その〝内側〟の面だ。

図44の右下の図形はもっと馴染みが薄いだろう。偉大なドイツ人数学者のフェリックス・クラインにちなんでクラインの壺（つぼ）と呼ばれているもので、確かに壺に似ている。しかしドイツ語で〝面〟のことを“Fläche”、〝瓶〟のことを“Flasche”というので、おそらくドイツ語特有のだじゃれだろう。この図には誤解を招くところが1か所ある。面がそれ自体を貫通しているように描かれているところだ。数学的なクラインの壺はそんなことはない。自己交差しているのは、この図形をしかたなく3次元空間の中に存在するかのように描いているせいだ。自己交差しないクラインの壺を作るには4次元空間を用いるか、またはもっと好ましい手として、トポロジーの標準的な手法に従って周囲の空間を完全に無視する必要がある。そうするとクラインの壺は、円筒の一方の縁を折り返してからもう一方の縁とつなぎ合わせたものととらえることができる。それを3次元空間内でおこなうには、折り返した縁

を面に突き刺してから再び広げなければならない。しかしある規則を付け加えておけば、頭の中でつなぎ合わせることができる。その規則とは、一方の縁から足を踏み外したらもう一方の縁に乗り移るが、そのとき縁を巡る向きが逆になるというものである。クラインの壺はトーラスと同じく縁がないが、メビウスの帯と同じく面は1つしかない。

これで以上4種類の位相空間をすべて区別することができた。それぞれ縁または面の数が違っている。あるいは穴とは何かをはっきりさせておけば、穴の種類が違う。この結論から、トポロジーにおける一つの基本的な問題が浮かび上がってくる。2つの位相空間が同じであるかどうかを判断するにはどうすればいいのか？　変形できるのだから形を見ただけでは分からない。よく言われるとおり、トポロジー学者にとってドーナツとコーヒーカップは同じものだ。そこで、位相空間を区別できるようなトポロジー的性質を用いる必要がある。

実はそれが難しいのだ。

脳の中の壺

クラインの壺はまさに数学者の典型的なおもちゃのようで、現実世界と何か関係があるようにはなかなか見えない。もちろんヒルベルトが力説したとおり、数学的なおもちゃはそれ自体が役に立つのではなく、そこから考え出される理論が役に立つのだから、クラインの壺もそれ自体の存在を理屈づけする必要はない。しかし実はこの奇妙な図形は自然界にも姿を現している。霊長類、すなわちサルや類人猿、もちろん我々の視覚系にも用いられているのだ。

いまから100年以上前に神経学者のジョン・ヒューリングス・ジャクソンが、ヒトの大脳皮質には全身の筋肉のトポロジー的な地図が収められていることを発見した。大脳皮質とはしわしわになった脳の表面層のことで、我々は誰しも頭の中に自分の筋肉の地図を持っているというのだ。脳は筋肉の収縮と弛緩を司って身体を動かしているのだから、理にかなった話である。一方、大脳皮質の中の大きな部分は視覚を担っていて、その視覚野にも視覚プロセスを担う似たような地図が収められていることがいまでは分かっている。

視覚といっても、目をカメラのように使って写真を脳に送るだけではない。もっとずっと複雑で、脳は画像を受け取るだけでなく認識しなければならない。目の中にはカメラと同じく、入ってきた画像を集束させるレンズと、フィルムのような働きをする網膜がある。どちらかというと、デジタルカメラが画像を記録するしくみに近い。網膜の中にある桿体と錐体と呼ばれる微小な受容器に光が当たると、その信号が神経連絡を介して視神経を流れ、大脳皮質に伝えられる。視神経は無数の神経線維の束でできている。その途中でも信号は処理されるが、解析の大部分は視覚野でおこなわれる。

視覚野は何枚かの層が積み重なったものととらえることができる。各層はそれぞれ独自の役割を担っている。一番上のＶ１層は、画像の各部分の境界を検知する。信号をその構成要素に〝区分〟する第1段階である。境界に関するこの情報が視覚野の深部へと伝えられながら、各ステップでそれぞれ異なるタイプの構造的情報が分析され、それが変換されて次の層に伝えられる。もちろん実際にはもっと複雑で、〝層〟という表現も単純すぎるし、逆方向にも大量の信号が伝わっている。脳の中でこの視覚系全体によって外界の3次元カラー画像が作り出され、それがあまりにも鮮明で精細なために、我々はそれを外界そのものだとみなしてしまう。ただしさまざまな錯視や曖昧さが物語っているとおり、必ずしもそうとは言えないが。ともかく視覚野によって画像が区分され、最終的にネコやヴェラおばさんなどとして認識される部分に分けられる。すると脳は、そのネコの名前や、ヴェラが最近当てた宝くじなど、追加の情報を呼び覚ます。

Ｖ１層では、特定の傾きを持った縁に敏感な神経細胞の集団をいくつも使って境界を検知する。図45は、マカク（ニホンザルやアカゲザルなど）のＶ１層の一部分の働きを光学的に記録したものであ

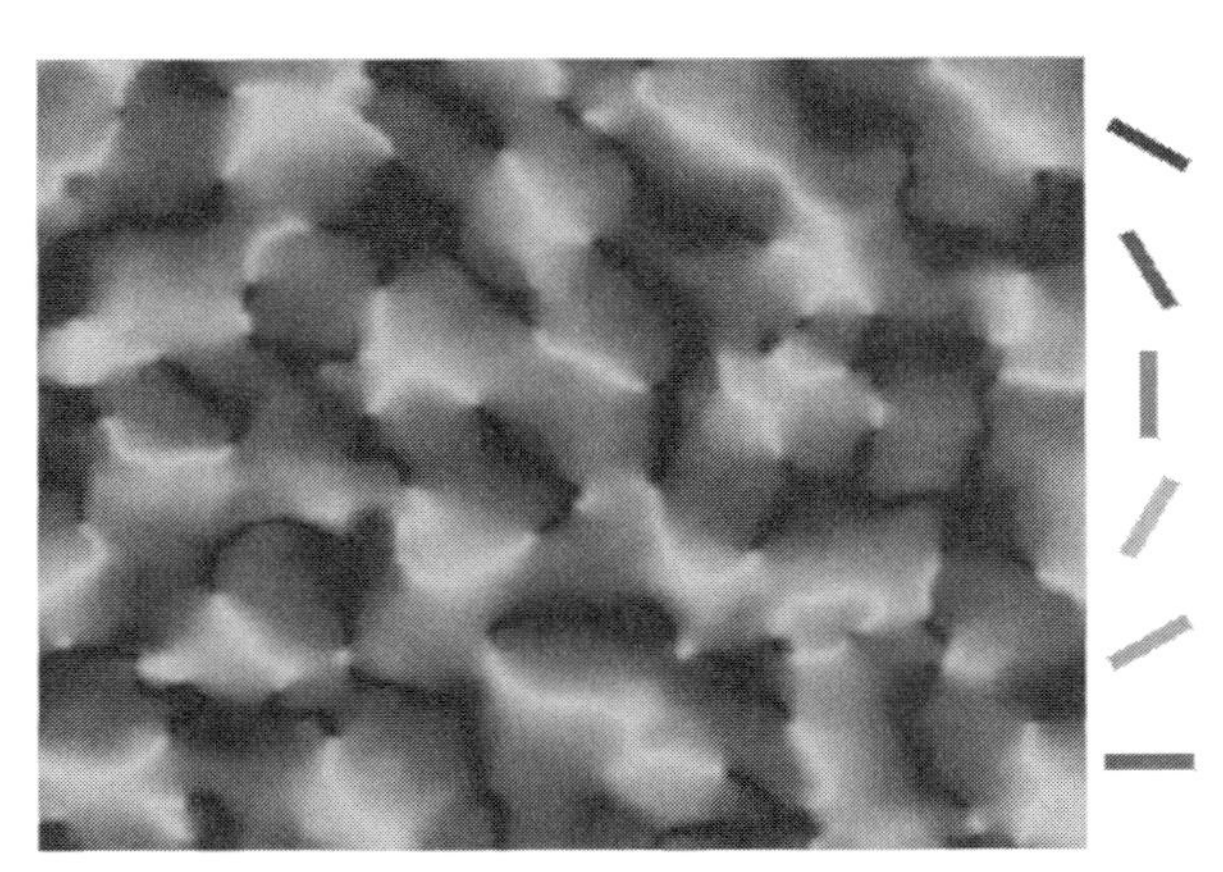

図 45　それぞれの色（この図ではそれぞれの濃さの灰色）は、各領域をもっとも活性化させる縁の傾きを表している。知覚される傾きは滑らかに変化しているが、すべての色が出合う特異点ではそうではない。

る。それぞれの濃さの灰色（原論文では色分けされている）は、それぞれの傾きを持った縁を示すデータを受け取ったときに〝発火〟（活性化）する神経細胞に対応している。色から色へと連続的に変化しているが、かざぐるまのようにすべての色が接しているいくつかの点ではそうではない。それらの点を傾き場の特異点という。

この配置は傾き場のトポロジー的性質によって制約を受けている。特異点のまわりで一連の色を連続的に変化するように並べる方法は2通りしかない。時計回りに色を並べていくか、反時計回りに並べていくかのどちらかである。この図にはその両方の例が見られる。視覚野が一本の線全体を検知するにはいくつものかざぐるま構造を使うしかないので、特異点はどうしてもできてしまう。

次に考えたいのは、縁の傾きに関するこの情報と、縁の運動方向に関する情報とを脳はどのようにして組み合わせているかである。運動方向は矢印で表される。北向きと南向きは同じ直線に沿っているが方向が逆で、矢印は１８０度回転させると方向が逆転する。方向を最初の状態に戻すには３６０度回転させなければならない。それに対して縁の傾きは矢印では表されず、180度回転すればもとの位置に戻る。視覚野はどうにかしてこの両方を同時に認識しなければならない。特異点を中心としたループを一周すると、縁の傾きはそのループ上で連続的に変化して最初の状態に戻るが、方向場はある方向からそれと反対の方向へ、たとえば北向きから南向きへと1回または奇数回反転することになる。これはまさにトポロジー的な問題で、ここから田中繁（たなかしげる）〔電気通信大学〕は、受容野どうしがクラインの壺のトポロジーに従って互いに連結していると結論づけた[66]。この予測はいまではヨザルやネコやフェレットなどさまざまな動物で実験的に裏付けられていて、多くの哺乳類で視覚野の構造が似通っていることが示されている。倫理的理由からヒトでは実験はおこなわれていないが、我々も哺乳類、もっと言うと霊長類である。そのため我々もマカクと同じように頭の中にクラインの壺を持っていて、運動する物体を知覚するのに役立てていると考えておかしくはないだろう。

このような考え方に興味を持っているのは生物学者だけではない。バイオミメティクスと呼ばれる急成長の分野では、自然界からヒントを得てテクノロジーを進化させ、新たな材料や機械の開発を目指している。たとえばロブスターの目の不思議な構造はX線望遠鏡の開発において欠かせない役割を果たした[67]。X線ビームを集束させるにはビームの方向を変えなければならないが、エネルギーが高いために、適切な鏡を使ってもごく小さな角度しか曲がらない。ロブスターは可視光におけるそれと似た問題を進化によって何百万年も前に解決していて、それと同じ幾何構造がX線にも通用するのだ。哺乳類の視覚野のV1層に関する新たな知見はコンピュータ視覚（ビジョン）にも適用でき、自動運転車や、軍事および民間目的における衛星画像の自動解析などさまざまな応用の可能性がある。

形を区別する

トポロジーの分野でもっとも重要なのが、「これはどんな形なのか」という問題である。つまり、

「いま見ているのはどの位相空間なのか」ということだ。ありふれた問題のように聞こえるかもしれないが、数学では位相空間は、図や数式、あるいは方程式の解など数え切れない方法で表現されるため、必ずしも容易に見分けられるとは限らない。たとえばマカクのV1野にクラインの壺を見つけ出すにはトポロジー学者が必要だった。本書でも先ほどこの問題に挑むために、円筒、メビウスの帯、トーラス、クラインの壺という4種類の位相空間を区別するためのトポロジー的性質を考えてみた。19世紀末から20世紀初めにかけて、この問題に体系的に取り組む方法がいくつも編み出された。その鍵となったのが、位相不変量を定義するという発想である。位相不変量とは、互いに等価（同相）な位相空間では同じだが、等価でない少なくとも一部の位相空間では異なるような性質で、実際に計算可能なもののことである。その多くは異なる位相空間をすべて区別できるほどには敏感でないが、ある程度分類できるだけでも役に立つ。2つの位相空間において何らかの位相不変量が違っていれば、それらの位相空間は明らかに異なる。先ほど挙げた4種類の図形の場合、「縁が何本あるか」や「面がいくつあるか」といったものが位相不変量となる。

　何十年かのあいだに、位相不変量の中でもとりわけ役に立つものがいくつか浮かび上がってきて、根本的に重要な位相不変量もいくつか考案された。ここで説明したいのは近年になっていくつか重要な形で応用されるようになったもので、それを〝ホモロジー〟という。ホモロジーとは要するに、その位相空間に各次元の穴がいくつ開いているかということである。単に数えるだけでなく、各次元の穴を一つの代数学的概念にまとめたもので、それをホモロジー群という。

　きわめて基本的な位相空間でまだ紹介していないものが一つある。球である。数学者がこの言葉を使う場合には、トーラスと同じように、中身の詰まった球体（ボール）でなく無限に薄い球の表面だけを指す。球にはトーラスやクラインの壺と同じく縁がない。球がトポロジー的にトーラスやクラインの壺と異なることは、穴の有無を見れば示すことができる。

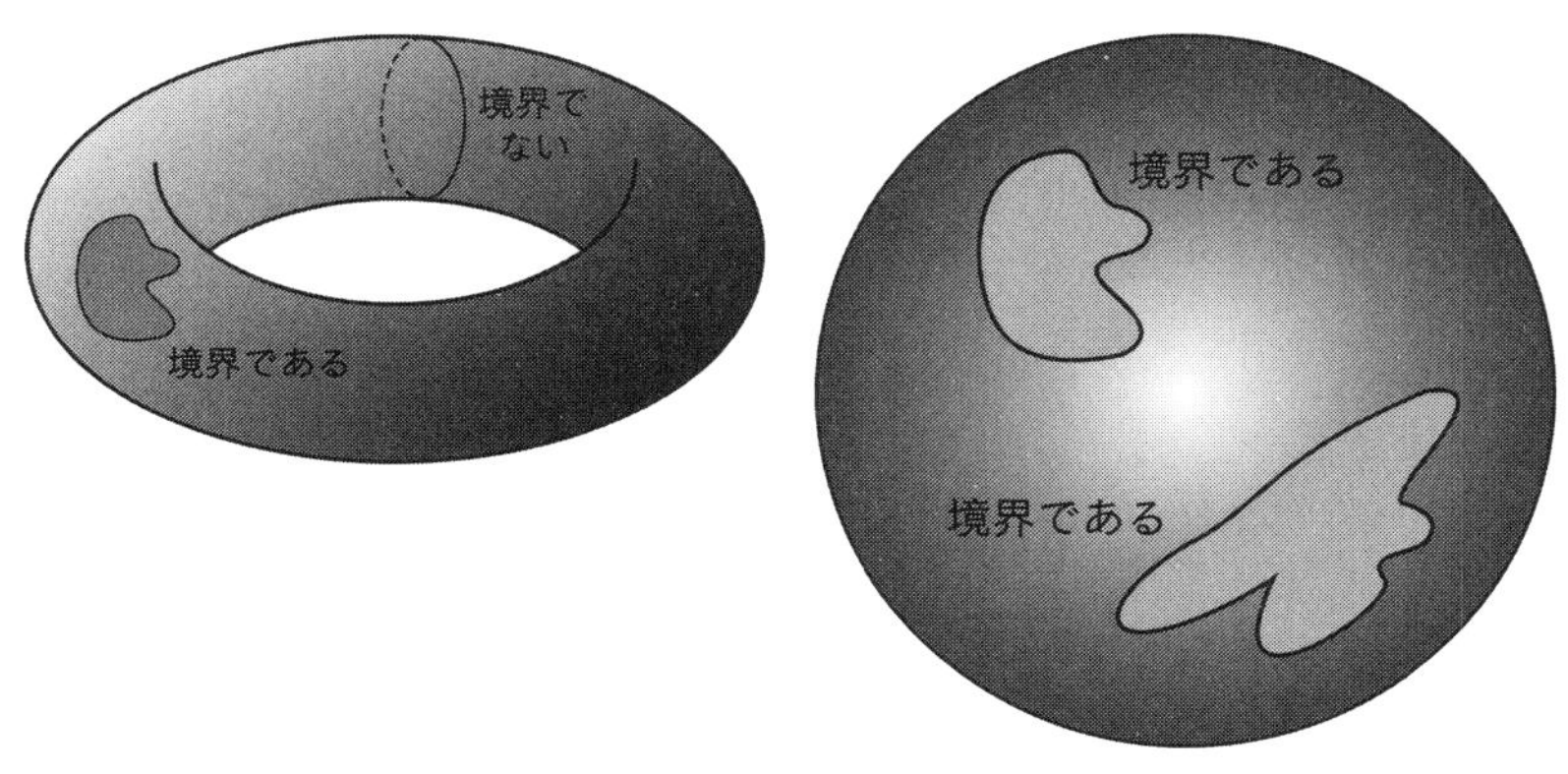

図46　左：トーラス上では、閉じた曲線の中には境界であるものもあれば、そうでないものもある。右：球面上ではすべての閉じた曲線が境界である。

トーラスからスタートしよう。目で見て分かるとおり、トーラスには中央に巨大な穴が開いている。球はそれとはまったく違って見える。しかし、周囲の空間に頼らずに穴を数学的に定義するにはどうすればいいのか？　表面上の閉じた曲線に注目すればいい（図46）。球面上の閉じた曲線はすべて、トポロジーで言うところの円盤（円の内部）の境界となっている[68]。それを証明するのはかなり難しいが可能で、ここでは真だと受け入れることにしよう。一方でトーラス上では、円盤の境界となっているような閉じた曲線もあれば、そうでないものもある。それどころか穴を〝通る〟閉じた曲線はすべて、円盤の境界にはならない。その証明もかなり難しいが、やはり流れに身を任せて信じることにしよう。〝閉じた曲線〟と〝（トポロジー的な）円盤の境界となっている〟というのはトポロジー的性質なので、これで球とトーラスはトポロジー的に異なることを示せた。

　同じことをもっと高い次元でもおこなうことができる。たとえば3次元なら、〝閉じた曲線〟を〝（トポロジー的な）球面〟に、〝円盤の境界となっている〟を〝球体の境界となっている〟に置き換えればいい。球体の境界でない球面が見つかったら、その位相空間には何らかの3次元の穴が開いていることになる。初期のトポロジー学者はさらに考察を進めて、その穴がどんな穴なのかを何らかの方法で解釈した上で、閉じた曲線や球面を足したり引いたりできることを発見した。ここでは、曲面上の曲線についてそれをどのようにしておこなうかを説明する。もっと高い次元の場合も同様だが、もっと面倒である。

簡単に言うと、2つの閉じた曲線を足し合わせるには、両方の曲線を同じ曲面上に描けばいい。いくつもの曲線を足し合わせるにはそれをすべて描けばいい。ただしいくつか技術的な留意点がある。曲線に矢印をつけて向きを指定しておくと都合がいいし、同じ曲線を何度も描くこともできる。さらには負の回数描くこともできる。これは要するに、正の回数描くことの逆操作、つまり同じ曲線を逆向きに描くこととほぼ同じで、その意味合いについてはこのあと説明する。

何回描いたかを表す数を添えた曲線の集合を、サイクルと呼ぶ（図47）。曲面上に存在しうるサイクルは無限通りあるが、トポロジー的にはその多くは互いに等価である。先ほど述べたとおり、マイナスのサイクルというのは、同じサイクルの矢印を反転させたものである。ただし〝同じ〟といっても完全に同等とは限らないので、厳密に言うとこの説明は間違っている。しかし数論学者がモジュラ算術（第5章）で用いる手法をトポロジーに焼き直したものを使えば、同等に**する**ことができる。0と5は異なるが、モジュラ算術では適切な目的に合わせてそれらを同じものとみなし、5を法とする整数環$\mathbb{Z}_5$を作ることができる。ホモロジー論でもこれと同じようなことをして、円盤の境界であるすべての閉じた曲線を、0の曲線（曲線を1つも描かないこと）と同じものとみなすことができる。そのような曲線をバウンダリ（境界）と呼び、その曲線は0と相同（ホモローグ）であると表現する。この発想はサイクルにも拡張できる。あるサイクルが0と相同であるとは、そのサイクルを構成するすべての曲線がバウンダリとなっているということだ。

先ほど述べたとおり、サイクルCとDを足し合わせて$C+D$としたり、Dの矢印を反転させること

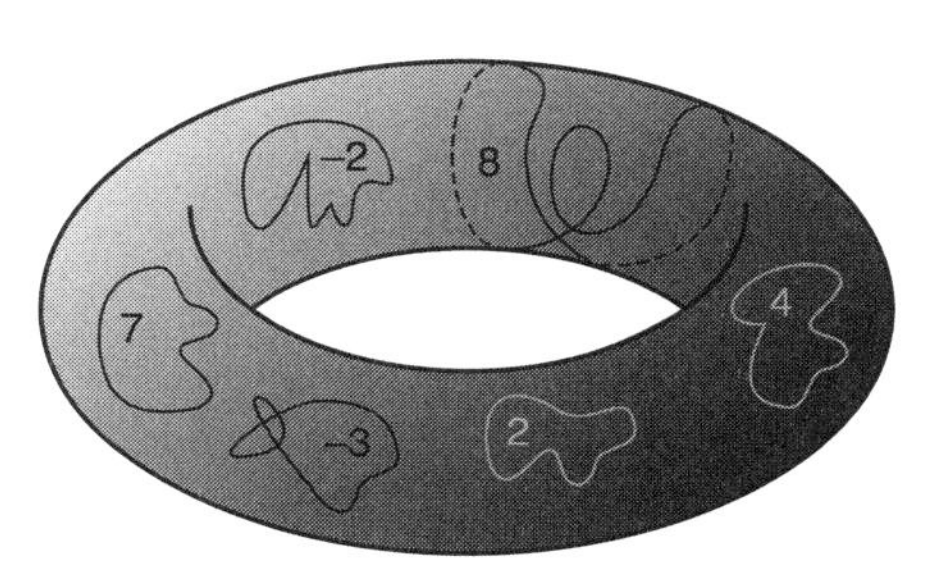

図 47　トーラス上のサイクル。

で引き算をおこない、C－Dとしたりすることもできる。ただしC－Cは必ずしも0にはならない。厄介な話だが解決法はある。C－Cはつねに0と〝相同〟である。そこで0と相同であるものをすべて0とみなせば、曲面のホモロジー群と呼ばれる都合の良い代数学的存在が得られる。要するに、バウンダリを〝法〟として（つまり無視して）サイクルの代数演算をおこなうのだ。5を法とする算術において5の倍数を無視するのと同じである。

これがホモロジーだ。

球面のホモロジー群は簡単。すべてのサイクルが0と相同で、この群は0だけからなる。トーラスのホモロジー群は簡単ではなく、サイクルの中には0と相同でないものもある。実はすべてのサイクルが、先ほどの図46で「境界でない」と書いたサイクルの整数倍と相同なので、トーラスのホモロジー群は$\mathbb{Z}$、つまり整数環と同じであるとみなすことができる。計算や図は省略するが、クラインの壺のホモロジー群は、2を法とする整数のペア(m, n)が作る環、$\mathbb{Z}_2 \times \mathbb{Z}_2$である。したがってクラインの壺も何らかの穴を持っているが、その穴はトーラスの穴と種類が違う。

ホモロジー群のかなり複雑な作り方を駆け足で説明してきたが、それには理由がある。トポロジー学者がどのようにして不変量を作るのかをある程度感じ取ってもらいたかったからだ。しかし覚えておいてほしいのは、すべての位相空間にホモロジー群があって、それは位相不変量であり、それを使えばその位相空間の形についていろいろ分かるということだけだ。あくまでもトポロジー的に言えばだが。

トポロジーとビッグデータ

ホモロジー群が生まれたのは、19世紀末のエンリコ・ベッチとポアンカレの先駆的研究による。2人は穴などのトポロジー的特徴を数え上げるという方法を取ったが、1920年代にレオポルト・ヴィートリス、ヴァルター・マイヤー、エミー・ネーターがそれを群論の言葉で表現しなおしたことで、まもなくして大幅に一般化された。先ほどホモロジー群と呼んだのは、実は1次元、2次元、3次元……の穴の代数学的構造を定義する一連の群のうち、最初のものにすぎない。ほかにこれと対をなすコホモロジーという概念や、関連したホモトピーという概念もある。ホモトピーは、バウンダリとの関係性でなく、曲線を変形して端どうしをつなぎ合わせることに関わっている。ポアンカレが、それは群をなして、通常は可換でないことを明らかにした。代数的トポロジーはいまではかなり高度で巨大な分野となっていて、新たな位相不変量も発見されつづけている。

応用トポロジーと呼ばれる分野も急速に発展している。学生の時分からトポロジーを学んだ新たな世代の数学者や科学者は、上の世代よりもトポロジーをはるかに身近に感じていた。そしてトポロジーの言葉を巧みに操り、それを実用的な問題に応用する新たなチャンスに気づきはじめた。脳の視覚野に潜むクラインの壺は最先端の生物学における応用例の一つだ。材料科学や電子工学では、トポロジカル絶縁体といった概念が登場する。これは、電気的特性のトポロジーを変えることで導電体から絶縁体へ切り替えられる材料のことである。トポロジー的性質は変形しても保たれるため、きわめて安定である。

応用トポロジーの中でもとりわけ有望な概念が誕生したのは、純粋数学者がコンピュータにホモロジー群を計算させるためのアルゴリズムを書こうとしていたときのことだった。ホモロジー群の定義をコンピュータでの計算に適した形に書き換えたところ、それが〝ビッグデータ〟を解析するための新しい強力な方法になることが分かったのだ。科学のあらゆる分野で大流行している〝ビッグデータ〟は、コンピュータを使って数値データの中から隠れたパターンを探し出すというもので、その名のとおりデータがきわめて大量の場合にもっとも威力を発揮する。幸いにも今日のセンサーや電子回路は、膨大な量のデータの測定・保存・操作に驚くほど秀でている。しかし残念ながら収集したデータをどのように扱えばいいか見当もつかないことが多く、まさにそこにビッグデータをめぐる数学的課題が潜んでいる。

何百万個もの数値を測定し、それを頭の中で多次元の変数空間内の点群としてプロットするとしよう。この点群から意味のあるパターンを引き出すには、際立った構造的特徴を見つける必要がある。その中でももっとも重要なのが点群の〝形〟である。しかし画面上に点をプロットしてじっくり眺めるだけでは見つけられない。まずい角度から見ているかもしれないし、重要な部分が裏に隠れてしまっているかもしれない。変数の個数が多すぎて視覚系ではうまく処理できないかもしれない。「これはどんな形なのか」というのは、前に述べたとおりトポロジーにおける根本的な疑問である。そこで当然ながら、トポロジー的方法が役に立つかもしれない。たとえばおおよそ球形の点群と、穴が1つ開いたドーナツ型の点群とを区別するということだ。第8章で紹介したFRACMAT研究プロジェクトでも、かなり初歩的だがそのような方法を使った。その際に重要だったのは、点群がどれだけコンパクトか、球形なのか葉巻型なのかだった。もっと細かいトポロジー的特徴は重要ではなかった。

100万個のデータ点のトポロジーを手で計算するのは不可能で、コンピュータを使うしかない。しかしコンピュータはそもそもトポロジーを解析するようにはできていない。そこで、純粋数学者がコンピュータでホモロジー群を計算するために編み出した手法が、ビッグデータの分野に転用された。

そしていつもと同じように、そのままだと必要な仕事を完全にこなすことはできず、ビッグデータの新たな条件に合わせて手を加えなければならなかった。おもな条件の一つが、点群の形が明確に定まらないことである。とくに観察するスケールで変化してしまう。

たとえばホースをぐるぐる巻きにしたとしよう。ある程度離れたところから見るとホースの一部は曲線のように見えて、トポロジー的には1次元物体である。しかしもっと近づいて見ると、細長い円筒の表面のように見える。さらに近づくとその表面が厚みを持つようになり、円筒の中央に穴が通っている。後ろに下がって遠くから広い視野で見ると、このホースは縮めたばねのようにぐるぐる巻きになっていることが分かる。目のピントをずらすとそれがぼやけてトーラスになる。

このような効果のせいで、点群の形は一つに定まった概念ではなく、そのためホモロジー群もさほど役には立たない。そこで数学者は、〝知覚される〟点群のトポロジーが観察するスケールによってどのように変化するかという問題を考えた。

何らかの長さスケールを選んである点群を観察すると、トポロジーで〝複体〟と呼ばれるものを作ることができる。ある長さスケールよりも近接した点どうしをエッジでつないでいくと、エッジどうしが組み合わさって三角形をなし、三角形どうしが組み合わさって四面体をなす。多次元の四面体のことを〝単体〟といい、この単体が何らかの形でつながり合ったものが複体である。ここではもっと単純に〝三角形分割〟と呼ぶことにする。その三角形が何次元でもかまわないことを覚えておいてほしい。

三角形分割が得られたら、ある数学的規則を使ってそのホモロジーを計算できる。しかしこの場合、三角形分割は観察スケールによって変わり、そのためホモロジーも変わってくる。そこで形に関する次のような興味深い疑問が浮かび上がってくる。スケールを変えるにつれて三角形分割のホモロジーはどのように変化するか？　形に関する特徴の中でもっとも重要なのは、スケールに応じて敏感に変

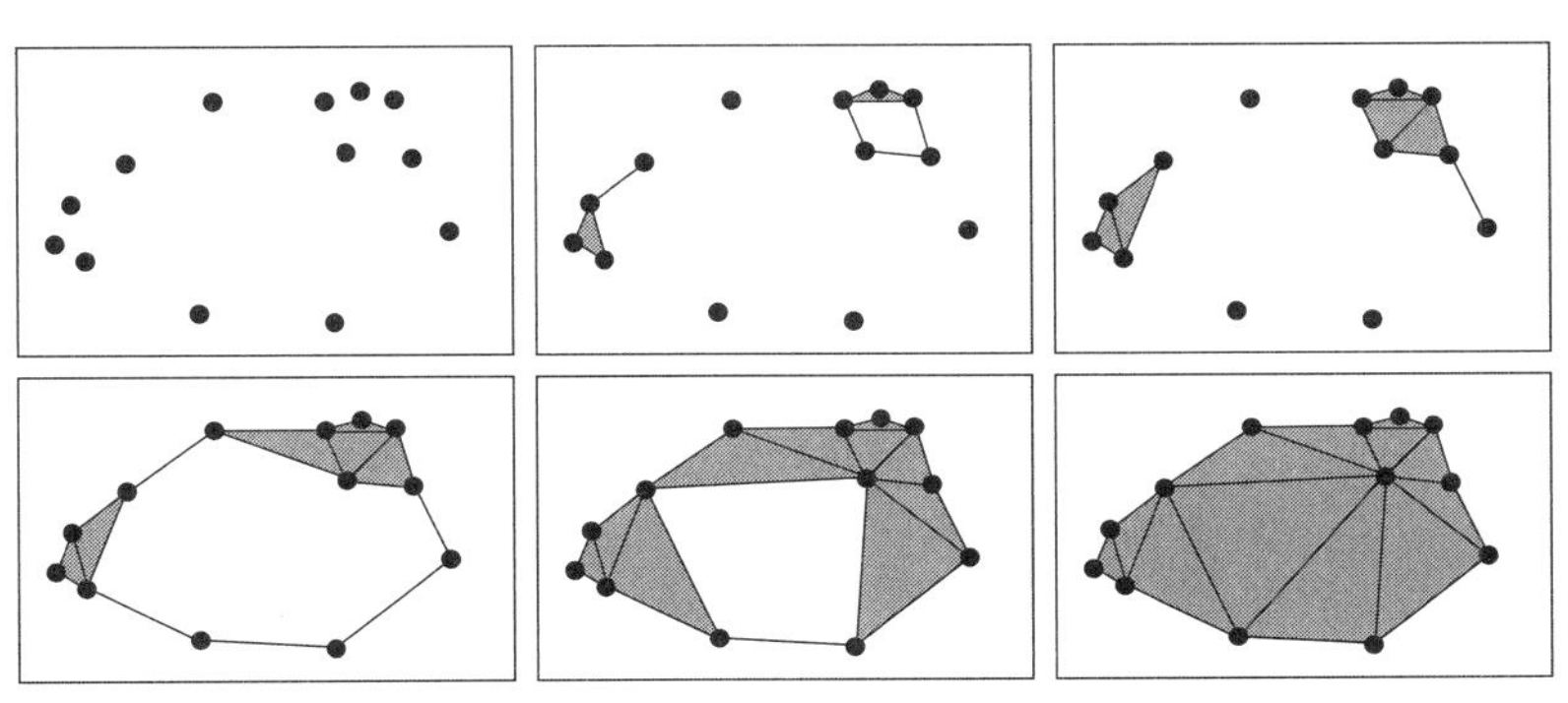

図 48　さまざまな長さスケールでデータ点をつないでいくと一連の三角形分割が得られ、さまざまな大きさの穴が見えてくる。パーシステントホモロジーではこのような効果を検出する。

化してしまうようなものではなく、スケールの変化に影響されにくいものである。そこでホモロジー群のさまざまな性質のうち、スケールが変化しても〝持続する（パーシスト）〟ものに注目する。そうして導き出される、1つのホモロジー群でなくスケールごとのホモロジー群の集まりのことを、パーシステントホモロジーという。

図48の6枚の図は、さまざまなスケールでどの点とどの点がつながるかを表している。長さスケールを大きくするにつれて大まかな構造が見えてきて、最初はばらばらだった点が小さな塊を作りはじめ、そのうちの1つには小さな穴が開いている。さらにその穴が埋まって、その塊が大きくなっていく。やがて塊どうしがつながってリングになり、大きな穴ができる。そのリングが太くなっていくが大きな穴は残りつづけ、最終的にスケールがかなり大きくなったところですべて埋まる。これはあくまでも模式図で、コンピュータアルゴリズムで考慮される詳細は省略してある。最大に近い長さスケールで現れる支配的な特徴は中央の大きな穴である。

この表現法にはトポロジーに加えて距離の情報も含まれていることに注目してほしい。トポロジー的な変換では距離は保存されないが、データ解析では全体のトポロジー的

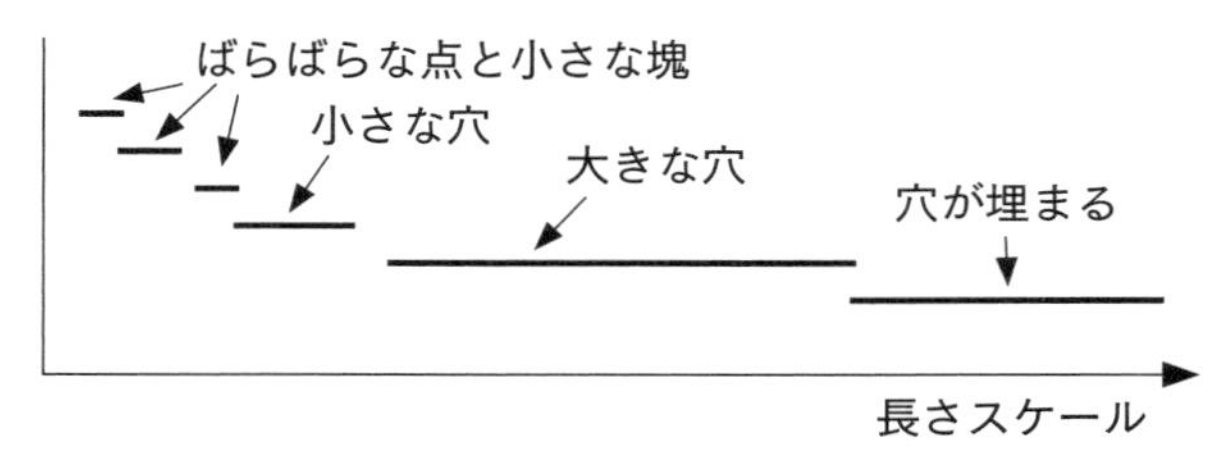

図49 パーシステントホモロジーのバーコードを見ると、どのスケールでどのような構造が持続するかが分かる（模式図）。

な形だけでなくデータの実際の値も重要である。そのためパーシステントホモロジーでは、トポロジー的性質だけでなく距離的性質にも注目する。パーシステントホモロジーによって得られる情報を表現する一つの方法が、ある特定のホモロジー的性質（たとえば穴がいくつあるか）がどの範囲の長さスケールで持続するかを横線で表したバーコードである。たとえば先ほどの図48に示した点群の場合は、図49のようなバーコードになるだろう。これは、スケールによってトポロジーがどのように変化するかを模式的にまとめたものといえる。

防犯センサーから医療まで

パーシステントホモロジーとそのバーコードは確かにとても見事だが、ではいったい何の役に立つのだろうか？

あなたは会社を経営していて、その社屋は森の中の空き地に立っているとしよう。泥棒が森に潜んで近づいてくるかもしれない。そこであなたは、動きを感知して隣どうしで通信しあうセンサーをずらりと設置して、夜間はスイッチを入れることにした。許可の有無を問わず誰かが近づいてきたらセンサーが警報を発し、警備員が調べに行く。あるいはあなたは軍司令官で、管轄の基地周辺ではテロリスト集団が活動しているとしよう。その場合も同じようにセンサーを設置して、武器を携行するだろう。

センサーのカバー範囲が十分で、犯罪者やテロリストが忍び込めそうな隙間がないかどうかは、どうしたら確かめられるだろうか？

センサーの数が少なければ、その配置を地図上に記してじっと眺めるだけでいい。しかし数が多くなったり、地形のせいでさまざまな制約があったりすると、あまり現実的ではなくなってくる。そこで、センサーのカバー領域に開いた穴を見つけ出す方法が必要だ……。〝穴〟を見つけ出すだって？パーシステントホモロジーの出番ではないか。実際にいまではこの問題の解決にパーシステントホモロジーが用いられている。これと似た応用法として、何台かのセンサーで重要な建物や施設の周辺を完全にカバーできるかどうかを見極める、〝バリア被覆〟というものもある。移動するセンサーを対象とする〝スイーピング被覆〟と呼ばれる応用法は、家庭用や産業用のロボット掃除機に使われている。床全体を掃くにはどうすればいいかという問題である。

もっと科学的な応用法としては、第8章で取り上げた、力学系のアトラクターを再構成するためのスライディング・ウインドウ再構成法と組み合わせたものがある。パーシステントホモロジーを用いると、アトラクターのトポロジーが著しく変化したかどうかを検知できる。力学系理論ではこの現象を〝分岐〟といい、ダイナミクスが大きく変化したしるしとなる。その重要な応用の一つが、何百万年ものあいだに地球の気候が温暖な時代から氷期へ、さらには全球が氷に覆われたスノーボールアースへとどのように変化してきたかを明らかにすることである。スライディング・ウインドウ再構成法におけるデータ点群のバーコードを用いると全地球規模の気候状態の変化を見事に特定できることが、ジェシー・バーワルドらによって示されている。[69]そのほかにこの手法を応用できる物理系としては、製造機械に発生して製品に欠陥や傷を残す振動がある。フィラス・ハサウネとエリザベス・マンチは、業界で〝チャター〟と呼ばれるこの種の振動を切削工具の時系列測定によって検出できることを示した。[70]またクリストファー・トレイリーとホセ・ペレアによって、喉頭（こうとう）動画内視鏡による二重発声の検知に応用されるなど、医療画像診断にも応用されている。[71]二重発声とは声帯で2つの振動数の音が同時に出ることで、病変や麻痺の徴候の可能性がある。内視鏡は光ファイバーケーブルの先端にカメラを取り付けたもので、鼻から喉へ挿入する。サバ・エムラニらは、[72]気管の部分閉塞、ぜんそくや肺がんなどの肺疾患、あるいは鬱血性心不全などの徴候である異常に高い音、いわゆる喘鳴音の検知に音声データのバーコードを用いている。

データに問題があったって？　すぐさま助けが必要だ。トポロジー学者を呼べ。

第14章　キツネとハリネズミ

キツネはいろいろなことを知っているが、ハリネズミはたった一つの大事なことを知っている。

——伝アルキロコス、前650年頃

尽きることのない応用法

本書のアイデアを漁っているときに、たまたま次のようなフレーズを見つけた。〝*Πόλλ᾽ οἶδ᾽ ἀλώπηξ, ἀλλ᾽ ἐχῖνος ἓν μέγα.*〟私は学校ではギリシア語でなくラテン語を習ったが、数学者ならギリシア文字を知っているものだ。この私ですら'echinos'と'mega'という単語は読み取れるし、大きなハリネズミのことだろうと目星もつけられる。実際に翻訳すると、「キツネはいろいろなことを知っているが、ハリネズミはたった一つの大事なことを知っている」となる。古代ギリシアの詩人アルキロコスの言葉らしいが、確かではない。

自分はキツネとハリネズミのどちらになるべきか？　ここ50年に数学で起こった数え切れない驚きの進歩からいくつかを選び出して、その使われ方を書き連ねるべきか？　それとも〝たった一つの大事なこと〟に話を絞るべきか？

私は両方を選んだ。

ここまでの13の章でキツネの部分は読み通してきたはずだ。そこでここからはまとめとして、ハリネズミの部分に入ることにしよう。

ここまで取り上げてきたトピックを振り返ってみると、いまや数々の多様な数学分野が、21世紀初めの生活に欠かせないシステムや機械に浸透していることに驚かされる。西洋の民主主義国家に暮らす金持ちはその恩恵を貧しい人々よりも多く享受しているだろうが、彼らだけでなく世界中のあらゆる国の数十億の人にとってもそうだ。携帯電話は発展途上国にも近代的な通信手段をもたらした。いまでは至るところで使われているし、世界を一変させている。変化は必ずしも良い方向ばかりでなく、諸刃の剣だ。もしも数学がなく、数学を高いレベルで駆使する訓練を受けた大勢の人がいなかったら、携帯電話など存在していなかっただろう。

本書で取り上げる余裕はなかったが、ほかにも膨大な数の応用法があることは分かっている。ここまで取り上げてきたものは、必ずしももっとも優れていてもっとも重要で、もっとも印象的でもっとも価値があるというわけではない。私がこれらの応用法に目をつけたのは、新しい優れた数学が、もともとそれが考え出された目的とは異なる驚きの分野に用いられているからだ。バリエーションも重視した。たとえば本書の9割を応用偏微分方程式論に充てれば豊富な題材を見つけてきて重要性をアピールするのは簡単だっただろうが、そんなのは正気の沙汰ではないだろう。私の携わる数学が多様な形で幅広く応用されていて、人類全般に関係していることを分かってもらいたかったのだ。

そこで罪滅ぼしのために、取り上げられなかった何百もの応用法の中からいくつかを簡単に紹介しておこう。これでも氷山の一角にすぎない。本書執筆のために集めたファイルの中から取った例である(順不同)。

洪水水位の予測

大規模データ解析とライム病
ケチャップを瓶から出すには何回振らなければならないか？
製材機で材木をもっとも無駄なく活かすには？
住宅や配管をもっとも効率的に断熱するには？
アルゴリズム中の偏見（人種差別や性差別）を検出する
建物の鉄骨フレームなど、工学的骨組みの剛性
コンピュータによるがん細胞の識別
ガラス板製造における厚さの均一性の向上
コンクリートが固まる際の二酸化炭素の発生
オフィスビルのマスターキーシステムの設計
コンピュータによる仮想心臓モデル
暴風に耐えられる建物の設計
生物種どうしの祖先関係の特定
産業用ロボットの動作計画
ウシの病気の疫学
交通渋滞
天気に対応した電力網の構築
高潮に対する街の防御を高める
海底通信ケーブル
戦争終結後の国での地雷の探知
火山灰の漂い方を予測して航空機の飛行に役立てる

電力網の電圧変動の抑制
パンデミックの最中における新型コロナウイルスの検査効率の向上

いずれのトピックも1つの章で取り上げるくらいの価値があるだろう。地球上で暮らすすべての人にとって数学が多種多様な形で使われていることがますます分かったはずだ。

数学のいろいろな定義

これらの例と、本編で詳しく説明した例から明らかなとおり、数学の応用法は信じがたいほど多様である。とりわけ、その数学のほとんどがもとは別の目的を念頭に生み出されたか、またはある時代のどこかのさる数学者がおもしろいかもしれないと思って考え出したのだということを思うと、ますます面食らわされる。そこで、1959年にウィグナーを戸惑わせたあの深遠な哲学的疑問が再び頭をもたげてくる。少なくとも私はいまでもその頃と同じくらい戸惑っている。いや、いまのほうがもっと戸惑っているくらいだ。ウィグナーはもっぱら理論物理学における数学の不合理な有効性に着目したが、いまやもっとずっと幅広い、もっと直接的な人間活動において不合理な有効性が成り立っていることが分かる。そしてそのほとんどは、一見したところ数学とはほとんど関係がないように思える。

多くの人は、数学は現実世界から生まれるのだから現実世界で有効なのは当然だと言うが、ウィグナーと同じく私もそんな説明には納得できない。前にも述べたように、合理的な有効性を説明するにはそれでかまわないが、それでは的外れだと思う。本書で取り上げた数々の話から分かるとおり、数学はいくつかの特徴を持っているがゆえに、そもそもの由来とは明らかに無関係な分野でも役に立つ。数学者で哲学者のベンジャミン・パースは、数学を「必要な結論を導き出すための科学」と定義した。

つまり、それやこれやを踏まえた上でこれからどんなことが起こるのか、ということだ。外の世界で起こるほとんどの問題に共通したきわめて包括的なテーマである。今日の数学はきわめて包括的なので、ただ待ってさえいれば、そのような問題に答えるための有用な道具を提供してくれるだろう。ハンマーを買うべきかどうかを判断するのに、考えられるハンマーの使い方を片っ端から思い描く必要はない。叩いたり割ったりするという一般的な使い方でも幅広く応用できるだろう。ある一つの作業に使えるハンマーなら、ほかに何通りもの作業に使えるはずだ。一つの応用法に合わせて完成させた数学的手法も、適切に手を加えればほかにいくつもの応用法に転用できる。

私の気に入っている数学のもう一つの定義が、リン・アーサー・スティーンによる「意味のある形態の科学」というものである。数学は〝構造〟を扱う。構造をヒントにして問題を理解する。この見方もまたかなり包括的で、経験から言って核心を突いている。

破れかぶれで提案された3つめの定義が、数学は「数学者がすることである」というものだ。それに付け加えるなら、数学者とは「数学をする人」である。単なる同語反復ではないと思う。経営は「経営者がすること」で、経営者は「経営をする人」だろうか？　そのとおりだがそれだけではない。経営者として成功するには経営をするだけではだめで、ほかの人が気づいていない〝経営のチャンス〟を見つけなければならない。それと同じように数学者も、ほかの人が気づいていない数学のチャンスを見つける人である。

そのためには数学的に考えなければならない。

何百年もかけて数学者は、問題の核心を突くための反射的な思考法を発達させてきた。この問題にはどんな場面設定が自然か？　どんな範囲の可能性が考えられるか？　関係のある特徴を表現するための自然な構造は？　どれが本質的な特徴で、どれが切り捨てるべき無関係な詳細や邪魔物なのか？　どうやって切り捨てるのか？　残った特徴の自然な構造は？　数学者たちは数え切れない難問に取り組んではこれらの手法を洗練させて、簡潔で強力な理論にまとめ上げ、現実世界のさまざまな問題に挑んできた。そうして数学は徐々に包括的で相互に関係し、強力で融通が利くようになってきた。

もしかしたら数学の有効性はそんなに不合理ではないのかもしれない。けっして謎ではないのかもしれない。

数学を喰らう宇宙人

数学のない世界を想像してみよう。大はしゃぎして私のことを不憫に思う人は多いはずだ。私の好きなものはあなたも好きだなんていう理屈はどこにもない。しかしここでは、あなた自身が数学を学ばなくて済むといった話をしているのではない。あなた一人だけの話でもない。

果てしないこの宇宙のどこかに、膨大な量の数学をむさぼる地球外文明が存在していたとしよう。文字どおりむさぼっている。物理学者の中には、この宇宙を解明する上で数学が不合理なまでに有効なのは、この宇宙が数学でできているからだと主張する人がいる。数学は人間が物事を理解するための手段ではなく、万物に組み込まれたとらえどころのない何らかの実体であるというのだ。

私自身はそんな見方はばかげていると思うし、肝心の哲学的難題を軽んじた見方だが、くだんの宇宙人は私のそんな考えが間違っていると知っている。彼らは10億年前にこの宇宙が本当に数学でできていることを発見した。そして彼らの文明は、我々が地球の多くの資源をむさぼっているのと同じように、膨大な量の数学をむさぼっている。それどころかあまりにも大量の数学をむさぼってきたため、もしもある単純な解決策がなかったらはるか昔に底をついていただろう。すさまじく進歩したテクノロジーを備えていてきわめて攻撃的な性格の彼らは、完全武装した巨大な宇宙船の艦隊を星々に送り出しては新たな生命を探し出し、その数学を勝手に食っているのだ。

数学喰いがやって来るぞ。
彼らは新たな世界にやって来ると、その世界の数学を残らず〝食って〟しまう。数学的な考え方だけでなく、そのとらえどころのない実体そのもの、そしてそれまで数学を頼りにしてきたあらゆるものが、よりどころを失って姿を消してしまうのだ。数学喰いは高度な数学が好物で、まずは最先端の数学から食べはじめ、徐々に平凡な数学へと食べ進めていく。基本的な加減乗除はあまり口に合わなくて、掛け算の筆算あたりで食べるのをやめるので、彼らに攻撃された世界の文明が完全に崩壊することはない。しかしかつての栄華は見る影もなく、その銀河に散らばる惑星の住人は暗黒時代へと逆戻りして、そこから抜け出す糸口すらも見えない。

もしも明日、数学喰いが襲来してきたら、我々はいったい何を失うだろうか？

研究の最先端に位置する純粋数学が消えたことにはきっと気づかないだろう。その中には１００年後に欠かせなくなったはずのものもあるかもしれないが、いまは必要ではない。しかし数学喰いが象牙の塔から徐々に下りてくるにつれて、重要なものが姿を消しはじめる。まずはコンピュータや携帯電話やインターネット、地球上で数学的にもっとも洗練された製品である。続いて失われるのは宇宙飛行に関係するもの、気象衛星や環境観測衛星や通信衛星、衛星ナビゲーションシステムや航空機ナビゲーションシステム、衛星放送や太陽フレア観測衛星などである。発電所も機能しなくなる。産業用ロボットが動かなくなって製造業が死に絶え、掃除機の代わりにほうきを使うしかなくなる。ジェット機も姿を消す。コンピュータがなければ設計できないし、航空力学がなければ浮揚させる方法が分からない。ラジオやテレビも宇宙人の吐いた煙とともに消えてしまう。電磁波（電波）を記述するマクスウェル方程式に頼ったテクノロジーだからだ。高いビルも残らず崩れ去る。その設計と建設には、コンピュータ的手法と、構造の一体性を確保するための弾性理論が欠かせないからだ。高層ビルも大きな病院もスポーツスタジアムも姿を消す。

歴史は逆戻りしていく。すでに１００年前と同じような生活に戻っているが、数学喰いはまだ食べはじめたばかりだ。

失われたほうが良いものもあるだろう。たとえば核兵器など数学の軍事利用のほとんどがそうだが、ただし一緒に防衛力も奪われてしまう。数学自体は中立で、善悪は人がそれをどう使うかで決まる。

どちらとも言えないものもある。銀行は株式市場への投資を完全にやめてしまう。株価を予測できなくなったのを受けて、金融リスクを最小限に抑えるためだ。金融システムが崩壊するまで気づかないこともあるが、そもそも銀行というのはリスクを避けたがるものである。お金に執着して我が身を滅ぼす恐れは小さくなるが、融資を受けていた数多くの有益な事業もストップしてしまう。

ほとんどは失われると困るものばかりだ。天気予報は、舐(な)めた指を突き上げて風向きを調べるようなレベルに戻ってしまう。医療では検査用スキャナーや、伝染病の流行をモデル化する能力が失われてしまうが、麻酔やX線は残る。統計学に頼っていたものもすべて、ドードーと同じように滅びてしまう。医者はもはや新たな薬や治療法の安全性・有効性を評価できなくなる。農業では新たな品種の動植物を評価できなくなる。製造業では効果的な品質管理ができなくなるため、いまだ購入可能な限られた製品もことごとく信頼できなくなる。政府は将来の動向や需要を予測できなくなる。それまでもさほどうまく予測できていなかったかもしれないが、もはやさらに悪くなる。通信手段は原始的なものへ逆戻りし、電信すらも姿を消す。一番速いのはウマで手紙を運ぶくらいだろう。

すでにこの段階で、現在の人口を支えるのは不可能になっている。食料生産を増やしたり商品を海上輸送したりするのに使ってきた巧妙な方法は、もはやことごとく機能しない。帆船に戻るしかない。病気がはびこって何十億もの人が餓死する。終末の時が訪れて、数少ない生存者がこの世界に残されたわずかなものをめぐって戦いを繰り広げ、ハルマゲドンが近づいてくる。

世界を作り替える数学

大げさなシナリオだと思われたかもしれない。しかし大げさに表現したのは、数学を食べられる物質にたとえたところただ一点だけだと強く言いたい。実際に我々はこの世界を動かしつづける上で、ほぼあらゆるものを数学に頼っている。数学なんて役に立たないと思っている人でも、その日々の暮らしは知らず知らずのうちに、数学は大事だとわきまえている人の活動に頼っている。けっして彼らが悪いのではない。そうした活動は舞台裏でおこなわれていて、専門家以外けっして気づきそうにはないのだから。

しかし、「もしも数学がなかったら我々はいまだに洞窟の中で暮らしていたはずだ」などと言いたいわけではない。数学がなくても別の進歩の道を見つけられたはずだ。けっして数学だけが人類の進歩の立役者だなどと言っているわけではない。数学がもっとも活かされるのは、直面した問題や思い描いた目標のために人類が振るうことのできるあらゆる手段と組み合わされたときだ。しかし我々がここにこうしていられるのは、そうしたあらゆる手段とともに数学が導いてくれたからである。いまや我々のテクノロジーや社会構造には数学があまりにも深く組み込まれていて、もしも数学がなかったら我々はとんでもない状況に置かれてしまうのだ。

第1章で数学の6つの特徴を挙げた。現実性、美しさ、一般性、融通性、一体性、多様性である。また、これらが組み合わさって有用性につながっているとも主張した。第1章から第13章まで読んできて、どれくらい的を射ていただろうか？

ここまで取り上げてきた数学的概念の多くは、現実の世界に端を発している。数、微分方程式、巡回セールスマン問題、グラフ理論、フーリエ変換、イジングモデルといったものだ。数学は自然界から着想を得て、それによっていっそう発展するのだ。

それ以外の数学分野の多くは、純粋数学者の美的感覚から生まれた。複素数は、平方根を2つ持つ数とまったく持たない数があるのが見苦しいから考え出された。モジュラ算術や楕円曲線などの数論の分野は、数のパターンを探すことに興じる人たちが生み出した。ラドン変換は幾何学のある興味深い問題から生まれた。トポロジーは100年のあいだ現実とほとんどつながりがなかったが、根本的な概念である連続性を扱う分野であることから、いまや数学の壮大な体系の中心に位置している。

一般化したいという衝動は至るところに表れている。オイラーはケーニヒスベルクの橋の問題を解いただけでなく、同じタイプのあらゆる問題を解いてグラフ理論という新たな数学分野を打ち立てた。モジュラ算術に基づく暗号から、計算複雑性に関する問題や〝P≠NP?〟問題が生まれた。複素数をヒントにハミルトンは四元数を考え出した。解析学は、有限次元空間の代わりに無限次元の関数空間を、関数の代わりに汎関数や演算子を用いることで一般化され、関数解析へとつながった。数学者がヒルベルト空間を考え出したのは、物理学者が量子力学にその使い道を見出すよりもずっと前のことだった。メビウスの帯のようなおもちゃから始まったトポロジーは、人類の思考の中でももっとも深遠でもっとも抽象的な分野の一つへと大発展を遂げた。そしていまでは日常生活にも役立ちつつある。

ここまで取り上げた手法の多くは融通が利き、由来に関係なくあらゆる場所で使われるようになっている。グラフ理論は腎臓移植に関する問題にも、巡回セールスマン問題にも、量子コンピュータによる攻撃からデータを守る量子暗号（エキスパンダーグラフ）にも、そして衛星ナビゲーションシステムの最適ルート選択機能にも使われている。フーリエ変換はもともと熱の流れを研究するために考案されたが、その親戚であるラドン変換は医療用スキャナーに、離散コサイン変換はJPEG画像圧縮に、ウェーブレットはFBIが指紋を効率的に保存するのに使われている。

数学の一体性もまた、本書を貫くテーマの一つだった。グラフ理論はトポロジーへとつながっている。複素数は数論の問題にも登場する。モジュラ算術はホモロジー群の構築のきっかけになった。衛星ナビゲーションシステムでは、疑似乱数から相対論まで少なくとも5つの数学分野が1つの応用法にまとめられている。力学は衛星を軌道上に打ち上げるのにも役立つし、ばね用針金の新たな品質管理法のヒントにもなっている。

多様性については？　本書では各章を通じて何十もの数学分野を、もっぱらいくつか組み合わせながら取り上げてきた。数から幾何学、無理数からクラインの壺、ケーキの公平な分け方から気候モデルまで幅広い。確率論（マルコフ連鎖）、グラフ理論、オペレーションズ・リサーチ（モンテカルロ法）が力を合わせて、患者が腎臓移植を受けられるチャンスを増やしている。

有用性について。応用範囲はどちらかと言えばさらに多様で、アニメーション映画から医療、ばね製造から写真、インターネット取引から航空機のルート設定、携帯電話から防犯センサーまで幅広い。数学は至るところに使われている。本書で挙げたのは、目に見えないところで誰にも知られずにこの世界を動かしている数学のごく一部にすぎず、ほとんどは見当もつかない。そもそも優れたアイデアの多くは企業秘密になっている。

だからいざというときには、できるだけ多くの人ができるだけ幅広く数学を理解している必要がある。自分自身のためだけではない。確かにほとんどの人にとって、数学の授業で教わったことは直接には役に立たない。しかしそれはどの教科でも同じだ。私は学校で歴史を学んだおかげで、自分の文化をより深く感じられるようになったし、植民地主義者のプロパガンダを偏見に満ちたものととらえられるようになった。しかし仕事や生活で歴史を使うことはない。歴史はおもしろいと思うし（歳を取るにつれてますますそう思うようになった）、歴史家がいてくれてありがたいし、歴史を教えるべきでないなどとは夢にも思わない。しかし数学が今日の生活に欠かせないのは明らかだ。しかも明日どんな数学が役に立つかを予想するのはとても難しい。うちの浴室にタイルを貼ってくれたスペンサーはπなんてたいして役に立たないと思っていたが、結局は必要になったのだった。

数学は、多くの人が思い描いているような戯れごととしてではなく、豊かで創造的な分野として正しく理解する以上、人類の至高の偉業であるはずだ。学問としてだけでなく実用的にもである。ところが我々は数学を暗闇に隠してしまっている。先ほどの数学喰いに相当する現実の存在に奪われてしまう前に、光のもとに出してやるべきだ。

キツネはいろいろなことを知っているが、数学者はたった一つの大事なことを知っている。それは数学と呼ばれるもので、我々の世界を作り替えつづけているのだ。

訳者あとがき

本書は Ian Stewart, *What's the Use?: The Unreasonable Effectiveness of Mathematics*, Profile Books (2021) の全訳である。

本書を手に取られた方であれば、数学が我々の役に立っていることにはうなずいていただけると思う。日常生活でも計算が役に立つ場面はいくらでもある。直接手を動かさずにExcelなどに任せる場合でも、式を立てたりデータを整理したりするには数学的な考え方が欠かせない。もっとずっと高度な数学がさまざまなテクノロジーに有効に利用されていることにも、少し想像を巡らせれば納得できるはずだ。そもそもコンピュータは数学がなかったらけっして生まれなかった。自然科学や工学だけでなく、医学や薬学など我々に直結する分野、さらには経済学や社会学など文系の科学、そしてＣＧなどの技術においても、現代数学を含め幅広い数学が有用な道具として使われている。

たとえば測量には幾何学のさまざまな手法が用いられている。だがそれもそのはず。そもそも幾何学は、古代エジプトでまさに測量をおこなうために編み出されたからだ。ある技術のために考案された数学がその技術にとって有効なのは当然で、何も不思議なことはない。完全に理にかなっている。数学の〝合理的な有効性〟だ。

ところが、ある分野を念頭に考え出された数学が、それとまったく違う分野で大活躍している例がいくらでもある。たとえば微積分はそもそもニュートンが物体の運動を記述するために編み出したものだが、いまでは工学から経済学に至るまでおよそありとあらゆる分野で当たり前のように使われている。物体の運動と経済活動のあいだには何の関係もないのに、なぜか両方にまったく同じ数学が使えるのだ。よくよく考えればなんとも謎めいている。このように由来とかけ離れた場面で数学が思いがけず役に立つことを、物理学者のウィグナーは〝不合理な有効性〟と呼んだ。

本書は、こうした数学の〝不合理な有効性〟の実例を豊富に紹介していって、数学がどんな形で我々の役に立っているかを知ってもらおうという趣旨の本である。とりわけ、我々が日々接している身近なテクノロジーに現代数学が使われているような例が選ばれている。いくつか抜粋すると、

- 一筆書きの問題から生まれたグラフ理論が、腎臓移植の手配の効率化に応用されている。
- 純粋な興味から編み出された楕円曲線や有限体の分野が、デジタル通信のセキュリティーを守るために用いられている。
- 3次元での物理現象を扱うために考え出された四元数が、リアルなCGの制作に用いられている。
- 熱の伝わり方を記述するために考案されたフーリエ変換が、CTなどの医療画像診断に役立っている。
- 気象現象に端を発するカオス理論が、ばねの製造工程の品質管理で重宝されている。

著者の狙いは、これらの数学を事細かに指南することではない。それぞれの手法の由来や、それに関わった人たちの人間ドラマ、そしてその手法が意外に我々の身近で応用されていることを、平たい文章でひもといてくれている。高等数学の知識はいっさい前提としていないし、複雑な数式の羅列とにらめっこする必要もない。もちろん数式はいくつか登場するが、指数関数や三角関数、複素数くら

いまで知っていれば結構だろう。知らない用語が出てきても、「そういうものがあるんだなあ」と思って読み進めていけば十分に堪能できると思う。一方、数学がどのような形で社会に応用されているかについては、身近なエピソードを交えておもしろく語ってくれている。「あの技術にもそんなふうに数学が使われていたんだ」と知って、目からうろこが落ちることも多いはずだ。

いずれの例でも由来と応用法が大きくかけ離れていて、一見したところなんとも不思議だ。しかし本編を読み進めていくと、大勢の人の創意工夫によって数学のパワーが最大限に活かされたことで、応用の場面がどんどん広がっていったことがよく理解できる。とくに現代数学は難解で近寄りがたいイメージがあるが、けっして数学者が自己満足でもてあそんでいるわけではなく、数々の応用を通じて我々の生活を豊かにしてくれている。数学の〝有効性〟がますます深く感じられて、数学がもっと身近なものになる。「数学は役に立たない」なんてもう言わせない。そんな一冊だと思う。

著者のイアン・スチュアートは１９４５年生まれ、イギリス・ウォーリック大学数学科の名誉教授。世界随一の学術団体である王立協会のフェロー（正会員）でもある。数学をはじめ科学全般に関する一般向けの書物を多数執筆していて、その筆力には定評がある。邦訳のあるものも多く、そのうち本書の内容に関係のあるものとしては、『数学の秘密の本棚』（ソフトバンク クリエイティブ刊、２０１０年）、『世界を変えた17の方程式』（同、２０１３年）、『自然界に隠された美しい数学』（河出書房新社、２０２１年）などがある。

索引

さ行

た行

な行

は行

ま行

や行

ら行

わ行

英数字記号

注

(1)　2012年に会計事務所のデロイト社が『イギリスにおける数理科学研究の経済的恩恵の評価』という調査をおこなった。当時280万人が数理科学（純粋数学・応用数学・統計学・コンピュータ科学）に関する職業に従事していた。この年、数理科学はイギリスの経済に2080億ポンド（粗付加価値）の貢献をした。2020年の貨幣価値に換算して2500億ポンド弱、おおざっぱに言って3000億ポンドである。この280万人はイギリスの労働力の10%を構成し、経済活動の16%に寄与した。最大のセクターは金融、産業研究開発、コンピュータサービス、航空宇宙、製薬、建築、土木だった。報告書には例として、スマートフォン、天気予報、ヘルスケア、映画の特殊効果、運動能力の向上、国家安全保障、伝染病対策、インターネットセキュリティー、製造工程の効率化が挙げられている。

(2)　https://www.maths.ed.ac.uk/~v1ranick/papers/wigner.pdf

(3)　その式は

$$\frac{1}{\sigma\sqrt{2\pi}}e^{-\frac{1}{2}\left(\frac{x-\mu}{\sigma}\right)^2}$$

xはランダムな変数の値、μは平均、σは標準偏差。

(4)　ヴィト・ヴォルテラは数学者・物理学者。1926年に彼の娘が海洋生物学者のウンベルト・ダンコーナに言い寄り、のちに結婚した。そのダンコーナがかつて、第一次世界大戦中には漁師の出漁回数が減少しながらも、漁獲量に占める捕食魚（サメ、エイ、カジキ）の割合が増加したことを発見していた。そこでヴォルテラは微積分を用いて捕食者と被食者の個体数の時間変化を表す単純なモデルを書き下し、捕食者が爆発的に増加して被食者が激減するというサイクルが繰り返されることを明らかにした。重要な点として、平均的に捕食者の数は被食者の数よりも相対的に大きく増える。

(5)　間違いなくニュートンは物理的直感も駆使したし、歴史家によればロバート・フックからこのアイデアを盗んだそうだが、そもそも一芸しかなければ何もできない。

(6)　www.theguardian.com/commentisfree/2014/oct/09/virginia-gerrymandering-voting-rights-act-black-voters

(7)　問題は時間だけではなかった。選挙人団制度（当時はこのような呼び名ではなかったが）の制定につながった1787年の憲法制定会議で、ジェイムズ・ウィルソンやジェイムズ・マディソンらは、一般投票が最善だろうと感じていた。しかし誰に選挙権を与えるかという現実的な問題をめぐって、北部諸州と南部諸州とのあいだで見解に大きな隔たりがあった。

(8)　1927年に古生物学者のE・P・コックスがこれと同じ量を用いて砂粒の丸さを評価し、

風で運ばれた砂と水で運ばれた砂を区別することで先史時代の環境条件を明らかにした。E. P. Cox. 'A method of assigning numerical and percentage values to the degree of roundness of sand grains', *Journal of Paleontology* 1 (1927) 179–183 を見よ。1966 年にはジョゼフ・シュワルツバーグが、選挙区の外周と、それと同じ面積の円の円周との比を用いるよう提案した。これはポルスビー＝ポパー・スコアの平方根の逆数に等しいため、値は異なるものの各選挙区を同じように順位付けできる。J. E. Schwartzberg. 'Reapportionment, gerrymanders, and the notion of "compactness"', *Minnesota Law Review* 50 (1966) 443–452 を見よ。

(9) 湾曲した地面である丘を取り囲むことで、円の中に収まる面積をさらに広くした。

(10) V. Blåsjö. 'The isoperimetric problem', *American Mathematical Monthly* 112 (2005) 526–566.

(11) 半径 r の円の場合、

円周（外周）$=2\pi r$
面積$=\pi r^2$
円周$^2=(2\pi r)^2=4\pi^2 r^2=4\pi(\pi r^2)=4\pi\times$面積

(12) N. Stephanopoulos and E. McGhee. 'Partisan gerrymandering and the efficiency gap', *University of Chicago Law Review* 82 (2015) 831–900.

(13) M. Bernstein and M. Duchin. 'A formula goes to court: Partisan gerrymandering and the efficiency gap', *Notices of the American Mathematical Society* 64 (2017) 1020–1024.

(14) J. T. Barton. 'Improving the efficiency gap', *Math Horizons* 26. 1 (2018) 18–21.

(15) 1960 年代初めにジョン・セルフリッジとジョン・ホートン・コンウェイがそれぞれ独自に、3 人でケーキを分ける恨みっこなしの方法を発見した。

1. アリスがケーキを 3 等分になると思うように切り分ける。
2. ボブは、3 つとも同じ大きさか、2 つが同じ大きさでもう 1 つがもっと小さいと思ったらパスし、そうでなければもっとも大きいと思うピースを削って、2 つまたは 3 つのピースが同じ大きさになるようにする。削り取った分は "余り物" と名付けて脇に置いておく。
3. チャーリー、ボブ、アリスの順で、自分が一番大きいと思うピースを選んでいく。ステップ 2 でボブがパスしていなければ、ボブは自分が削って大きさを調整したピースを選ばなければならない（チャーリーが最初にそれを選んだ場合を除く）。
4. ステップ 2 でボブがパスしていれば、余り物はないのでこれで完了。パスしていなければ、削って大きさを調整したピースはボブかチャーリーが取ることになる。取った人を "ノンカッター"、もう一人を "カッター" と呼ぶことにする。カッターは余り物を 3 等分になると思うように切り分ける。
5. ノンカッター、アリス、カッターの順でその余り物を切り分けたピースを 1 つずつ選ぶ。するとどの人も、ほかの人が受け取ったものをうらやましく思うことはない。もしうらやましく思ったとしたら、それは自分の作戦がまずかったせいであって、違

う選び方をしておくべきだった。

証明は en.wikipedia.org/wiki/selfridge-Conway_procedure を見よ。
（16） S. J. Brams and A. D. Taylor. *The Win-Win Solution: Guaranteeing Fair Shares to Everybody,* Norton, New York (1999).
（17） Z. Landau, O. Reid, and I. Yershov. 'A fair division solution to the problem of redistricting', *Social Choice and Welfare* 32 (2009) 479–492.
（18） B. Alexeev and D. G. Mixon. 'An impossibility theorem for gerrymandering', *American Mathematical Monthly* 125 (2018) 878–884.
（19） B. Gibson, M. Wilkinson, and D. Kelly. 'Let the pigeon drive the bus: pigeons can plan future routes in a room', *Animal Cognition* 15 (2012) 379–391.
（20） 私の好きな例が、"ライ（lie）理論" に無駄金を使ったと騒ぎ立てたある政治家である。嘘（lie）に関する理論だと思ったらしい。しかしそんなことはない。Lie とはノルウェー人数学者のソフス・リーのことで、連続的対称群（リー群）とそれに関連したリー代数（これが何であるかはご想像にお任せする）に関する彼の研究は、数学のかなりの部分、さらには物理学にとって欠かせないものとなっている。くだんの政治家はすぐさま間違いを指摘されたが、何食わぬ顔をして話を続けた。
（21） 専門的な理由から、ジグソーパズルに関する私の説明ではこの懸賞問題を解いたことにはならない。もしも解いたことになったとしたら、私が 100 万ドルをもらっていたはずだ。
（22） M. R. Garey and D. S. Johnson. *Computers and Intractability: A Guide to the Theory of NP-Completeness,* Freeman, San Francisco (1979).
（23） G. Peano. 'Sur une courbe qui remplit toute une aire plane', *Mathematische Annalen* 36 (1890) 157–160.
（24） 0.500000... = 0.499999... など、実数の中には小数でただ 1 通りには表現できないものもあるので、ちょっとした配慮が必要である。しかし対処は容易である。
（25） E. Netto. 'Beitrag zur Mannigfaltigkeitslehre', *Journal für die Reine und Angewandte Mathematik* 86 (1879) 263–268.
（26） H. Sagan. 'Some reflections on the emergence of space-filling curves: the way it could have happened and should have happened, but did not happen', *Journal of the Franklin Institute* 328 (1991) 419–430. 解説としては、A. Jaffer. 'Peano space-filling curves', http://people.csail.mit.edu/jaffer/Geometry/PSFC を見よ。
（27） J. Lawder. 'The application of space-filling curves to the storage and retrieval of multi-dimensional data', PhD Thesis, Birkbeck College, London (1999).
（28） J. Bartholdi. 'Some combinatorial applications of spacefilling curves', www2.isye.gatech.edu/~jjb/research/mow/mow.html
（29） H. Hahn. 'Über die allgemeinste ebene Punktmenge, die stetiges Bild einer Strecke ist', *Jahresbericht der Deutschen Mathematiker-Vereinigung,* 23 (1914) 318–322. H. Hahn.

'Mengentheoretische Charakterisierung der stetigen Kurven', *Sitzungsberichte der Kaiserlichen Akademie der Wissenschaften, Wien* 123 (1914) 2433–2489. S. Mazurkiewicz. 'O aritmetzacji kontinuów', *Comptes Rendus de la Société Scientifique de Varsovie* 6 (1913) 305–311 and 941–945.

(30) 発表されたのは1998年のことである。S. Arora, M. Sudan, R. Motwani, C. Lund, and M. Szegedy. 'Proof verification and the hardness of approximation problems', *Journal of the Association for Computing Machinery* 45 (1998) 501–555.

(31) L. Babai. 'Transparent proofs and limits to approximation', in: *First European Congress of Mathematics. Progress in Mathematics* 3 (eds. A. Joseph, F. Mignot, F. Murat, B. Prum, and R. Rentschler) 31–91, Birkhäuser, Basel (1994).

(32) C. Szegedy, W. Zaremba, I. Sutskever, J. Bruna, D. Erhan, I. Goodfellow, and R. Fergus. 'Intriguing properties of neural networks', arXiv: 1312.6199 (2013).

(33) A. Shamir, I. Safran, E. Ronen, and O. Dunkelman. 'A simple explanation for the existence of adversarial examples with small hamming distance', arXiv: 1901.10861v1 [cs. LG] (2019).

(34) 関数のグラフと混同しないように。関数のグラフは、変数xと関数の値yとの関係を表した曲線である。たとえば$f(x)=x^2$は放物線を表す。

(35) ある著書での間違いを丁寧に指摘してくれたロビン・ウィルソンに感謝する。

(36) どの陸地からスタートするかが分かっていれば、橋の記号を渡った順に並べるだけで十分である。連続した2つの橋の記号から、その両方がつながっている共通の陸地は一つに決まる。

(37) オイラーが示した開いたルートの特徴を使えばかなり簡単に証明できる。ポイントとしては、仮想的な閉じたルートを1本の橋のところで切断する。すると開いたルートができて、切断した橋の両方の袂が出発点と終着点になる。

(38) この章のこれ以降の記述はD. Manlove. 'Algorithms for kidney donation', *London Mathematical Society Newsletter* 475 (March 2018) 19–24に基づいている。

(39) フェルマーが最終定理を示した正確な日付は定かでないが、1637年とされることが多い。

(40) ほとんどの"応用数学"にも同じことが言える。しかし一つだけ違いがある。数学者の姿勢である。純粋数学は数学内部の論理によって進められる。単なる動物的好奇心でなく、構造に対する感覚と、自分たちの理解のどこに大きな落とし穴があるかを感じ取る嗅覚が欠かせない。一方、応用数学はもっぱら"現実世界"で起こる問題に基づいて進められるが、答えを探すために筋の通らない簡便法や近似を用いることには寛容だし、その答えが実用になる場合もならない場合もある。しかしこの章で述べているとおり、歴史のある時点でまったく無用に思えるテーマでも、文化や技術が変化すると突如として現実の問題に欠かせなくなることがある。しかも数学は全体がつながり合っていて、純粋数学と応用数学の区別も人為的なものである。それ自体では役に立ちそうにない定理から、大いに役立つ結論が導き出されるかもしれない。

(41) 答えは

$p = 12277385900723407383112254544721901362713421995519$
$q = 97117113276287886345399101127363740261423928273451$

私は試行錯誤でこの 2 つの素数を見つけ、コンピュータの数式処理システムで掛け合わせた。数分かけて数字を適当に変え、ようやく素数にたどり着いた。そしてコンピュータにその積の素因数を見つけるよう指示したが、延々と走らせても結果は出てこなかった。

(42)　n が素数の累乗 p^k である場合は、$\varphi(n) = p^k - p^{k-1}$ となる。n がいくつかの素数の累乗の積である場合は、n の各素因数の累乗に関する上記の式をすべて掛け合わせればいい。たとえば $\varphi(675)$ を求めるには、$675 = 3^3 5^2$ と書いて、$\varphi(675) = (3^3 - 3^2)(5^2 - 5) = 18 \cdot 20 = 360$ となる。

(43)　これに関する問題についてさらに詳しいことは、Ian Stewart, *Do Dice Play God?*, Profile, London (2019), Chapters 15 and 16 を見よ〔イアン・スチュアート『不確実性を飼いならす：予測不能な世界を読み解く科学』、徳田功訳、白揚社、2021 年〕。

(44)　L. M. K. Vandersypen, M. Steffen, G. Breyta, C. S. Yannoni, M. H. Sherwood, and I. L. Chuang. 'Experimental realization of Shor's quantum factoring algorithm using nuclear magnetic resonance', *Nature* 414 (2001) 883–887.

(45)　F. Arute and others. 'Quantum supremacy using a programmable superconducting processor', *Nature* 574 (2019) 505–510.

(46)　J. Proos and C. Zalka. 'Shor's discrete logarithm quantum algorithm for elliptic curves', *Quantum Information and Computation* 3 (2003).

(47)　M. Roetteler, M. Naehrig, K. Svore, and K. Lauter. 'Quantum resource estimates for computing elliptic curve discrete logarithms', in: *ASIACRYPT 2017: Advances in Cryptology*, Springer, New York (2017), 214–270.

(48)　たとえば -25 の平方根は $5i$ である。

$$(5i)^2 = 5i \times 5i = 5 \times 5 \times i \times i = 25i^2 = 25 \times (-1) = -25$$

$-5i$ も -25 の平方根で、理由は同様である。

(49)　代数学ではこれを一般化するために、0 の平方根は“多重度”2 で 0 であるとする。つまり、専門的だが筋の通った意味で同じ値が 2 度現れるということである。$x^2 - 4$ のような式は $x + 2$ と $x - 2$ という 2 つの因数を持ち、そのそれぞれから方程式 $x^2 - 4 = 0$ の 2 つの解、$x = -2$ と $x = +2$ が導き出される。それと同じように x^2 という式も x と x という 2 つの因数を持つ。この 2 つがたまたま同じだったということだ。

(50)　c が実数の場合、関数 $z(t) = e^{ct}$ は、初期条件を $z(0) = 1$ として微分方程式 $dz/dt = cz$ に従う。これと同じ微分方程式が成り立つように複素数 c の指数関数を定義して、$c = i$ と置けば、$dz/dt = iz$ となる。i を掛けると複素数平面上で 90° 回転するので、t を変化させたときの $z(t)$ の接線は $z(t)$ と垂直になり、点 $z(t)$ は原点を中心とする半径 1 の円を描くことになる。この円上を単位時間あたり 1 ラジアンという一定の速さで周回すると、時刻 t における位置は角度 t ラジアンとなる。三角法を使うとこの点は $\cos t + i \sin t$ で表される。

(51)　より正確に表現すると、距離と角度を定める“内積”が存在しなければならない。

(52)　1988年当時最速のスーパーコンピュータはCray Y-MPで、価格は2000万ドルだった（現在の貨幣価値では5000万ドルを超える）。Windowsを走らせるのは至難の業だったことだろう。

(53)　K. Shoemake. ‘Animating rotation with quaternion curves’, *Computer Graphics* 19 (1985) 245–254.

(54)　L. Euler. ‘Découverte d’un nouveau principe de mécanique’ (1752), *Opera Omnia, Series Secunda* 5, Orel Fusili Turici, Lausanne (1957), 81–108.

(55)　この性質は量子力学において重要で、量子スピンの定式化の一つは四元数に基づいている。フェルミオンと呼ばれるタイプの粒子の波動関数を360°回転させるとスピンが反転する（粒子そのものを回転させるのではない）。スピンを最初の値に戻すには波動関数を720°回転させなければならない。単位四元数がこの回転の“二重被覆”となる。

(56)　C. Brandt, C. von Tycowicz, and K. Hildebrandt. ‘Geometric flows of curves in shape space for processing motion of deformable objects’, *Computer Graphics Forum* 35 (2016) 295–305.

(57)　www.syfy.com/syfywire/it-took-more-cgi-than-you-think-to-bring-carrie-fisher-into-the-rise-of-skywalker

(58)　T. Takagi and M. Sugeno. ‘Fuzzy identification of systems and its application to modeling and control’, *IEEE Transactions on Systems, Man, and Cybernetics* 15 (1985) 116–132.

(59)　より詳しく言うと、ウェブに用いられるJFIF形式。カメラに用いられるEXIF形式には、日時や露光時間などカメラの設定を記述する“メタデータ”も含まれている。

(60)　A. Jain and S. Pankanti. ‘Automated fingerprint identification and imaging systems’, in: *Advances in Fingerprint Technology* (eds. C. Lee and R.E. Gaensslen), CRC Press, (2001) 275–326.

(61)　N. Ashby. ‘Relativity in the Global Positioning system’, *Living Reviews in Relativity* 6 (2003) 1; doi: 10.12942/lrr-2003-1.

(62)　もっと正確に書くと、$Z=\Sigma\exp(-\beta H)$。和はスピン変数のすべての配置にわたって取る。

(63)　$\beta=1/k_BT$として（k_Bはボルツマン定数）、次のような式である。

$$g(T, H)=-\frac{1}{\beta}\log\left[e^{\beta J}\cosh(\beta H)+\sqrt{e^{2\beta J}\cosh^2(\beta H)-2\sinh(2\beta J)}\right]$$

(64)　その式は

$$\frac{\sinh(\beta H)}{\sqrt{\sinh^2(\beta H)+\exp(-4\beta J)}}$$

Hは外部磁場の強さ、Jはスピン間の相互作用の強さ。外部磁場がない場合（$H=0$）、$\sinh(\beta H)=0$なので、この式自体も0となる。

(65)　Y. -P. Ma, I. Sudakov, C. Strong, and K. M. Golden. ‘Ising model for melt ponds on Arctic sea ice’, *New Journal of Physics* 21 (2019) 063029.

(66) S. Tanaka. 'Topological analysis of point singularities in stimulus preference maps of the primary visual cortex', *Proceedings of the Royal Society of London B* 261 (1995) 81–88.

(67) 'Lobster telescope has an eye for X-rays', https://www.sciencedaily.com/releases/2006/04/060404194138.htm

(68) 専門的にいうと、円盤から球面上への写像のもとでの、円盤の境界の“像”である。この曲線が自己交差して円盤がもみくちゃになることもある。

(69) J. J. Berwald, M. Gidea, and M. Vejdemo-Johansson. 'Automatic recognition and tagging of topologically different regimes in dynamical systems', *Discontinuity, Nonlinearity, and Complexity* 3 (2014) 413–426.

(70) F. A. Khasawneh and E. Munch. 'Chatter detection in turning using persistent homology', *Mechanical Systems and Signal Processing* 70 (2016) 527–541.

(71) C. J. Tralie and J. A. Perea. '(Quasi) periodicity quantification in video data, using topology', *SIAM Journal on Imaging Science* 11 (2018) 1049–1077.

(72) S. Emrani, T. Gentimis, and H. Krim. 'Persistent homology of delay embeddings and its application to wheeze detection', *IEEE Signal Processing Letters* 21 (2014) 459–463.

図版クレジット

図 17（105 ページ）：Tommy Muggleton (Redrawn).

図 34（235 ページ）：Jen Beatty. 'The Radon Transform and the Mathematics of Medical Imaging' (2012). *Honors Theses.* Paper 646. https://digitalcommons.colby.edu/honorstheses/646

図 41（266 ページ）：Wikipedia.

図 43（294 ページ）：Yi-Ping Ma.

図 45（304 ページ）：G.G. Blasdel. 'Orientation selectivity, preference, and continuity in monkey striate cortex'. *Journal of Neuroscience* 12 (1992) 3139–3161.

イアン・スチュアート（Ian Stewart）

イギリスのウォーリック大学数学科名誉教授。王立協会フェロー。一般向けの数学書・科学書を多数執筆している。邦訳書に、『数学の秘密の本棚』『数学で生命の謎を解く』『世界を変えた 17 の方程式』（以上、ソフトバンク クリエイティブ）、『数学の真理をつかんだ 25 人の天才たち』（ダイヤモンド社）、『自然界に隠された美しい数学』（河出書房新社）、『不確実性を飼いならす』（白揚社）など。テレビやラジオにも多数出演。

水谷淳（みずたに・じゅん）

翻訳家。『数学の秘密の本棚』『数学で生命の謎を解く』『世界を変えた 17 の方程式』『数学の真理をつかんだ 25 人の天才たち』をはじめ、イアン・スチュアートの翻訳多数。ほかの訳書に G・J・グバー『「ネコひねり問題」を超一流の科学者たちが全力で考えてみた』（ダイヤモンド社）、R・エノス『「木」から辿る人類史』（NHK 出版）など。著書に、『科学用語図鑑』（絵・小幡彩貴、河出書房新社）。

Ian Stewart:
WHAT'S THE USE?: The Unreasonable Effectiveness of Mathematics
Copyright © Joat Enterprises, 2021

Japanese translation rights arranged with Profile Books Limited
c/o Andrew Nurnberg Associates Ltd, London
through Tuttle-Mori Agency, Inc., Tokyo

世界(せかい)を支(ささ)えるすごい数学(すうがく)
——CG(シージー)から気候変動(きこうへんどう)まで

2022年10月20日　初版印刷
2022年10月30日　初版発行

著　者　イアン・スチュアート
訳　者　水谷淳
装　幀　大倉真一郎
発行者　小野寺優
発行所　株式会社河出書房新社
〒151-0051　東京都渋谷区千駄ヶ谷2-32-2
電話03-3404-1201［営業］　03-3404-8611［編集］
https://www.kawade.co.jp/
印　刷　株式会社亨有堂印刷所
製　本　大口製本印刷株式会社
Printed in Japan
ISBN978-4-309-25453-1
落丁本・乱丁本はお取り替えいたします。
本書のコピー、スキャン、デジタル化等の無断複製は著作権法上での例外を除き禁じられています。本書を代行業者等の第三者に依頼してスキャンやデジタル化することは、いかなる場合も著作権法違反となります。

自然界に隠された美しい数学

イアン・スチュアート
梶山あゆみ訳

自然を支配する「驚異の法則」と「数学的な美しい秩序」を、
自然界のさまざまな形や模様から読み解く
スリルあふれるポピュラーサイエンス。

貝殻の渦巻き、シマウマの模様、
雪の結晶の回転対称、月や季節の周期性などを、
世界的に人気の有名著者が数学を使ってわかりやすく説明。

スケール、時間、フラクタル、カオスなど、
むずかしい理論も具体的に理解でき、世界観が変わる名著。

河出文庫